高等职业教育工业生产自动化技术系列教材

自动检测与转换技术

（第 3 版）

苏家健　主　编

徐文文　张　磊　副主编

电子工业出版社

Publishing House of Electronics Industry

北京·BEIJING

内 容 简 介

本书主要介绍了常用传感器的工作原理、基本结构及相应的测量电路，并介绍了大量的应用实例。在取材上，强调理论够用、实用性和先进性，突出基本技能的培养，加强了实验的内容。

本书内容主要包括：检测技术的一般概念和测量方法、误差分析；电阻式、变磁阻式、电容式、热电式、霍尔式、光电式及压电式等常用传感器；新型的光纤传感器；数字式传感器、智能传感器和过程控制参数检测及检测装置的信号处理技术。

本次修订后，既保持原教材的特色、精选理论教学内容，适用够用，又重点突出，各章增加例题、习题和习题解答，以便更方便、更好地为教学服务。

本书可作为高职高专工业生产自动化技术、电气自动化技术、应用电子技术、机电一体化技术、计算机控制技术及相近专业的教材，也可作为相关专业技术人员的参考书。

未经许可，不得以任何方式复制或抄袭本书之部分或全部内容。

版权所有，侵权必究。

图书在版编目（CIP）数据

自动检测与转换技术/苏家健主编. —3 版. —北京：电子工业出版社，2014.4

全国高等职业教育工业生产自动化技术系列规划教材

ISBN 978-7-121-22714-1

Ⅰ. ①自… Ⅱ. ①苏… Ⅲ. ①自动检测–高等职业教育–教材 ②传感器–高等职业教育–教材

Ⅳ. ①TP274 ②TP212

中国版本图书馆 CIP 数据核字（2014）第 056221 号

策划编辑：王昭松
责任编辑：郝黎明
印　　刷：北京七彩京通数码快印有限公司
装　　订：北京七彩京通数码快印有限公司
出版发行：电子工业出版社
　　　　　北京市海淀区万寿路 173 信箱　邮编 100036
开　　本：787×1 092　1/16　印张：18.75　字数：480 千字
版　　次：2006 年 8 月第 1 版
　　　　　2014 年 4 月第 3 版
印　　次：2022 年 1 月第 12 次印刷
定　　价：58.00 元

凡所购买电子工业出版社图书有缺损问题，请向购买书店调换。若书店售缺，请与本社发行部联系，联系及邮购电话：(010) 88254888，88258888。

质量投诉请发邮件至 zlts@ phei. com. cn，盗版侵权举报请发邮件至 dbqq@ phei. com. cn。

本书咨询联系方式：(010) 88254015　wangzs@ phei. com. cn　QQ：83169290。

第 3 版前言

本书是在"淡化理论，够用为度，培养技能，重在运用，能力本位"的教学改革的指导思想下，对前 2 版的不足之处进行修改的情况下编写而成的。本书第 3 版在保持第 2 版的基本结构、基本内容不变的前提下，跟踪自动检测和传感器的新发展、新动向、新技术，对全书的内容做了调整和补充，使本书第 3 版内容更加翔实，编排更加合理，实例更加丰富，更有利于教学的组织及学生的自学阅读。

本书针对高职的特点，以岗位核心能力为目标，精选内容，力图使学生通过对本课程的学习，能掌握生产一线技术人员和运行人员必须具备的传感器和检测技术的基本知识和应用、操作技能。

本书于 2013 年被上海市教委列为高职市级精品课程，并建立了相应的网站，网址是 www. aurora-college. cn。

本书的主要特点如下。

（1）更加注重理论适度够用，注重实例介绍，压缩大量的理论推导，突出教材的实用性。

（2）增加传感器的应用实例，特别是日常生活中的应用。

（3）在取材方面，既考虑了传感器和检测技术的数字化发展趋势和新技术的应用，又考虑高职学生的学习基础和特点，使本书既有一定的深度，又有一定的广度。

本书各章具有一定的独立性，在教学中，教师可以根据专业的方向和特点选用不同的章节。本书参考学时为 48～80 学时。其他有关专业（如教控、汽车等专业）可根据需要选用不同的章节，安排课时。

本书共有 14 章。第 1 章介绍检测技术的基本知识，第 2～8 章介绍各种常用的传感器，如电阻应变片、热电阻、气敏电阻、湿敏电阻、电感式、电容式、热电偶、压电式、光电式各种传感器，第 9 章介绍光纤传感器，第 10 章介绍过程参数的控制，第 11 章介绍检测装置的信号处理及接口技术，第 12 章介绍自动检测技术的综合应用，第 13 章介绍数字式传感器技术，第 14 章介绍自动检测技术的新发展。

本书由上海震旦职业学院苏家健任主编，上海震旦职业学院徐文文、上海不二越精密轴承有限公司张磊任副主编。

其中，苏家健编写了第 1、5、7、8 章并统稿，徐文文编写了第 2、3、4、6、9、10、11 章及附录 A，张磊编写了第 12、13、14 章。

本书可作为高职高专工业生产自动化技术、电气自动化技术、应用电子技术、机电一体化技术、计算机控制技术及相近专业的教材，也可作为相关专业技术人员的参考书。

本书在编写过程中，参阅了许多专家的著作、论文和教材，还得到电子工业出版社和同行的大力支持，在此表示衷心的感谢。

由于编者的水平有限，对于在本版中存在的错误和不妥之处，恳请广大读者批评指正。

编　者
2014 年 1 月

目　　录

V

第1章　检测技术的基础知识

在信息社会的一切活动领域中，检测是科学地认识各种现象的基础性方法和手段。现代化的检测手段在很大程度上决定了生产、科学技术的发展水平，而科学技术的发展又为检测技术提供了新的理论基础和制造工艺，同时对检测技术提出了更高的要求。检测技术是所有科学技术的基础，是自动化技术的支柱之一。

自动检测与转换技术是一门以研究检测系统中信息提取、转换及处理的理论和技术为主要内容的应用技术学科，本章是自动检测与转换技术的理论基础。

1.1　测量的基本概念

1.1.1　测量

测量是人们借助专门的技术和设备，通过实验的方法，把被测量与作为单位的标准量进行比较，以确定出被测量是标准量的多少倍数的过程，所得的倍数就是测量值。测量结果包括数值大小和测量单位两部分，数值大小可以用数字、曲线或图形表示。测量的目的是为了精确获取表征被测量对象特征的某些参数的定量信息。

检测是意义更为广泛的测量。在自动化领域中，检测的任务不仅是对成品或半成品的检验和测量，而且为了检查、监督和控制某个生产过程或运动对象并使之处于给定的最佳状态，需要随时检查和测量各种参量的大小和变化等情况。在不强调它们之间细微差别的一般工程技术应用领域中，测量和检测可以相互替代。

1.1.2　测量方法

对于测量方法，从不同的角度出发，有不同的分类方法。本节重点阐述按测量手段分类的直接测量、间接测量和联立测量，及按测量方式分类的偏差式测量、零位式测量和微差式测量。

1. 按测量手段分类

（1）直接测量。在使用测量仪表进行测量时，对仪表读数不需要经过任何运算，就能直接得到测量的结果，称为直接测量。例如，用弹簧管式压力表测量流体压力就是直接测量。直接测量的优点是测量过程简单而迅速，缺点是测量精度不易达到很高。这种测量方法是工程上广泛采用的方法。

（2）间接测量。在使用仪表进行测量时，首先对与被测物理量有确定函数关系的几个量进行测量，将测量值代入函数关系式，经过计算得到测量所需的结果，这种测量称为间接测量。例如，导线电阻率 ρ 的测量就是间接测量，由于 $\rho = \dfrac{R\pi d^2}{4l}$，其中 R、l、d 分别表示导线的电阻值、长度和直径。这时，只有先经过直接测量得到导线的 R、l、d 以后，再代入 ρ 的表达式，经计算得到最后所需要的结果 ρ 值。在这种测量过程中，手续较多，花费时间较长，有时可以得到较高的测量精度。间接测量多用于科学实验中的实验室测量，工程测量中也有应用。

（3）联立测量。在应用仪表进行测量时，若被测物理量必须经过求解联立方程组才能得到最后结果，则这样的测量称为联立测量。在进行联立测量时，一般需要改变测试条件，才能获得一组联立方程所需要的数据。

对联立测量，其操作手续很复杂，花费时间长，是一种特殊的测量方法。它只适用于科学实验或特殊场合。

2. 按测量方式分类

（1）偏差式测量。在测量过程中，用仪表指针的位移（即偏差）决定被测量的测量方法，称为偏差式测量法。应用这种方法进行测量时，标准量具不装在仪表内，而是事先用标准量具对仪表刻度进行校准；在测量时，输入被测量，按照仪表指针在标尺上的示值，决定被测量的数值。它是以间接方式实现被测量与标准量具的比较。例如，用磁电式电流表测量电路中某支路的电流，用磁电式电压表测量某电气元件两端的电压等，就属于偏差式测量法。采用这种方法进行测量，测量过程比较简单、迅速。但是，测量结果的精度低。这种测量方法广泛用于工程测量中。

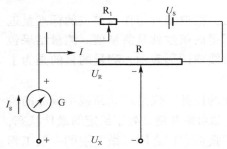

图 1.1　电位差计简化等效电路

（2）零位式测量。在测量过程中，用指零仪表的零位指示检测测量系统的平衡状态。在测量系统达到平衡时，用已知的基准量决定被测未知量的测量方法，称为零位式测量法。应用这种方法进行测量时，标准量具装在仪表内，在测量过程中，标准量直接与被测量相比较，调整标准量，一直到被测量与标准量相等，即使指零仪表回零。如图 1.1 所示的电路是电位差计的简化等效电路。在进行测量之前，应先调 R_1，将回路工作电流 I 校准；在测量时，要调整 R 的活动触点，使检流计 G 回零，这时 $I_g = 0$，即 $U_R = U_x$，这样，标准电压 U_R 的值就表示被测未知电压值 U_x。

采用零位式测量法进行测量时，优点是可以获得比较高的测量精度，但是测量过程比较复杂。采用自动平衡操作以后，虽然可以加快测量过程，但它的反应速度由于受工作原理所限，也不会很高。因此，这种测量方法不适用于测量变化迅速的信号，只适用于测量变化较缓慢的信号。

（3）微差式测量。微差式测量法是综合了偏差式测量法与零位式测量法的优点而提出的测量方法。这种方法是将被测的未知量与已知的标准量进行比较，并取得差值后，用偏差法测得此值。应用这种方法测量时，标准量具装在仪表内，并在测量过程中标准量直接与被测量进行比较。由于两者的值很接近，因此在测量过程中不需要调整标准量，而只需要测量两者的差值。

微差式测量法的优点是反应快，而且测量精度高，特别适用于在线控制参数的检测。

1.2　测量误差及其分类

1.2.1　测量误差及其表示方法

在一定条件下被测物理量客观存在的实际值，称为真值。真值是一个理想的概念。在实际测量时，由于实验方法和实验设备的不完善、周围环境的影响以及人们辨识能力所限等因素，使得测量值与其真值之间不可避免地存在着差异。测量值与真值之间的差值称为测量误差。

测量误差可用绝对误差表示，也可用相对误差和引用误差表示。

1. 绝对误差

绝对误差 Δx 是指测量值 x 与真值 L_0 之间的差值，即

$$\Delta x = x - L_0 \tag{1.1}$$

由于真值 L_0 的不可知性，在实际应用时，常用实际真值 L 代替，即用被测量多次测量的平均值或上一级标准仪器测得的示值作为实际真值 L，故有

$$\Delta x = x - L \tag{1.2}$$

绝对误差是一个有符号、大小、量纲的物理量，它只表示测量值与真值之间的偏离程度和方向，而不能说明测量质量的好坏。

在实际测量中，还经常用到修正值 c。所谓"修正值"是指与绝对误差数值相等但符号相反的数值，即 $c = -\Delta x = L - x$。修正值给出的方式可能是具体的数值、一条曲线、公式或数表，将测量值与修正值相加就可以得到实际真值。

2. 相对误差

相对误差常用百分比的形式来表示，一般多取正值。相对误差可分为实际相对误差、示值（标称）相对误差和最大引用（相对）误差等。

（1）实际相对误差 γ：是用测量值的绝对误差 Δx 与其实际真值 L 的百分比来表示的相对误差，即

$$\gamma = \frac{\Delta x}{L} \times 100\% \tag{1.3}$$

（2）示值（标称）相对误差 γ_x：是用测量值的绝对误差 Δx 与测量值 x 的百分比来表示的相对误差，即

$$\gamma_x = \frac{\Delta x}{x} \times 100\% \tag{1.4}$$

在检测技术中，由于相对误差能够反映出测量技术水平的高低，因此更具有实用性。例如，测量两地距离为 1 000km 的路程时，若测量结果为 1 001km，则测量结果的绝对误差是 1km，示值相对误差为 1‰；如果把 100m 长的一匹布量成 101m，尽管绝对误差只有 1m，与前者 1km 相比较小很多，但 1% 的示值相对误差却比前者 1‰大得多，这说明后者测量水平较低。

（3）引用（相对）误差：是指测量值的绝对误差 Δx 与仪器的量程 A_m 的百分比。引用误差的最大值称为最大引用（相对）误差 γ_m，即

$$\gamma_m = \frac{|\Delta x|_m}{A_m} \times 100\% \tag{1.5}$$

由于式（1.5）中的分子、分母都由仪表本身所决定，因此在测量仪表中，人们经常使用最大引用误差评价仪表的性能。最大引用误差又称为满度（引用）相对误差，是仪表基本误差的主要形式，故也常称之为仪表的基本误差，它是仪表的主要质量指标。基本误差去掉百分号（%）后的数值定义为仪表的精度等级。精度等级规定取一系列标准值，通常用阿拉伯数字标在仪表的刻度盘上，等级数字外有一圆圈。我国目前规定的精度等级有 0.005、0.01、0.02、0.04、0.05、0.1、0.2、0.5、1.0、1.5、2.5、4.0、5.0 等。精度等级数值越小，测量的精确度越高，仪表的价格越贵。

由于仪表都有一定的精度等级，因此其刻度盘的分格值不应小于仪表的允许误差（绝对误差）值，小于允许误差的分度是没有意义的。

在正常工作条件下使用时，工业上常用的各等级仪表的基本误差不超过表 1.1 所规定的值。

表 1.1　仪表的精度等级和基本误差

精度等级	0.1	0.2	0.5	1.0	1.5	2.5	4.0	5.0
基本误差	±0.1%	±0.2%	±0.5%	±1.0%	±1.5%	±2.5%	±4.0%	±5.0%

【例 1.1】　某温度计的量程范围为 $0 \sim 500℃$，校验时该表的最大绝对误差为 6℃，试确定该仪表的精度等级。

解：根据题意知 $|\Delta x|_m = 6℃$，$A_m = 500℃$，代入式（1.5）中

$$\gamma_m = \frac{|\Delta x|_m}{A_m} \times 100\% = \frac{6}{500} \times 100\% = 1.2\%$$

从表 1.1 中可知，该温度计的基本误差介于 $1.0\% \sim 1.5\%$，因此该表的精度等级应定为 1.5 级。

【例 1.2】　现有 0.5 级的 $0 \sim 300℃$ 和 1.0 级的 $0 \sim 100℃$ 的两个温度计，欲测量 80℃ 的温度，试问选用哪一个温度计好？为什么？

解：0.5 级温度计测量时可能出现的最大绝对误差、测量 80℃ 可能出现的最大示值相对误差分别为

$$|\Delta x|_{m1} = \gamma_{m1} A_{m1} = 0.5\% \times (300 - 0) = 1.5$$

$$\gamma_{x1} = \frac{|\Delta x|_{m1}}{x} \times 100\% = \frac{1.5}{80} \times 100\% = 1.875\%$$

1.0 级温度计测量时可能出现的最大绝对误差、测量 80℃ 时可能出现的最大示值相对误差分别为

$$|\Delta x|_{m2} = \gamma_{m2} A_{m2} = 1.0\% \times (100 - 0) = 1$$

$$\gamma_{x2} = \frac{|\Delta x|_{m2}}{x} \times 100\% = \frac{1}{80} \times 100\% = 1.25\%$$

计算结果 $\gamma_{x1} > \gamma_{x2}$，显然用 1.0 级温度计比 0.5 级温度计测量时，示值相对误差反而小。因此在选用仪表时，不能单纯追求高精度，而是应兼顾精度等级和量程，最好使测量值落在仪表满度值的 2/3 以上区域内。

【例 1.3】　现对一个量程为 60MPa 的压力表进行校准，测得仪表刻度值、标准仪表示值数据如表 1.2 所示。

表 1.2 测量数据

仪表刻度值/MPa	0	10	20	30	40	50	60
标准仪表示值/MPa	0.0	9.8	20.1	30.3	40.4	50.2	60.1
绝对误差/MPa	0	0.2	−0.1	−0.3	−0.4	−0.2	−0.1
修正值/MPa	0	−0.2	0.1	0.3	0.4	0.2	0.1

试将各校准点的绝对误差和修正值填入表 1.2 中，并确定该压力表的精度等级。

解：最大绝对误差为 0.4MPa

$$-\frac{0.4}{60} \times 100\% = -0.67\%$$

该压力表精度等级为 1 级

1.2.2 测量误差的分类

在测量过程中，由于被测量千差万别，影响测量工作的因素非常多，使得测量误差的表现形式也多种多样，因此测量误差有不同的分类方法。

1. 按误差表现的规律划分

（1）系统误差。对同一被测量进行多次重复测量时，若误差固定不变或者按照一定规律变化，这种误差称为系统误差。

系统误差主要是由于测量系统本身不完备或者环境条件的变迁造成的。例如，所使用仪器仪表的误差、测量方法的不完善、各种环境因素的波动，以及测量者个体差异等原因。

系统误差反映了测量值偏离真值的程度，可用"正确度"一词表征。

系统误差是有规律性的。按其表现的特点可分为固定不变的恒值系差和遵循一定规律变化的变值系差。系统误差一般可通过实验或分析的方法，查明其变化的规律及产生的原因，因此它是可以预测的，也是可以消除的。

（2）随机误差。对同一被测量进行多次重复测量时，若误差的大小随机变化、不可预知，这种误差称为随机误差。

随机误差是由很多复杂因素的微小变化引起的，尽管这些不可控微小因素中的一项对测量值的影响甚微，但这些因素的综合作用造成了各次测量值的差异。

随机误差反映了测量结果的"精密度"，即各个测量值之间相互接近的程度。

对随机误差的某个单值来说，是没有规律、不可预料的，但从多次测量的总体上看，随机误差又服从一定的统计规律，大多数服从正态分布规律。因此可以用概率论和数理统计的方法，从理论上估计其对测量结果的影响。

应该指出，在任何一次测量中，系统误差和随机误差一般都是同时存在的，而且两者之间并不存在绝对的界限。

（3）粗大误差。测量结果明显地偏离其实际值所对应的误差，称为粗大误差或疏忽误差，又称为过失误差。含有粗大误差的测量值称为坏值。

产生粗大误差的原因有操作者的失误、使用有缺陷的仪器、实验条件的突变等。

正确的测量结果中不应包含粗大误差。实际测量时必须根据一定的准则判断测量结果中是否包含有坏值，并在数据记录中将所有的坏值都予以剔除。同时还可采取提高操作人员的工作责任心，以及对测量仪器进行经常性检查、维护、校验和修理等方法，减少或消除粗大误差。

（4）缓变误差。数值随时间而缓慢变化的误差称为缓变误差。

缓变误差主要是测量仪表零件的老化、失效、变形等原因造成的。这种误差在短时间内不易察觉，但在较长的时间后会显露出来。

通常可以采用定期校验的方法及时修正缓变误差。

2. 按被测量与时间关系划分

（1）静态误差。被测量稳定不变时所产生的测量误差称为静态误差。

（2）动态误差。被测量随时间迅速变化时，系统的输出量在时间上却跟不上输入的变化，这时所产生的误差称为动态误差。例如，用水银温度计插入100℃沸水中，水银柱不可能立即上升到100℃，此时读数必然产生动态误差。

此外，按测量仪表的使用条件分类，可将误差分为基本误差和附加误差；按测量技能和手段分类，误差又可分为工具误差和方法误差。

1.3　测量误差的分析与处理

1.3.1　随机误差的统计特性

1. 随机误差的特征

随机误差就单次测量而言是无规律的，其大小、方向均不可预知，既不能用实验的方法消除，也不能修正，但当测量次数无限增加时，该测量列中的各个测量误差出现的概率密度分布服从正态分布，即

$$f(\Delta x) = \frac{1}{\sigma \sqrt{2\pi}} e^{\frac{-(\Delta x)^2}{2\sigma^2}} \tag{1.6}$$

式中，$\Delta x = x - L$ 为测量值的绝对误差；σ 为分布函数的标准误差。图 1.2 示出了相应的正态分布曲线。

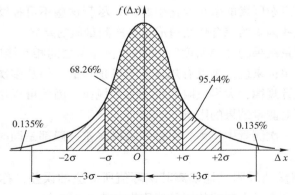

图 1.2　随机误差的正态分布曲线

测量结果符合正态分布曲线的例子非常多，例如，某校男生身高的分布，交流电源电压的波动等。由式（1.6）和图 1.1 不难看出，具有正态分布的随机误差具有以下 4 个特征。

（1）对称性：绝对值相等的正、负误差出现的概率大致相等。

（2）单峰性：绝对值越小的误差在测量中出现的概率越大。

（3）有界性：在一定的测量条件下，随机误差的绝对值不会超过一定的界限。

（4）抵偿性：在相同的测量条件下，当测量次数增加时，随机误差的算术平均值趋向于零。

2. 正态分布随机变量的数字特征

随机变量的统计规律性由概率密度函数进行了全面的描述，而数字特征则通过一些简单的数据来反映随机变量的某些关键特征。

（1）算术平均值。由上述正态分布的抵偿性可得

$$\mu = \lim_{n \to \infty} \frac{\sum\limits_{i=1}^{n} x_i}{n} = \lim_{n \to \infty} \bar{x}$$

式中，$\bar{x} = \dfrac{\sum\limits_{i=1}^{n} x_i}{n}$ 为算术平均值。

上式表明，当等精度测量次数无穷增加时，被测量的真值就等于测量值的算术平均值，即算术平均值是被测量真值的最佳估计值。

（2）方差和标准偏差。在实际应用中，不仅要考虑如何由测量值来对被测量值的真值进行最佳估计，还应注意测量值偏离真值的程度。前一个问题通过算术平均值来解决，而后一个问题则由方差或由标准偏差来衡量。

方差就是当等精度测量次数无穷增加时，测量值与真值之差的平方和的算术平均值，用于 σ^2 表示，即

$$\sigma^2 = \lim_{n \to \infty} \frac{\sum\limits_{i=1}^{n} (x_i - \mu)^2}{n} = \lim_{n \to \infty} \frac{\sum\limits_{i=1}^{n} \delta^2}{n} \tag{1.7}$$

方差的正平方根称为标准偏差，用 σ 表示，即

$$\sigma = \sqrt{\sigma^2} = \lim_{n \to \infty} \sqrt{\frac{\sum\limits_{i=1}^{n} (x_i - \mu)^2}{n}} = \lim_{n \to \infty} \sqrt{\frac{\sum\limits_{i=1}^{n} \delta^2}{n}} \tag{1.8}$$

符合正态分布的随机误差，其概率密度函数的数学表达式为

$$f(\delta) = \frac{1}{\sqrt{2\pi}\sigma} e^{-\frac{\delta^2}{2\sigma^2}} \tag{1.9}$$

式中，$\delta = x - \mu$。

概率密度函数曲线的形状取决于 σ。首先，σ 是曲线上拐点的横坐标值。其次，σ 值越小，则分布曲线越陡，随机误差的分散程度越小，这是人们所希望的；σ 值越大，则分布曲线越平坦，随机误差越分散。标准偏差 σ 的意义如图 1.3 所示。

若随机变量 X 具有形式为式（1.9）的概率密度函数，则称 X 服从参数为 μ、σ^2 的正态分布，记为 $X \sim N(\mu, \sigma^2)$。

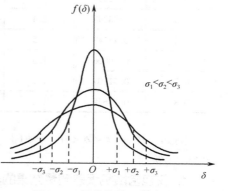

图 1.3　标准偏差 σ 的意义

利用式（1.8）计算标准偏差是在真值已知且测量次数 $n \to \infty$ 的条件下定义的，在实际中无法使用。因此 σ 的精确值是无法得到的，只能求得其最佳估计值 $\hat{\sigma}$。

数理统计的研究表明，$\hat{\sigma}$ 可由贝塞尔公式计算

$$\hat{\sigma} = \sqrt{\frac{\sum\limits_{i=1}^{n}(x_i - \bar{x})^2}{n-1}} = \sqrt{\frac{\sum\limits_{i=1}^{n}v_i^2}{n-1}} \tag{1.10}$$

式中，$v_i = x_i - \bar{x}$ 为第 i 次测量值的残差。

3. 置信区间与置信概率

被测量的测量值是一个随机变量 X，显然，随机误差 $\delta = X - \mu$ 也是一个随机变量，通常需要确定 δ 落入某一区间 $(a, b]$ 的概率有多大。由式（1.6）和式（1.9）可知

$$P\{a < \delta \leqslant b\} = \int_{-\infty}^{b} f(\delta)\mathrm{d}\delta - \int_{-\infty}^{a} f(\delta)\mathrm{d}\delta = \int_{a}^{b} f(\delta)\mathrm{d}\delta = \int_{a}^{b} \frac{1}{\sqrt{2\pi}\sigma}\mathrm{e}^{-\frac{\delta^2}{2\sigma^2}}\mathrm{d}\delta \tag{1.11}$$

随机变量 δ 的取值范围 $(a, b]$ 称为置信区间，而随机变量在置信区间内取值的概率 $P\{a < \delta \leqslant b\}$，则称为置信概率。由于概率密度函数 $f(\delta)$ 曲线具有对称性，并且其形状取决于 σ，因此置信区间一般以 σ 的倍数 $\pm k_\mathrm{p}\sigma$ 表示，其中 k_p 称为置信系数。

在式（1.11）中，设 $\delta/\sigma = Z$，则置信概率可表示为

$$P\{-k_\mathrm{p}\sigma < \delta \leqslant +k_\mathrm{p}\sigma\} = \int_{-k_\mathrm{p}}^{+k_\mathrm{p}} \frac{1}{\sqrt{2\pi}\sigma}\mathrm{e}^{-\frac{Z^2}{2}}\sigma\mathrm{d}Z = \frac{2}{\sqrt{2\pi}}\int_{0}^{+k_\mathrm{p}}\mathrm{e}^{-\frac{Z^2}{2}}\mathrm{d}Z \tag{1.12}$$

式（1.12）中的函数称为概率积分函数（或拉普拉斯函数），并将其表示为

$$\phi(Z = k_\mathrm{p}) = \frac{2}{\sqrt{2\pi}}\int_{0}^{+k_\mathrm{p}}\mathrm{e}^{-\frac{Z^2}{2}}\mathrm{d}Z \tag{1.13}$$

表 1.3 列出了置信系数 k_p 取不同值时 $\phi(Z)$ 的数值。

表 1.3 正态分布下概率积分函数数值表

Z	$\phi(Z)$	Z	$\phi(Z)$	Z	$\phi(Z)$	Z	$\phi(Z)$
0	0.00000	0.9	0.63188	1.9	0.94257	2.7	0.99307
0.1	0.07966	1.0	0.68269	1.96	0.95000	2.8	0.99489
0.2	0.15852	1.1	0.72867	2.0	0.95450	2.9	0.99627
0.3	0.23585	1.2	0.76986	2.1	0.96427	3.0	0.99730
0.4	0.31084	1.3	0.80640	2.2	0.97219	3.5	0.999535
0.5	0.38293	1.4	0.83849	2.3	0.97855	4.0	0.999937
0.6	0.45149	1.5	0.86639	2.4	0.98361	4.5	0.999993
0.6745	0.50000	1.6	0.89040	2.5	0.98758	5.0	0.999999
0.7	0.51607	1.7	0.91087	2.58	0.99012	∞	1.000000
0.8	0.57629	1.8	0.92814	2.6	0.99068		

例如，$P\{-\sigma < \delta < \sigma\} = \phi(1) = 0.68269$，说明随机误差落入区间 $(-\sigma, \sigma]$ 的概率为 68.26%。

4. 仅包含随机误差测量结果的表示

算术平均值虽然是被测量真值的最佳估计值，但仍存在误差。如果把在相同条件下对同

一被测量进行的等精度测量分为 m 组，每组重复进行 n 次测量，则各组测量值的算术平均值也不尽相同。数理统计学的研究表明，这种误差也符合随机误差的性质，并有如下定理：

若随机变量 $X \sim N(\mu, \sigma^2)$，则 $\overline{X} \sim N\left(\mu, \dfrac{\sigma^2}{n}\right)$。

显然，X 的标准偏差为

$$\sigma_{\overline{x}} = \frac{\sigma}{\sqrt{n}} \tag{1.14}$$

在实际中采用 $\sigma_{\overline{x}}$ 的最佳估计值 $\hat{\sigma}_{\overline{x}}$，并且

$$\hat{\sigma}_{\overline{x}} = \frac{\hat{\sigma}}{\sqrt{n}} \tag{1.15}$$

式中，$\hat{\sigma}$ 可由式（1.10）的贝塞尔公式求出。

设测量值的算术平均值 $\overline{x}$ 相对被测量真值的误差为 $\delta_{\overline{x}} = \overline{x} - \mu$，则因为

$$P\{-\hat{\sigma}_{\overline{x}} < \delta_{\overline{x}} \leqslant +\hat{\sigma}_{\overline{x}}\} = P\{\overline{x} - \hat{\sigma}_{\overline{x}} \leqslant \mu < \overline{x} + \hat{\sigma}_{\overline{x}}\} = 0.68269$$

即 μ 落入置信区间 $[\overline{x} - \hat{\sigma}_{\overline{x}}, \overline{x} + \hat{\sigma}_{\overline{x}})$ 内的置信概率可达 68.269%，所以一般就将被测量 x 的测量结果表示为

$$x = \overline{x} \pm \hat{\sigma}_{\overline{x}} \tag{1.16}$$

1.3.2 粗大误差

当置信系数 k_p 取3，即置信区间设定为 $(-3\sigma, +3\sigma]$ 时，相应的置信概率为

$$P\{-3\sigma < \delta \leqslant +3\sigma\} = \phi(3) = 0.99730$$

说明测量误差在 $(-3\sigma, +3\sigma]$ 范围内的概率达 99.73%，超出 $(-3\sigma, +3\sigma]$ 范围的概率仅为 0.27%，即一般情况下测量误差的绝对值大于 3σ 的可能性极小。因此，如果某次测量结果出现了这一小概率情况，就认为该测量结果存在粗大误差，应予以剔除，以消除其对测量结果的影响。

实际使用中常采用拉依达准则，即当测量次数足够多时，如果

$$|v_i| = |x_i - \overline{x}| > 3\hat{\sigma} \tag{1.17}$$

那么第 i 次测量值 x_i 就存在粗大误差。

1.3.3 系统误差

已经知道，在相同条件下对同一个量进行的多次等精度测量中，如果仅存在随机误差，那么可用多次测量值的算术平均值 $\overline{x}$ 作为被测量真值 μ 的最佳估计，即认为 $\overline{x}$ 就是被测量的约定真值 x_0。这时某次测量值的绝对误差

$$\Delta x_i = x_i - x_0 = x_i - \overline{x} = v_i \tag{1.18}$$

可见，如果仅存在随机误差，残差 v_i 就是该次测量的随机误差。但是，在许多测量中发现，$\overline{x}$ 与 x_0 之间存在明显的偏差，并且这种偏差常常保持为常数，或按某一确定的规律变化。

显然，这是与随机误差性质不同的另一类误差。分析表明，造成这类误差的原因可能是测量仪器不准确，测量方法不完善，或环境因素影响等。这种性质的误差就称为系统误差。

对式（1.18）进行如下变换

$$\Delta x_i = x_i - x_0 = (x_i - \overline{x}) + (\overline{x} - x_0) = v_i + \varepsilon \tag{1.19}$$

式中，残差 v_i 是每次测量的随机误差，而 ε 就是在多次等精度测量中出现的系统误差。

在多次等精度测量中，如果系统误差 ε 的大小和符号保持不变，则就称为恒定系统误差；如果 ε 按某一确定的规律变化，就称为可变系统误差，而这种确定的变化规律可能是线性的、周期性的或更为复杂的。

那么如何才能知道测量中存在系统误差呢？下面介绍几种简单和常用的判别方法。

（1）残余误差观察法。将一个测量列的残余误差在 $p_i - n$ 坐标中依次连接后，通过观察误差曲线即可判断有无系统误差的存在。这种方法很直观，如图 1.4 所示。图 1.4（a）所示不存在系统误差；图 1.4（b）所示存在恒定变化的系统误差；图 1.4（c）所示存在周期性变化的系统误差；图 1.4（d）所示同时存在线性变化和周期性变化的系统误差。

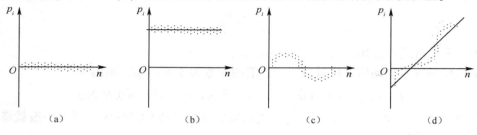

图 1.4　p_i-n 示意图

残差观察法简单、方便，但当系统误差相对于随机误差不显著，或残差变化规律较为复杂时，这种方法常常就不适用了，此时就需要借助一些判据。

（2）判据判别法。以下简单介绍两种常用的判据。

① 马利科夫判据。将一组等精度测量值顺序排列并分成两组，分别求出两组残差和 $\sum_{i=1}^{k} v_i$、$\sum_{i=k+1}^{n} v_i$。当 n 为偶数时取 $k = \dfrac{n}{2}$；当 n 为奇数时取 $k = \dfrac{n+1}{2}$。若

$$M = \left| \sum_{i=1}^{k} v_i - \sum_{i=k+1}^{n} v_i \right| > |v_i|_{\max}$$

则说明测量中存在线性系统误差。式中，$|v_i|_{\max}$ 为残差绝对值的最大值。

② 阿贝—赫梅特判据。将一组等精度测量值顺序排列，并求出

$$A = \left| \sum_{i=1}^{n} v_i v_{i+1} \right| = |v_1 v_2 + v_2 v_3 + \cdots + v_{n-1} v_n|$$

若 $A > \sqrt{n-1}\hat{\sigma}^2$ 则说明测量中存在周期性系统误差。

如果在测量结果中发现含有系统误差，就要根据具体情况分析其产生的原因，然后有的放矢地采取相应的校正或补偿措施，以消除其对测量结果的影响。

1.3.4　直接测量数据的误差分析

在相同条件下，对某一个量进行多次等精度的直接测量，从而得出一组测量数据。为了求出被测量真值的最佳估计值及其误差范围，一般需要通过以下步骤完成。

（1）检查测量数据中有无粗大误差，若有则剔除该测量值；然后重复上述步骤，直至剩余的数据中不再有粗大误差。

（2）检查剔除粗大误差后的测量数据中有无系统误差，若有则采取相应的校正或补偿措施，以消除其对测量结果的影响。

（3）经过上述处理后的测量数据中只存在随机误差，因此，可用这些测量数据的算术平

均值 $\bar{x}$ 作为被测量真值的最佳估计值，并给出 $\bar{x}$ 的标准偏差 $\hat{\sigma}_{\bar{x}}$。

【例1.4】 在相同条件下，对某一电压进行了 16 次等精度测量，测量结果如表 1.4 所示的第二列，试求出对该电压的最佳估计值及其标准偏差。

解：（1）检查 16 次测量值中有无粗大误差。

首先计算 16 次测量值的算术平均值

$$\bar{x} = \frac{\sum_{i=1}^{n} x_i}{n} = \frac{\sum_{i=1}^{16} x_i}{16} = 205.3。$$

填入表 1.4 第二列的最后一行。

再计算各次测量值的残差 $v_i = x_i - \bar{x}$，分别填入表 1.4 的第三列。

然后根据贝塞尔公式计算

$$\hat{\sigma} = \sqrt{\frac{\sum_{i=1}^{n} v_i^2}{n-1}} = \sqrt{\frac{\sum_{i=1}^{16} v_i^2}{16-1}} = 0.444$$

$$3\hat{\sigma} = 1.332$$

因为 $|v_5| = 1.35 > 3\hat{\sigma}$，所以第 5 次测量值含有粗大误差，即剔除 x_5。

表 1.4　测量结果及分析

测量顺序号 i	测量值 x_i/V	残差 v_i/V	剔除 x_5 以后		
			i'	v_i'/V	$v_i' v_{i+1}'$/V^2
1	205.30	0.00	1	0.09	−0.0243
2	204.94	−0.36	2	−0.27	−0.1134
3	205.63	0.33	3	0.42	0.0126
4	205.24	−0.06	4	0.03	−0.0072
5	206.65	1.35	—	—	−0.0360
6	204.97	−0.33	5	−0.24	−0.0075
7	205.36	0.06	6	0.15	0.0180
8	205.16	−0.14	7	−0.05	0.1836
9	204.85	−0.45	8	−0.36	−0.2550
10	204.70	−0.60	9	−0.51	0.0700
11	205.71	0.41	10	0.50	0
12	205.35	0.05	11	0.14	0
13	205.21	−0.09	12	0.00	0
14	205.19	−0.11	13	−0.02	0
15	205.21	−0.09	14	0.00	
16	205.32	0.02	15	0.11	
	$\bar{x} = 205.30$ $\bar{x}' = 205.21$				$A = 0.1592$

（2）检查余下的 15 次测量值中有无粗大误差。

对余下的 15 次测量值重编顺序号 $i' = 1 \sim 15$，检查方法与第（1）步类似。

$$\bar{x}' = \frac{\sum\limits_{i'=1}^{n} x_i}{n} = \frac{\sum\limits_{i'=1}^{15} x_i}{15} = 205.21 \quad \hat{\sigma}' = \sqrt{\frac{\sum\limits_{i'=1}^{n} v'^2}{n-1}} = \sqrt{\frac{\sum\limits_{i=1}^{15} v'^2}{15-1}} = \sqrt{\frac{1.0127}{14}} = 0.269 \quad 3\hat{\sigma}' = 0.807$$

显然，余下的 15 次测量值中已不包含粗大误差。

（3）检查余下的 15 次测量值中有无系统误差。

$$M = \left| \sum_{i'=1}^{k} v_i' - \sum_{i=k+1}^{n} v_i' \right| = \left| \sum_{i'=1}^{8} v_i' - \sum_{i=9}^{15} v_i' \right| = |(-0.23) - 0.22)| = 0.45$$

而

$$|v_i'|_{max} = |V_{10}| = 0.51 > M$$

所以根据马利科夫判据知，测量结果中不包含线性系统误差。

又因为

$$A = \left| \sum_{i'=1}^{n} v_i' v_{i+1}' \right| = |v_1' v_2' + v_2' v_3' + \cdots + v_{14-1}' v_{14}'| = 0.1592$$

而

$$\sqrt{n'-1} \hat{\sigma}'^2 = \sqrt{15-1} \times 0.269^2 = 0.2708 > A$$

所以根据阿贝—赫梅特判据知，测量结果中不包含周期性系统误差。

综上所述可认为，剔除 x_5 以后，余下的 15 次测量值中不包含粗大误差和系统误差，而仅有随机误差。

（4）写出测量结果的表达式。

现已求出 $\bar{x}' = 205.21$，其标准偏差为

$$\hat{\sigma}_{\bar{x}}' = \frac{\hat{\sigma}'}{\sqrt{n'}} = \frac{0.269}{\sqrt{15}} \approx 0.07$$

所以测量结果可表示为

$$x = \bar{x}' \pm \hat{\sigma}_{\bar{x}}' = 205.21 \pm 0.07 \text{V}$$

1.4 传感器及其基本特性

1.4.1 传感器的定义及组成

现代信息技术包括计算机技术、通信技术和传感器技术等，计算机相当于人的大脑，通信相当于人的神经，而传感器则相当于人的感觉器官。如果没有各种精确可靠的传感器去检测原始数据并提供真实的信息，则即使是性能非常优越的计算机，也无法发挥其应有的作用。

1. 传感器的定义

从广义上讲，传感器就是能够感觉外界信息，并能按一定规律将这些信息转换成可用的输出信号的器件或装置。这一概念包含了以下 3 方面的含义。

（1）传感器是一种能够完成提取外界信息任务的装置。

（2）传感器的输入量通常指非电量信号，如物理量、化学量、生物量等；而输出量是便于传输、转换、处理、显示等的物理量，主要是电量信号。例如，电容式传感器的输入量可以是力、压力、位移、速度等非电量信号，输出则是电压信号。

（3）传感器的输出量与输入量之间精确地保持一定规律。

2. 传感器的组成

传感器一般由敏感元件、转换元件和转换电路三部分组成，如图1.5所示。

图1.5　传感器组成框图

（1）敏感元件。敏感元件是传感器中能直接感受被测量的部分，即直接感受被测量，并输出与被测量成确定关系的某一物理量。例如，弹性敏感元件将压力转换为位移，且压力与位移之间保持一定的函数关系。

（2）转换元件。转换元件是传感器中将敏感元件输出量转换为适于传输和测量的电信号部分。例如，应变式压力传感器中的电阻应变片将应变转换成电阻的变化。

（3）转换电路。转换电路将电量参数转换成便于测量的电压、电流、频率等电量信号。例如，交、直流电桥，放大器，振荡器，电荷放大器等。

应该注意，并不是所有的传感器必须同时包括敏感元件和转换元件。如果敏感元件直接输出的是电量，则它就同时兼为转换元件，如热电偶；如果转换元件能直接感受被测量，而输出与之成一定关系的电量，则此时的传感器就没有敏感元件，如压电元件。

1.4.2 传感器的分类

传感器千差万别，种类繁多，分类方法也不尽相同，常用的分类方法有下面几种。

1. 按被测物理量分类

按被测物理量可分为温度、压力、流量、物位、位移、加速度、磁场、光通量等传感器。这种分类方法明确表明了传感器的用途，便于使用者选用，如压力传感器用于测量压力信号。

2. 按传感器工作原理分类

按工作原理可分为电阻传感器、热敏传感器、光敏传感器、电容传感器、电感传感器、磁电传感器等。这种方法表明了传感器的工作原理，有利于传感器的设计和应用。例如，电容传感器就是将被测量转换成电容值的变化。表1.5列出了这种分类方法中各类型传感器的名称及典型应用。

表1.5　传感器分类表

传感器分类		转换原理	传感器名称	典型应用
转换形式	中间参量			
电参数	电阻	移动电位器触点改变电阻	电位器传感器	位移
		改变电阻丝（或片）的尺寸	电阻丝应变传感器、半导体应变传感器	微应变、力、负荷
		利用电阻的温度效应（电阻温度系数）	热丝传感器	气流速度、液体流量
			电阻温度传感器	温度、辐射热
			热敏电阻传感器	温度
		利用电阻的光敏效应	光敏电阻传感器	光强
		利用电阻的湿度效应	湿敏电阻传感器	湿度

传感器分类		转换原理	传感器名称	典型应用
转换形式	中间参量			
电参数	电容	改变电容的几何尺寸	电容传感器	力、压力、负荷、位移
		改变电容的介电常数		液位、厚度、含水量
	电感	改变磁路几何尺寸、导磁体位置	电感传感器	位移
		涡流去磁效应	涡流传感器	位移、厚度、硬度
		利用压磁效应	压磁传感器	力、压力
		改变互感	差动变压器	位移
			自整角机	位移
			旋转变压器	位移
	频率	改变谐振回路中的固有参数	振弦式传感器	压力、力
			振筒式传感器	气压
			石英谐振传感器	力、温度等
	计数	利用莫尔条纹	光栅	大角位移、大直线位移
		改变互感	感应同步器	
		利用数字编码	角度编码器	
	数字	利用数字编码	角度编码器	大角位移
电量	电动势	温差电动势	热电偶	温度、热流
		霍尔效应	霍尔传感器	磁通、电流
		电磁感应	磁电传感器	速度、加速度
		光电效应	光电池	光强
	电荷	辐射电离	电离室	离子计数、放射性强度
		压电效应	压电式传感器	动态力、加速度

3. 按传感器转换能量供给形式分类

按转换能量供给形式可分为能量变换型（发电型）和能量控制型（参量型）两种。

能量变换型传感器在进行信号转换时不需另外提供能量，就可将输入信号能量变换为另一种形式能量输出，如热电偶传感器、压电式传感器等。

能量控制型传感器工作时必须有外加电源，如电阻、电感、电容、霍尔式传感器等。

4. 按传感器工作机理分类

按工作机理可分为结构型传感器和物性型传感器。

结构型传感器是指被测量变化时引起了传感器结构发生改变，从而引起输出电量变化。例如，电容压力传感器就属于这种传感器，当外加压力变化时，电容极板发生位移，结构改变引起电容值变化，输出电压也发生变化。

物性型传感器是利用物质的物理或化学特性随被测参数变化的原理构成，一般没有可动结构部分，易小型化，如各种半导体传感器。

习惯上常把工作原理和用途结合起来命名传感器，如电容式压力传感器、电感式位移传感器等。

1.4.3 传感器的基本特性

传感器的基本特性是指传感器的输出与输入之间的关系。由于传感器测量的参数一般有两种形式：一种是不随时间的变化而变化（或变化极其缓慢）的静态信号；另一种是随时间的变化而变化的动态信号。因此传感器的基本特性分为静态特性和动态特性。

1. 传感器的静态特性与指标

传感器的静态特性是指传感器输入信号处于稳定状态时，其输出与输入之间呈现的关系。表示为

$$y = a_0 + a_1 x + a_2 x^2 + \cdots + a_n x^n \tag{1.20}$$

式中，y 为传感器输出量；x 为传感器输入量；a_0 为传感器的零位输出；a_1 为传感器的灵敏度，a_2、a_3、$\cdots$、a_n 为非线性项系数。

衡量静态特性的主要指标有精确度、稳定性、灵敏度、线性度、迟滞和可靠性等。

（1）精确度。精确度是反映测量系统中系统误差和随机误差的综合评定指标。与精确度有关的指标有精密度、准确度和精确度。

① 精密度：说明测量系统指示值的分散程度。精密度反映了随机误差的大小，精密度高则随机误差小。

② 准确度：说明测量系统的输出值偏离真值的程度。准确度是系统误差大小的标志，准确度高则系统误差小。

③ 精确度：是准确度与精密度两者的总和，常用仪表的基本误差表示。精确度高表示精密度和准确度都高。

图 1.6 所示的射击例子有助于对准确度、精密度和精确度三个概念的理解。图 1.6（a）表示准确度高而精密度低；图 1.6（b）表示精密度高而准确度低；图 1.6（c）表示准确度和精密度都高，即它的精确度高。

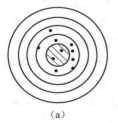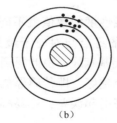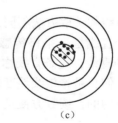

（a）　　　　　　　　　（b）　　　　　　　　　（c）

图 1.6　射击例子

（2）稳定性。传感器的稳定性常用稳定度和影响系数表示。

① 稳定度：是指在规定工作条件范围和规定时间内，传感器性能保持不变的能力。传感器在工作时，内部随机变动的因素很多，如发生周期性变动、漂移或机械部分的摩擦等都会引起输出值的变化。

稳定度一般用重复性的数值和观测时间的长短表示。例如，某传感器输出电压值每小时变化 1.5mV，可写成稳定度为 1.5mV/h。

② 影响系数：是指由于外界环境变化引起传感器输出值变化的量。一般传感器都有给定的标准工作条件，如环境温度 20℃、相对湿度 60%、大气压力 101.33kPa、电源电压 220V 等。而实际工作时的条件通常会偏离标准工作条件，这时传感器的输出也会发生变化。

影响系数常用输出值的变化量与影响量变化量的比值表示，如某压力表的温度影响系数为 200Pa/℃，即表示环境温度每变化 1℃，压力表的示值变化 200Pa。

（3）灵敏度。灵敏度 S 是指传感器在稳态下输出变化量 Δy 与输入变化量 Δx 的比值，即

$$S = \frac{dy}{dx} \approx \frac{\Delta y}{\Delta x} \tag{1.21}$$

显然，灵敏度表示静态特性曲线上相应点的斜率。对线性传感器，灵敏度为一个常数；对于非线性传感器，灵敏度则为一个变量，随着输入量的变化而变化，如图 1.7 所示。

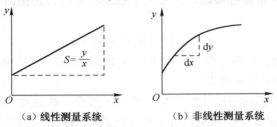

（a）线性测量系统   （b）非线性测量系统

图 1.7　灵敏度定义

灵敏度的量纲取决于传感器输入、输出信号的量纲。例如，压力传感器灵敏度的量纲可表示为 mV/Pa。对于数字式仪表，灵敏度以分辨力表示。所谓分辨力是指数字式仪表最后一位数字所代表的值。一般地，分辨力数值小于仪表的最大绝对误差。

在实际中，一般希望传感器的灵敏度高，且在满量程范围内保持恒定值，即传感器的静态特性曲线为直线。

（4）线性度。线性度 γ_L，又称非线性误差，是指传感器实际特性曲线与其理论拟合直线之间的最大偏差 Δ_{Lmax} 与传感器满量程输出 y_{FS} 的百分比，即

$$\gamma_L = \frac{\Delta_{Lmax}}{y_{FS}} \times 100\% \tag{1.22}$$

理论拟合直线的选取方法不同，线性度的数值就不同。图 1.8 所示为传感器线性度示意图，图中的拟合直线是一条将传感器的零点与对应于最大输入量的最大输出值点（满量程点）连接起来的直线，这条直线称为端基直线，由此得到的线性度称为端基线性度。

实际上，人们总是希望线性度越小越好，即传感器的静态特性接近于拟合直线，这时传感器的刻度是均匀的，读数方便且不易引起误差，容易标定。检测系统的非线性误差多采用计算机来纠正。

（5）迟滞。迟滞是指传感器在正（输入量增大）、反（输入量减小）行程中输出曲线不重合的现象，如图 1.9 所示。

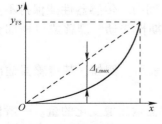

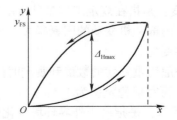

图 1.8　传感器线性度示意图　　　　图 1.9　传感器迟滞示意图

迟滞 γ_H 用正、反行程输出值间的最大差值 Δ_{Hmax} 与满量程输出 y_{FS} 的百分比表示，即

$$\gamma_{H} = \pm \frac{\Delta_{Hmax}}{y_{FS}} \times 100\% \tag{1.23}$$

造成迟滞的原因很多，如轴承摩擦、间隙、螺钉松动、电路元件老化、工作点漂移、积尘等。迟滞会引起分辨力变差或造成测量盲区，因此一般希望迟滞越小越好。

（6）可靠性。可靠性是指传感器或检测系统在规定的工作条件和规定的时间内，具有正常工作性能的能力。它是一种综合性的质量指标，包括可靠度、平均无故障工作时间、平均修复时间和失效率。

① 可靠度：传感器在规定的使用条件和工作周期内，达到所规定性能的概率。

② 平均无故障工作时间（MTBF）：指相邻两次故障期间传感器正常工作时间的平均值。

③ 平均修复时间（MTTR）：指排除故障所花费时间的平均值。

④ 失效率：是指在规定的条件下工作到某个时刻，检测系统在连续单位时间内发生失效的概率。对可修复性的产品，又称为故障率。

失效率是时间的函数，如图1.10所示。一般分为3个阶段：早期失效期、偶然失效期和衰老失效期。

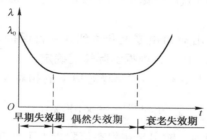

图1.10　失效率变化曲线

2. 传感器的动态特性与指标

传感器的动态特性是指传感器对于随时间变化的输入信号的响应特性。通常希望传感器的输出信号和输入信号随时间的变化曲线一致或相近，但实际上两者总是存在着差异，因此必须研究传感器的动态特性。

研究传感器的动态特性时首先要建立动态模型，动态模型有微分方程、传递函数和频率响应函数几种，可以分别从时域、复数域和频域对系统的动态特性及规律进行研究。

系统的动态特性取决于系统本身及输入信号的形式，工程上常用正弦函数和单位阶跃函数作为标准的输入信号。通常在时域主要分析传感器在单位阶跃输入下的响应；而在频域主要分析在正弦输入下的稳态响应，并着重从系统的幅频特性和相频特性来讨论。

（1）传感器阶跃响应。传感器的动态模型可以用线性常系数微分方程表示，即

$$a_{n}\frac{d^{n}y}{dt^{n}} + a_{n-1}\frac{d^{n-1}y}{dt^{n-1}} + \cdots + a_{1}\frac{dy}{dt} + a_{0}y = b_{m}\frac{d^{m}x}{dt^{m}} + b_{m-1}\frac{d^{m-1}x}{dt^{m-1}} + \cdots + b_{1}\frac{dx}{dt} + b_{0}x \tag{1.24}$$

式中，a_{0}、a_{1}、$\cdots$、a_{n}，b_{0}、b_{1}、$\cdots$、b_{m} 是取决于传感器参数的常数，一般 $b_{1} = b_{2} = \cdots = b_{m} = 0$，而 $b_{0} \neq 0$。若 $n = 0$，则传感器为零阶系统；若 $n = 1$，则传感器为一阶系统；若 $n = 2$，则传感器为二阶系统；若 $n \geq 3$ 时，则传感器称为高阶系统。

当传感器输入一个单位阶跃信号 $u(t)$ 时，其输出信号称为阶跃响应。

$$u(t) = \begin{cases} 0 & t \leq 0 \\ 1 & t \leq 0 \end{cases} \tag{1.25}$$

常见的一阶、二阶传感器阶跃响应曲线如图 1.11 所示，主要动态指标如下。

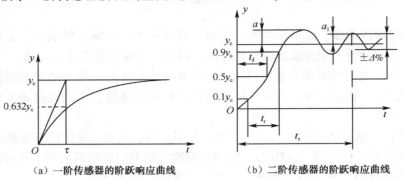

（a）一阶传感器的阶跃响应曲线　　（b）二阶传感器的阶跃响应曲线

图 1.11　阶跃响应曲线

① 时间常数 τ：传感器输出 $y(t)$ 由零上升到稳态值 y_c 的 63.2% 所需的时间，如图 1.11（a）所示。

② 上升时间 t_r：传感器输出 $y(t)$ 由稳态值的 10% 上升到 90% 所需的时间，如图 1.11（b）所示。

③ 调节时间 t_s：传感器输出 $y(t)$ 由零上升达到并一直保持在允许误差范围 $\pm\Delta\%$ 所需的时间。$\pm\Delta\%$ 可以是 2%、5% 或 10%，根据实际情况确定。

④ 最大超调量 a：输出最大值 $y_{\max}$ 与输出稳态值 y_c 的相对误差，即

$$a = \frac{y_{\max} - y_c}{y_c} \times 100\% \tag{1.26}$$

⑤ 振荡次数 N：调节时间内，输出量在稳态值附近上下波动的次数。

⑥ 稳态误差 e_{ss}：无限长时间后，传感器的稳态输出值 y_c 与目标值 y_0 之间偏差的相对值，即

$$e_{ss} = \frac{y_c - y_0}{y_c} \times 100\% \tag{1.27}$$

（2）传感器频率响应。将各种频率不同而幅值相等的正弦信号输入到传感器，其输出正弦信号的幅值、相位与频率之间的关系称为频率响应特性。频率响应特性可由频率响应函数表示，它由幅频特性和相频特性组成。

由控制理论知，传感器的频率响应函数为

$$G(j\omega) = \frac{b_m(j\omega)^m + b_{m-1}(j\omega)^{m-1} + \cdots + b_1(j\omega) + b_0}{a_n(j\omega)^n + a_{n-1}(j\omega)^{n-1} + \cdots + a_1(j\omega) + a_0} \tag{1.28}$$

① 幅频特性：频率特性 $G(j\omega)$ 的模，即输出与输入的幅值比 $A(\omega) = |G(j\omega)|$ 称为幅频特性。以 ω 为自变量、$A(j\omega)$ 为因变量的曲线称为幅频特性曲线。

② 相频特性：频率特性 $G(j\omega)$ 的相角 $\varphi(\omega)$，即输出与输入的相位差 $\phi(\omega) = -\arctan G(j\omega)$ 称为相频特性。以 ω 为自变量、$\varphi(\omega)$ 为因变量的曲线称为相频特性曲线。

对于最小相位系统，幅频特性与相频特性之间存在一一对应关系，因此在进行传感器的频率响应分析时，主要使用幅频特性，图 1.12 所示为典型测量仪表的幅频特性。当测量仪表的输入信号频率较低时，测量仪表能够在精度范围内检测到被测量；随着输入信号频率的增大，幅频特性逐渐减小，测量仪表将无法等比例复现被测量。

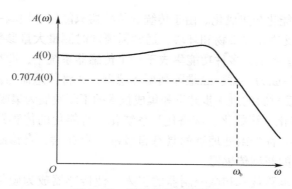

图 1.12　测量仪表幅频特性

幅频特性上，对应于幅值为 $0.707A(0)$ 时的频率称为截止频率 ω_b。对应的频率范围 $0 \leqslant \omega \leqslant \omega_b$ 称为频带宽度，频带宽度反映了测量仪表对快变信号的检测能力。

1.4.4　传感器技术的发展趋势

1. 传感器的作用

在信息时代，人们的社会活动将主要依靠对信息资源的开发、获取、传输与处理，而传感器处于自动检测与控制系统之首，处于研究对象与测控系统的接口位置，是感知、获取与检测信息的窗口。一切科学研究和生产过程要获取信息，都要通过传感器转换为便于传输与处理的电信号。系统的自动化、智能化程度越高，系统对传感器的依赖性越大，因此传感器对系统的功能起着决定性的作用。

现代科学技术的发展离不开检测技术，而检测技术更离不开传感器，特别是在科学技术迅猛发展的今天，传感器已广泛应用于工业自动化、航天技术、军事领域、机器人开发、环境检测、医疗卫生、家电行业等各学科和工程领域。据有关资料统计，大型发电机组需要 3 000 台传感器及配套仪表；大型石油化工厂需要 6 000 台；一个钢铁厂需要 20 000 台；一个电站需要 5 000 台；阿波罗宇宙飞船用了 1 218 个传感器，运载火箭部分用了 2 077个传感器；一辆现代化汽车装备的传感器也有几十种。传感器技术是现代科技的前沿技术，是现代信息技术的三大支柱之一。传感器技术的水平高低是衡量一个国家科技发展水平的主要标志之一。

2. 传感器技术的发展趋势

从 20 世纪 80 年代起，日本就将传感器技术列为优先发展的高新技术之首，美国等西方国家也将其列为国家科技和国际技术发展的重点内容。我国从 20 世纪 80 年代以来在传感器技术方面取得了很大突破。

目前，传感器技术已从单一的物性型传感器进入功能更强大、技术高度集成的新型传感器阶段。新型传感器的开发和应用已成为现代传感器技术和系统的核心和关键。21 世纪传感器发展的总趋势是微型化、多功能化、数字化、智能化、系统化和网络化。

（1）传感器的微型化。微型传感器是以微机电系统（Micro-ElectroMechanical Systems，MEMS）技术为基础的。MEMS 的核心技术是微电子机械加工技术，主要包括体硅微机械加工技术、表面硅微加工技术、LIGA 技术（即 X 光深层光刻、微电铸和微复制技术）、激光微加工技术和微型封装技术等。微型传感器具有体积小、重量轻、反应快、灵敏度高及成本低等特点。比较成熟的微型传感器有压力传感器、微加速度传感器、微机械陀螺等。

（2）传感器的多功能化与集成化。由于传统的传感器只能用于检测一种物理量，但在许多应用领域，为了能准确反映客观事物和环境，通常需要同时测量大量参数，由若干种敏感元件组成的多功能传感器应运而生，多种功能集成于一个传感器系统中，即在同一芯片上或将众多同一类型的单个传感器集成为一维、二维阵列型传感器，或将传感器与调整、补偿等电路集成一体化。半导体、电介质材料的进一步开发和集成技术的不断发展为集成化提供了基础。

（3）传感器的数字化、智能化、网络化与系统化。智能化的传感器是一种涉及多学科的新型传感器系统，它是一种带微处理器的具有自校准、自补偿、自诊断、数据处理、网络通信和数字信号输出功能的新型传感器。

嵌入式技术、集成电路技术和微控制器的引入，使传感器成为硬件和软件的结合体，一方面传感器的功耗降低、体积减小、抗干扰性和可靠性提高；另一方面利用软件技术实现了传感器的非线性补偿、零点漂移和温度补偿等；同时网络接口技术的应用使传感器能方便地接入工业控制网络，为系统的扩充和维护提供了极大的方便。

1.5　弹性敏感元件

物体在外力作用下改变原来尺寸或形状的现象称为变形。若外力去掉后物体又能完全恢复其原来的尺寸和形状，这种变形称为弹性变形。具有弹性变形特性的物体称为弹性元件。

弹性元件在传感器技术中占有极其重要的地位。它首先把力、力矩或压力转换成相应的应变或位移，然后配合各种形式的传感元件，将被测力、力矩或压力变换成电量。

根据弹性元件在传感器中的作用，它基本上可以分为两种类型：弹性敏感元件和弹性支承。前者感受力、力矩、压力等被测参数，并通过它将被测量变换为应变、位移等，也就是通过它把被测参数由一种物理状态转换为另一种所需要的相应物理状态。它直接起到测量的作用，故称为弹性敏感元件。

1.5.1　弹性敏感材料的弹性特性

作用在弹性敏感元件上的外力与由该外力所引起的相应变形（应变、位移或转角）之间的关系称为弹性元件的弹性特性。弹性特性可由刚度或灵敏度来表示。

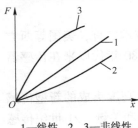

1—线性　2、3—非线性

图1.13　弹性特性

1. 刚度

刚度是弹性敏感元件在外力作用下抵抗变形的能力，其数学表达式为

$$k = \lim_{\Delta x \to 0} \frac{\Delta F}{\Delta x} = \frac{\mathrm{d}F}{\mathrm{d}x} \qquad (1.29)$$

式中，F 为作用在弹性元件上的外力；x 为弹性元件产生的应变。

若刚度 k 是常数，则元件的弹性特性是线性的，否则是非线性的，如图1.13所示。

2. 灵敏度

灵敏度是刚度的倒数，可表示为

$$K = \frac{\mathrm{d}x}{\mathrm{d}F} \qquad (1.30)$$

从式（1.30）可以看出，灵敏度就是单位力产生应变的大小。与刚度相似，如果元件弹性特性是线性的，则灵敏度为常数；若弹性特性是非线性的，则灵敏度为变数。

3. 弹性滞后

弹性元件在弹性变形范围内，弹性特性的加载曲线与卸载曲线不重合的现象称为弹性滞后现象，如图1.14所示。

4. 弹性后效

弹性敏感元件所加载荷改变后，不是立即完成相应的变形，而是在一定时间间隔中逐渐完成变形的现象称为弹性后效现象。由于弹性后效存在，弹性敏感元件的变形不能迅速地随作用力的改变而改变，引起测量误差。

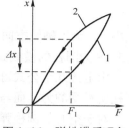

图1.14 弹性滞后现象

1.5.2 弹性敏感元件的材料及其基本要求

因为弹性敏感元件在传感器中直接参与转换和测量，所以对它有一定要求。在任何情况下，它应保证有良好的弹性特性、足够的精度和稳定性，以及在长时间使用中和温度变化时都应保持稳定的特性。因此，对其材料的基本要求如下。

（1）具有良好的机械特性（强度高、抗冲击、韧性好、疲劳强度高等）和良好的机械加工及热处理性能。

（2）良好的弹性特性（弹性极限高、弹性滞后和弹性后效小等）。

（3）弹性模量的温度系数小且稳定，材料的线膨胀系数小且稳定。

（4）抗氧化性和抗腐蚀性等化学性能良好。

1.5.3 弹性敏感元件的变换原理

下面介绍几种常用弹性敏感元件及其将力与压力转换为所需物理量的原理。

1. 弹性圆柱

柱式弹性元件具有结构简单的特点，可承受很大的载荷，根据截面形状可分为圆筒形与圆柱形两种，如图1.15所示。

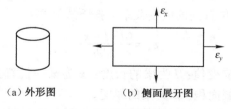

（a）外形图 （b）侧面展开图

图1.15 弹性圆柱

在力的作用下，柱式弹性元件产生应变。在受到轴向拉或压的作用力 F 时，在与轴线成90°的侧面上产生轴向应力和横向应力，其轴向应力的应变量为

$$\sigma_x = \frac{F}{S} \tag{1.31}$$

$$\varepsilon_x = \frac{F}{SE} \tag{1.32}$$

横向应力的应变量为

$$\sigma_y = -\mu \frac{F}{S} \tag{1.33}$$

$$\varepsilon_y = -\mu \frac{F}{SE} \tag{1.34}$$

式中，F 为沿轴线方向的作用力；E 为材料的弹性模量；μ 为材料的泊松系数，一般为 $0 \sim 0.5$；S 为圆柱的横截面积；

由上述几个公式可以看出，圆柱的应变大小决定于圆柱的结构、横截面积、材料性质和圆柱所承受的力，而与圆柱的长度无关。

对于空心的圆柱弹性敏感元件，上述表达式都是适用的，而且空心的弹性元件在某些方面还要优于实心元件。但是空心圆柱的壁太薄时，受压力作用后将产生较明显的圆筒形变形而影响精度。

2. 悬臂梁

悬臂梁可分为等截面梁和等强度梁，分别如图 1.16、图 1.17 所示。悬臂梁是一端固定、另一端自由的弹性敏感元件，它具有结构简单、加工方便的特点，在较小力的测量中应用较多。

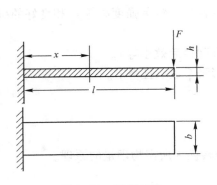

图 1.16　等截面梁

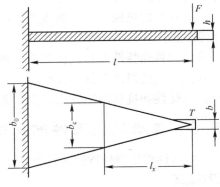

图 1.17　等强度梁

（1）等截面梁。一端固定，另一端自由，且截面为矩形的梁称为等截面悬臂梁。等截面悬臂梁所受作用力 F 与某一位置处的应变关系可按下式计算：

$$\varepsilon_x = \frac{6F(l-x)}{ESh} \tag{1.35}$$

式中，ε_x 为距固定端 x 处的应变值；l 为梁的长度；x 为某一位置到固定端的距离；E 为梁的材料的弹性模量；S 为梁的截面积；h 为梁的厚度。

由式（1.35）可知，随着位置 x 的不同，在梁上各个位置所产生的应变也是不同的。

（2）等强度梁。等截面梁的不同部位所产生的应变是不相等的，这对电阻应变式传感器中应变片的粘贴位置提出了较高的要求。而等强度梁在自由端加上作用力时，在梁上各处产生的应变大小相等。当作用力 F 加在梁的两斜边的交汇点处时，等强度梁各点的应变值为

$$\varepsilon = \frac{6l}{Eb_0h^2}F \tag{1.36}$$

式中，ε 为梁各点的应变值；l 为梁的长度；b_0 为应变处梁的宽度；E 为梁的材料的弹性模量；h 为梁的厚度。

【例1.5】 有一应变式等强度悬臂梁式力传感器，假设悬臂梁的热膨胀系数与应变片串

的电阻热膨胀相等，$R_1 = R_2$，构成半桥双臂电路。

① 求证：该传感器具有温度补偿功能；

② 设悬臂梁的厚度 $\delta = 0.5\text{mm}$，长度 $l_0 = 15\text{mm}$，固定端宽度 $b = 18\text{mm}$，材料的弹性模量 $E = 2.0 \times 10^{11}\text{N/m}^2$，应变片 $K = 2$，桥路的输入电压 $U_i = 2\text{V}$，输出电压为 $U_0 = 1.0\text{mV}$，求作用力 F。

解：①当温度变化 Δt 时，应变器会有 ΔR_1，ΔR_2 变化但其值相等符号相反，而 R_1、R_2 又在电桥相邻臂，所以没有输出。而应变片与悬臂梁的热膨胀系数相同：即 $\beta_e = \beta_g$，使 $\varepsilon_{2r} = (\beta_e - \beta_g)\Delta t = 0$

∴ 该传感的有补偿功能

② $\varepsilon = \dfrac{6FC}{bh^2 E} = \dfrac{6 \times 15 \times F}{18 \times 0.5^2 \times 10^{-6} \times 2 \times 1011} = 10^{-4}F$

$U_0 = \dfrac{U_i}{2}K\varepsilon = \dfrac{U_i}{2}K \times 10^{-4}F$

$1 \times 10^{-3} = \dfrac{2}{2} \times 2 \times 10^{-4}F$

$F = 5\text{N}$

3. 薄壁圆筒

薄壁圆筒与弹簧管等弹性元件可将气体压力转换为应变。薄壁圆筒的壁厚一般都小于圆筒直径的1/20，内腔与被测压力相通时，内壁均匀受压，薄壁无弯曲变形，只是均匀地向外扩张。所以，筒壁的每一单元将在轴线方向和圆周方向产生拉伸应力，如图1.18所示，其值为

$$\sigma_x = \frac{r_0}{2h}p \qquad (1.37)$$

$$\sigma_\tau = \frac{r_0}{h}p \qquad (1.38)$$

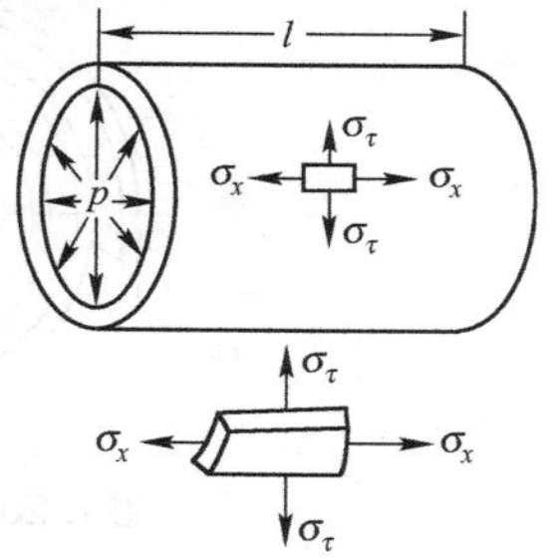

式中，σ_x 为轴向的拉伸应力；σ_τ 为圆周方向的拉伸应力；p 为筒内气体压强；r_0 为圆筒的内半径；h 为圆筒的壁厚。

图1.18 薄壁圆筒受力分析

轴向应力 σ_x 与周向应力 σ_τ 相互垂直，应用胡克定律，可求得这种弹性敏感元件压力－应变关系式

$$\varepsilon_x = \frac{r_0}{2Eh}(1 - 2\mu)p \qquad (1.39)$$

$$\varepsilon_r = \frac{r_0}{2Eh}(2 - \mu)p \qquad (1.40)$$

由式（1.39）、式（1.40）可知，它的应变与圆筒的长度无关，而仅取决于圆筒的半径 r_0、厚度 h 和弹性模量 E，而且轴线方向应变与圆周方向应变不相等。

4. 弹簧管

弹簧管的截面形状为椭圆形、卵形或更复杂的形状。它主要在流体压力测量中作为压力敏感元件，将压力转换为弹簧管端部的位移。弹簧管大多是弯曲成C形的空心管子，管子的一端开口，作为固定端；另一端封死，作为自由端。C形弹簧管的结构与截面示意图如图1.19所示。弹簧管的自由端连在管接头上，压力 p 通过管接头导入弹簧管的内腔，在管内压力作用下，管截面将趋于变成圆形，从而使C形管趋于伸直。于是，管的自由端移动。弹

簧管自由端的位移便是管内压力的度量。为了减小应力，可将其制成螺旋形弹簧管，如图 1.20 所示。

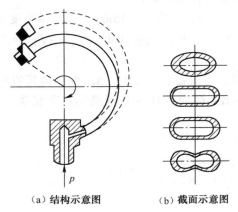

（a）结构示意图　　　　　（b）截面示意图

图 1.19　C 形弹簧管的结构与截面示意图

对于椭圆形截面的薄壁弹簧管，管壁厚与短半轴之比应为 0.7～0.8。在一定范围内，其自由端位移 d 和所受压力 p 之间的关系呈线性特性，如图 1.21 所示。当压力超过某一压力值 p 时，特性曲线将偏离直线而上翘。

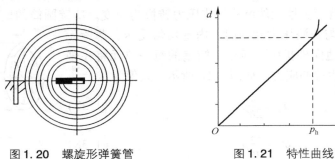

图 1.20　螺旋形弹簧管　　　　　图 1.21　特性曲线

5. 膜片

（1）圆形膜片。圆形膜片分平面膜片和波纹膜片两种，在相同压力情况下，波纹膜片可产生较大的挠度（位移）。

圆形平膜片在压力作用下，中心挠度（位移）最大，且当膜片中心的最大挠度远远小于膜片的厚度时，膜片的中心挠度正比于压力。当膜片中心的最大挠度大于或等于膜片的厚度时，圆形膜片中心的位移与压力间呈非线性关系；为了减小非线性，位移量应当比膜片的厚度要小得多。

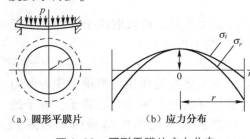

（a）圆形平膜片　　　　（b）应力分布

图 1.22　圆形平膜片应力分布

圆形平膜片在压力均匀分布的情况下，应力分布如图 1.22 所示，图中 σ_r、σ_t 分别为圆形平膜片各点对应的纵向应力和横向应力（切向应力）。

由图 1.22（b）所示的膜片的应力分布曲线可得出如下结论。

① 在圆膜的中心处，$r=0$，具有最大的正应力（拉应力），且 $\sigma_r=\sigma_t$。

② 在圆膜的边缘处，$r=r_0$，纵向应力 σ_r 为最

大的负应力（压应力）。

③ 当 $r = 0.635r_0$ 时，纵向应力 $\sigma_r = 0$。

④ 当 $r > 0.635r_0$ 时，纵向应力 $\sigma_r < 0$，为负应力（压应力）。

⑤ 当 $r = 0.812r_0$ 时，横向应力 $\sigma_t = 0$，但纵向应力 $\sigma_r < 0$。

⑥ 当 $r < 0.635r_0$ 时，纵向应力 $\sigma_r > 0$，为正应力（拉应力）。

（2）波纹膜片。波纹膜片是一种压有环状同心波纹的圆形薄板，一般用于测量压力（或压差），为了增加膜片中心的位移，可把两个膜片焊在一起，制成膜盒，它的位移为单个膜片的两倍，如果需要得到更大的位移，可把数个膜盒串联成膜盒组。

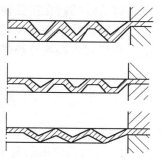

波纹膜片的形状可以做成多种形式，通常采用正弦形、梯形、锯齿形。膜片的轴向截面如图 1.23 所示，为了便于与其他零件相连接，在膜片中央留有一个光滑部分，有时还在中心焊上一块金属片，称为膜片的硬心。

在一定的压力作用下，正弦形波纹膜片给出最大的挠度；锯齿 图 1.23　膜片的轴向截面
形波纹膜片给出最小的挠度，但它的特性比较接近于直线；梯形波纹膜片的特性介于上述二者之间。锯齿形波纹、梯形波纹以及正弦形波纹膜片与压力的关系如图 1.24 所示。

6. 波纹管

波纹管是一种表面上有许多同心环状波形皱纹的薄壁圆管，如图 1.25 所示。在流体压力或轴向力的作用下，将产生伸长或缩短；在横向力作用下，波纹管将在平面内弯曲。金属波纹管的轴向容易变形，即灵敏度非常好，在变形量允许的情况下，压力或轴向力的变化与伸缩量是成比例的，所以利用它可把压力或轴向力转换为位移。

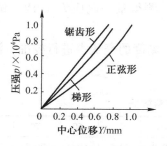

图 1.24　波纹形状与膜片特性的关系

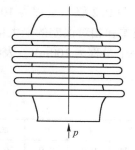

图 1.25　波纹管外形

小　结

测量就是通过实验对客观事物取得定量数值的过程。

测量方法有多种不同的分类方法：直接测量、间接测量与联立测量，偏差式测量、零位式测量和微差式测量。

测量误差是客观存在的。测量误差可用绝对误差、相对误差和引用误差表示。按照误差的表现规律，主要包括系统误差和随机误差。系统误差是有规律性的，是可以预测并消除的；随机误差大多服从正态分布规律，从理论上可以估计随机误差对测量结果的影响。

传感器是一种能够感觉外界信息并按一定规律将其转换成可用输出信号的器件或装置。

一般由敏感元件、转换元件和转换电路三部分组成。有时还要加上辅助电源。

传感器的静态特性反映了输入信号处于稳定状态时的输出/输入关系。衡量静态特性的主要指标有精确度、稳定性、灵敏度、线性度、迟滞和可靠性等。

传感器的动态特性是指传感器对于随时间变化的输入信号的响应特性。时域分析主要讨论传感器在单位阶跃输入下的响应，主要从稳定性、准确性和快速性三方面衡量；频域分析则是讨论传感器在正弦输入下的稳态响应，并着重从系统的幅频特性和相频特性来分析。

传感器技术是现代科技的前沿技术，是衡量一个国家科技发展水平的主要标志之一。21世纪传感器发展的总趋势是微型化、多功能化、数字化、智能化、系统化和网络化。

思考与练习

1. 什么是仪表的基本误差？它与仪表的精度等级是什么关系？

2. 什么是测量误差？测量误差有几种表示方法？各有什么用途？

3. 误差按照表现出来的规律主要可分为哪几种？它们各有什么特点？它们与准确度和精密度的关系是什么？

4. 某电压表刻度为 $0 \sim 10V$，在5V处标准仪表示值为4.995V，求在5V处的绝对误差、相对误差及引用误差。

5. 0.1级量程为10A电流表经标定，最大绝对误差为8mA，问该表是否合格？

6. 工艺要求检测温度指标为 $(300 \pm 6)℃$，现拟用一台 $0 \sim 500℃$ 的温度表检测该温度，试选择该表的精度等级。

7. 使用一只0.2级、量程为10V的电压表，测得某一电压为5.0V，试求此测量值可能出现的绝对误差和相对误差的最大值。

8. 现对一个量程为100mV，表盘为100等分刻度的毫伏表进行校准，测得数据如表1.6所示。

表1.6 测量数据

仪表刻度值/mV	0	10	20	30	40	50	60	70	80	90	100
标准仪表示值/mV	0.0	9.9	20.2	30.4	39.8	50.2	60.4	70.3	80.0	89.7	100.0
绝对误差/mV											
修正值/mV											

试将各校准点的绝对误差和修正值填入表1.6中，并确定该毫伏表的精度等级。

9. 用温度传感器对某温度进行12次等精度测量，测量数据（℃）如下：

20.46、20.52、20.50、20.52、20.48、20.47、20.50、20.49、20.47、20.49、20.51、20.51

要求对该组数据进行分析整理，并写出最后结果。

10. 已知对某电压的测量值 $U \sim N(50V, 0.04V^2)$，若要求置信概率达到50%，求相应的置信区间。

11. 设用某压力表对容器内的压力进行了 14 次等精度测量，获得测量数据（单位：MPa）如表 1.7 所示。

表 1.7　测量数据

i	1	2	3	4	5	6	7	8	9	10	11	12	13	14
x	1.13	1.07	1.08	1.13	1.14	1.09	1.08	1.07	1.09	1.12	1.08	1.10	1.11	1.10

试对该测量数据进行处理，并写出最后结果。

12. 被测温度为 400℃，现有量程 0～500℃、精度 1.5 级和量程 0～1 000℃、精度 1.0 级的温度仪表各一块，问选用哪一块仪表测量更好一些？为什么？

13. 什么是传感器？传感器一般是由哪几部分组成？传感器有哪些分类方法？

14. 什么是传感器的静态特性？传感器静态特性的技术指标及各自的定义是什么？

15. 什么是传感器的动态特性？传感器动态特性的分析方法有哪几种？其技术指标及各自的定义是什么？

16. 为什么在研究传感器的动态特性时常用的标准输入信号是正弦信号和阶跃信号？

17. 甲、乙二人分别用不同的方法，对同一电感进行多次测量，结果如下（假设均无粗大误差和系统误差）：

甲 x_1（mH）：1.28　1.31　1.27　1.26　1.19　1.25

乙 x_2（mH）：1.29　1.23　1.22　1.24　1.25　1.20

写出测量结果表达式，评价哪个人的测量精密度高。

18. 对某量等精度测量 5 次，得 29.18，29.24，29.27，29.25，29.26，求算术平均值 X 及最佳估计值

第2章　电阻式传感器

电阻式传感器是一种能把非电量（如力、压力、位移、扭矩等）转换成与之有对应关系的电阻值，再经过测量电桥把电阻值转换成便于传送和记录的电压（电流）信号的装置。电阻式传感器的种类很多，主要有电位器式传感器、电阻应变式传感器、压阻式传感器、气敏电阻式传感器、湿敏电阻式传感器、热电阻传感器等类型。电阻应变式传感器和压阻式传感器采用弹性敏感元件作为传递信号的敏感元件，这些弹性敏感元件主要有弹性圆柱、悬臂梁、弹簧管、弹性膜片等。电位器式传感器主要用于非电量变化较大的测量场合；电阻应变式传感器主要用于测量变化量相对较小的场合；压阻式传感器因灵敏度高、动态响应好等特点被广泛使用。气敏电阻式传感器和湿敏电阻式传感器，是将相应的非电量转变为电阻的变化。

2.1　电位器式传感器

由于电位器式传感器可以测量位移、压力、加速度、容量、高度等多种物理量，且具有结构简单、尺寸小、质量轻、价格便宜、精度高、性能稳定、输出信号大、受环境影响小等优点，因而在自动监测与自动控制中有着广泛的用途。但电位器式传感器的动触点与线绕电阻或电阻膜的摩擦存在磨损，因此可靠性差，寿命较短，分辨力较低，动态性能不好，干扰（噪声）大，一般用于静态和缓变量的检测。

根据电位器的输出特性，电位器可分为线性电位器和非线性电位器。下面以线绕式电位器分析其特性。

2.1.1　线性电位器

线性电位器由绕于骨架上的电阻丝线圈和沿电位器滑动的滑臂，以及安装在滑臂上的电刷组成。线绕电位器传感元件有直线式、旋转式或两者相结合的形式。线性线绕电位器骨架的截面处处相等，由材料和截面均匀的电阻丝等节距绕制而成。直线位移电位器式传感器如图2.1所示。

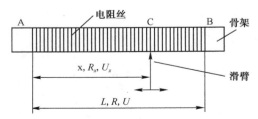

图2.1　直线位移电位器式传感器示意图

假定全长为 L 的电位器其总电阻为 R，电阻沿长度的分布是均匀的，当滑臂由 A 向 B 移动距离为 x 后至 C 点时，则 A 点到电刷间的阻值为

$$R_x = \frac{x}{L}R \qquad (2.1)$$

若加在电位器 A、B 两端的电压为 U，则 A、C 间的输出电压为

$$U_x = \frac{x}{L}U \qquad (2.2)$$

图 2.2 所示为电位器式角度传感器。同理，电阻与角度的关系为

$$R_\alpha = \frac{\alpha}{\theta}R \qquad (2.3)$$

输出电压与角度的关系为

$$U_\alpha = \frac{\alpha}{\theta}U \qquad (2.4)$$

电刷在电位器的线圈上移动时，线圈长度一匝一匝地变化，因此，电位器阻值不是随电刷移动呈连续变化的。电刷在与导线中某一匝接触的过程中，虽有微小的位移，但电阻值并无变化，因而输出电压也不改变，在输出特性曲线上对应地出现平直段；当电刷离开这一匝而与下一匝接触时，电阻突然增加一匝阻值，因此特性曲线相应出现阶跃段。这一特性称为线绕电位器的阶梯特性，如图 2.3 所示。

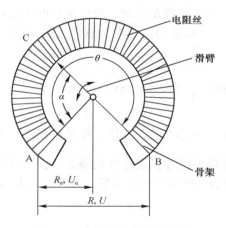

图 2.2 电位器式角度传感器

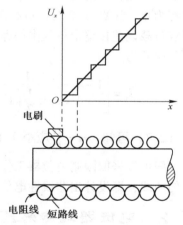

图 2.3 线绕电位器的理想阶梯特性

对理想阶梯特性的线绕电位器，在电刷行程内，电位器输出电压阶梯的最大值与最大输出电压之比的百分数，称为电位器的电压分辨率，其公式为

$$e = \frac{U/n}{U} = \frac{1}{n} \times 100\% \qquad (2.5)$$

式中，n 为线绕式电位器线圈的总匝数。

上面讨论的电位器空载特性相当于负载开路或为无穷大时的情况。而一般情况下，电位器接有负载，如图 2.4 所示。接入负载时，由于负载电阻与电位器的比值为有限值，因此负载特性曲线与理想空载特性有一定差异。负载特性偏离理想空载特性的偏差称为电位器的负载误差，对于线性电位器，负载误差即为其非线性误差。

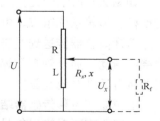

图 2.4 带负载的电位器电路

线性电位器误差的大小可由下式计算：

$$\delta_{\mathrm{f}} = \left[1 - \frac{1}{1 + mX(1-X)} \right] \times 100\% \tag{2.6}$$

式中，$X = \dfrac{x}{L}$，为电阻相对变化率；$m = \dfrac{R}{R_{\mathrm{f}}}$，为电位器的负载系数。

线性电位器误差 δ_{f} 与 m、X 的曲线关系如图 2.5 所示。

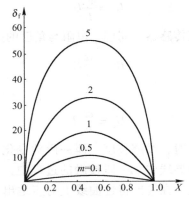

图 2.5　线性电位器误差 δ_{f} 与 m、X 的曲线关系

由图 2.5 可见，无论 m 为何值，$X = 0$ 和 $X = 1$，即电刷分别在起始位置和最终位置时，负载误差都为 0；当 $X = 1/2$ 时，负载误差最大，且增大负载系数时，负载误差也随之增加。

若要求负载误差在整个行程中都保持在 3% 以内，就必须要求在负载误差最大的 $X = 1/2$ 时，其负载误差为

$$\delta_{\mathrm{f}} = \left[1 - \frac{1}{1 + m \times \frac{1}{2}\left(1 - \frac{1}{2}\right)} \right] \times 100\% = \left(\frac{m}{4+m} \right) \times 100\% < 3\% \tag{2.7}$$

由式（2.7）可知，$m = \dfrac{R}{R_{\mathrm{f}}}$ 应小于 1.2，即必须使 $R_{\mathrm{f}} > 10R$。但是，有时负载满足不了这个条件，一般可以采取限制电位器工作区间的办法减小误差，或将电位器的空载特性设计为某种上凸的曲线，即设计出非线性电位器，使其带负载时满足线性关系，以消除误差。

2.1.2　电位器式传感器的应用

1. 电位器式位移传感器

电位器式位移传感器常用于测量几毫米到几十米的位移和几度到 360° 的角度。

如图 2.6 所示的推杆式位移传感器可测量 5～200mm 的位移。该传感器由外壳、带齿条的推杆和齿轮系统组成。由 3 个齿轮组成的齿轮系统将被测位移转换成旋转运动，旋转运动通过爪牙离合器传送到线绕电位器的轴上，电位器轴上装有电刷，电刷因推杆位移而沿电位器绕组滑动，通过轴套和焊在轴套上的螺旋弹簧及电刷来输出电信号，弹簧还可以保证传感器的所有活动系统复位。

电位器式位移传感器结构简单，价格低廉，性能稳定，能承受恶劣环境条件，输出功率大，一般不需要对输出信号放大就可以直接驱动伺服元件和显示仪表；其缺点是精度不高，动态响应差，不适合于测量快速变化的量。

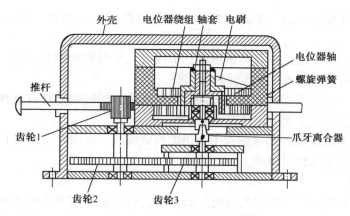

图2.6 推杆式位移传感器

2. 电位器式压力传感器

电位器式压力传感器由弹簧管和电位器组成，如图2.7所示。电位器被固定在壳体上，电刷与弹簧管的传动机构相连。当被测压力 p 变化时，弹簧管的自由端产生位移，带动指针偏转，同时带动电刷在线绕电位器上滑动，就能输出与被测压力成正比的电压信号。

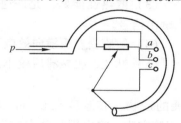

图2.7 电位器式压力传感器

2.2 电阻应变式传感器

电阻应变式传感器可测量位移、加速度、力、力矩、压力等各种参数，是目前应用最广泛的传感器之一。它具有结构简单，使用方便，性能稳定、可靠，灵敏度高，测量速度快等诸多优点，被广泛应用于航空、机械、电力、化工、建筑、医学等许多领域。

2.2.1 电阻应变片的种类与结构

电阻应变片（简称应变片或应变计）种类繁多，形式各样，分类方法各异。主要的分类方法是根据敏感元件的不同，将应变计分为金属式和半导体式两大类。

1. 丝式应变片

丝式应变片是将电阻丝绕制成敏感栅黏结在各种绝缘基底上而制成的，是一种常用的应变片，其基本结构如图2.8所示。它主要由四部分组成。

（1）敏感栅。它是实现应变与电阻转换的敏感元件，由直径为 $0.015 \sim 0.05\text{mm}$ 的金属细丝绕成栅

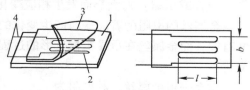

1—基底；2—电阻丝；3—覆盖层；4—引线
图2.8 电阻丝应变片的基本结构

状或用金属箔腐蚀成栅状制成。电阻应变片的电阻值有 60Ω、120Ω、200Ω 等各种规格，以 120Ω 最为常用。

（2）基底和盖片。基底用于保持敏感栅、引线的几何形状和相对位置；盖片既可保持敏感栅与引线的形状与相对位置，又可保护敏感栅。

（3）黏结剂。它用于将盖片和敏感栅固定于基底上，同时用于将应变片基底粘贴在试件表面某个方向和位置上，也起着传递应变的作用。

（4）引线。它是从应变片的敏感栅中引出的细金属线，常用直径为 $0.1 \sim 0.15 mm$ 的镀锡铜线或扁带形的其他金属材料制成。

2. 箔式应变片

箔式应变片是利用照相制版或光刻腐蚀的方法，将电阻箔材在绝缘基底下制成各种图形而成的应变片，如图2.9所示。箔材厚度多为 $0.001 \sim 0.01 mm$。箔式应变片的应用日益广泛，在常温条件下已逐步取代了线绕式应变片。它具有如下几个主要优点。

（1）制造技术能保证敏感栅尺寸准确、线条均匀，可以制成任意形状以适应不同的测量要求。

（2）敏感栅薄而宽，黏结情况好，传递应变性能好。

（3）散热性能好，允许通过较大的工作电流，从而可增大输出信号。

（4）敏感栅弯头横向效应可以忽略。

（5）蠕变、机械滞后较小，疲劳寿命高。

图2.9　箔式应变片

3. 薄膜应变片

薄膜应变片是薄膜技术发展的产物，其厚度在 0.1m 以下。它是采用真空蒸发或真空沉积等方法，将电阻材料在基底上制成一层各种形式的敏感栅而形成应变片。这种应变片灵敏系数高，易实现工业化生产，是一种很有前途的新型应变片。

目前，薄膜应变片在实际使用中存在的主要问题是尚难控制其电阻与温度和时间的变化关系。

4. 半导体应变片

半导体应变片的优点是尺寸、横向效应、机械滞后都很小，灵敏系数极大，因而输出也大，可以不需放大器直接与记录仪器连接，使得测量系统简化；其缺点是电阻值和灵敏系数的强度稳定性差，测量较大应变时非线性严重，灵敏系数随受拉或受压而变化，且分散度大，一般为3%～5%，因而使测量结果有±(3～5)%的误差。

2.2.2　电阻的应变效应

电阻应变片的工作原理是基于金属的电阻应变效应：金属丝的电阻随着它所受的机械变形（拉伸或压缩）的大小而发生相应变化。

金属丝的电阻随着应变而产生变化的原因是：金属丝的电阻与材料的电阻率及其几何尺寸有关，而金属丝在承受机械变形的过程中，这两者都要发生变化，因而引起金属丝的电阻变化。

设有一根金属丝，其电阻为

$$R = \rho \frac{l}{S} \tag{2.8}$$

式中，R 为金属丝的电阻（Ω）；ρ 为金属丝的电阻率（$\Omega \cdot m$）；l 为金属丝的长度（m）；S 为金属丝的截面积（mm^2）。

当金属丝受拉时，其长度伸长 dl，横截面将相应减小 dS，电阻率也将改变 $d\rho$，这些量的变化，必然引起金属丝电阻改变 dR，即

$$dR = \frac{\rho}{S}dl - \frac{\rho l}{S^2}dS + \frac{l}{S}d\rho \tag{2.9}$$

式（2.9）两边分别除以 $R = \rho\dfrac{l}{S}$，得

$$\frac{dR}{R} = \frac{dl}{l} - \frac{dS}{S} + \frac{d\rho}{\rho} \tag{2.10}$$

因为 $S = \pi r^2$（r 为金属丝半径），得 $dS = 2\pi r dr$，所以

$$\frac{dR}{R} = \frac{dl}{l} - 2\frac{dr}{r} + \frac{d\rho}{\rho} \tag{2.11}$$

令 $\dfrac{dl}{l} = \varepsilon_x$ 为金属丝的轴向应变量；$\dfrac{dr}{r} = \varepsilon_y$ 为金属丝的径向应变量。则由式（2.11），得

$$\frac{dR}{R} = \varepsilon_x - 2\varepsilon_y + \frac{d\rho}{\rho} \tag{2.12}$$

根据材料力学原理可知，当金属丝受拉时，沿轴向伸长，而沿径向缩短，二者之间应变的关系为

$$\varepsilon_y = -\mu\varepsilon_x \tag{2.13}$$

式中，μ 为金属丝材料的泊松系数。

将式（2.13）代入式（2.12），得

$$\frac{dR}{R} = (1 + 2\mu)\varepsilon_x + \frac{d\rho}{\rho}$$

或

$$\frac{dR/R}{\varepsilon_x} = (1 + 2\mu) + \frac{d\rho/\rho}{\varepsilon_x} \tag{2.14}$$

令

$$K = \frac{dR/R}{\varepsilon_x} = (1 + 2\mu) + \frac{d\rho/\rho}{\varepsilon_x} \tag{2.15}$$

式中，K 称为金属丝的灵敏系数，表示金属丝产生单位变形时，其电阻相对变化的大小。显然，K 越大，单位变形引起的电阻相对变化越大，故灵敏度越高。

从式（2.15）可以看出，金属丝的灵敏系数 K 受两个因素影响：第一项 $(1 + 2\mu)$，它是由于金属丝受拉伸后，材料的几何尺寸发生变化而引起的；第二项 $\dfrac{d\rho/\rho}{\varepsilon_x}$，它是由于材料发生变形时，其自由电子的活动能力和数量均发生变化的缘故，这项可能是正值，也可能是负值，但作为应变片材料都选为正值，否则会降低灵敏度。金属丝电阻的变化主要由材料的几何形变引起。

实验证明，在金属丝变形的弹性范围内，电阻的相对变化 dR/R 与应变 ε_x 是成正比的，因而 K 为一常数，故式（2.15）中 dR/R 的微分式可用增量表示为

$$\frac{\Delta R}{R} = K\varepsilon_x \tag{2.16}$$

2.2.3 应变片测试原理

用应变片测量应变或应力时，是将应变片粘贴于被测对象上的。在外力作用下，被测对

象表面产生微小的机械变形，粘贴在其表面上的应变片也随其发生相同的变化，因此应变片的电阻也发生相应的变化。如果应用仪器测出应变片的电阻值变化 ΔR，则根据式（2.16），可以得到被测对象的应变值 ε_x，在材料力学中，根据应力－应变关系

$$F = A \cdot E \cdot \varepsilon_x \tag{2.17}$$

可以得到应力值 F。式中，F 为试件的应力；ε_x 为试件的应变量，A 为试件的面积；E 为材料的弹性模量。

通过弹性敏感元件的转换作用，将位移、力、力矩、加速度、压力等参数转换为应变，因此可以将应变片由测量应变扩展到测量上述参数，从而形成各种电阻应变式传感器。

【例2.1】 电阻应变片的灵敏度 $K = 2$，沿纵向粘贴于直径为 0.05m 的圆形钢柱表面，钢材的 $E = 2 \times 10^{11} \text{N/m}^2$，$\mu = 0.3$。求钢柱受 10t 拉力作用时，应变片电阻的相对变化量。若应变片沿钢柱圆周方向粘贴，则受同样的拉力作用时，应变片电阻的相对变化量为多少？

解：

$$A = \frac{\pi}{4}D^2 = \frac{\pi}{4} \times 0.05^2 = 0.0019\,6\text{m}^2$$

$$\varepsilon_x = \frac{F}{AE} = \frac{10 \times 9.8 \times 10^3}{0.001\,96 \times 2 \times 10^{11}} = 2.5 \times 10^{-4}$$

$$\varepsilon_y = -\mu\varepsilon_x = -0.75 \times 10^{-4}$$

$$\frac{\Delta R}{R} = K\varepsilon_x = 2 \times 2.5 \times 10^{-4} = 5 \times 10^{-4}$$

$$\frac{\Delta R_1}{R} = K\varepsilon_y = -1.5 \times 10^{-4}$$

2.2.4　测量电路

由于弹性敏感元件产生的机械变形微小，引起的应变量 ε 也很微小（通常在 5 000μ 以下），从而引起的电阻应变片的电阻变化率 dR/R 也很小，因此为了把微小的电阻变化率反映出来，必须采用测量电桥，把应变电阻的变化转换成电压或电流变化，从而达到精确测量的目的。

1. 直流电桥工作原理

图 2.10 所示为一直流供电的平衡电阻电桥，它的 4 个桥臂由电阻 R_1、R_2、R_3、R_4 组成。

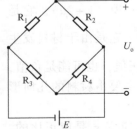

E 为直流电源，接入电桥的两个顶点，从电桥的另两个顶点得到输出，输出电压为 U_o。

当电桥输出端开路时，根据分压原理，电阻 R_1 两端的电压 $U_1 = \frac{R_1}{R_1 + R_2}E$；电阻 R_3 两端的电压 $U_3 = \frac{R_3}{R_3 + R_4}E$；则输出端电压 U_o 为

$$U_o = U_1 - U_3 = \frac{R_1 E}{R_1 + R_2} - \frac{R_3 E}{R_3 + R_4} = \frac{R_1 R_4 - R_2 R_3}{(R_1 + R_2)(R_3 + R_4)}E \tag{2.18}$$

图2.10　电阻电桥　　由式（2.18）可知，当电桥各桥臂电阻满足条件

$$R_1 R_4 = R_2 R_3 \tag{2.19}$$

则电桥的输出电压 U_o 为 0，电桥处于平衡状态。式（2.19）即称为电桥的平衡条件。

2. 电阻应变片测量电桥

电阻应变片测量电桥在工作前应使电桥平衡（称为预调平衡），以使工作时的电桥输出电压只与应变片感受应变所引起的电阻变化有关。初始条件为

$$R_1 = R_2 = R_3 = R_4 = R$$

（1）应变片单臂工作直流电桥。单臂工作直流电桥只有一只
应变片 R_1 接入，如图 2.11 所示，测量时应变片的电阻变化为 ΔR。
电路输出端电压为

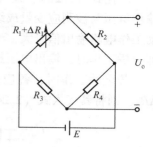

$$U_o = \frac{(R_1 + \Delta R_1) R_4 - R_2 R_3}{(R_1 + \Delta R_1 + R_2)(R_3 + R_4)} E$$

$$U_o = \frac{R \Delta R}{2R(2R + \Delta R)} E \qquad (2.20)$$

一般情况下，$\Delta R \ll R$，所以

图 2.11　单臂工作直流电桥

$$U_o \approx \frac{R \Delta R}{2R \times 2R} E = \frac{E}{4} \times \frac{\Delta R}{R} \qquad (2.21)$$

由电阻－应变效应可知 $\frac{\Delta R}{R} = K\varepsilon$，则式（2.21）可写为

$$U_o = \frac{E}{4} K\varepsilon \qquad (2.22)$$

（2）应变片双臂直流电桥（半桥）。半桥电路中用两只应变片，把两只应变片接入电桥
的相邻两支桥臂。根据被测试件的受力情况，一个受拉，一个受压，如图 2.12 所示。使两支
桥臂的应变片的电阻变化大小相同，方向相反，即处于差动工作状态，此时，输出端电压为

$$U_o = \frac{(R_1 + \Delta R_1) R_4 - (R_2 - \Delta R_2) R_3}{(R_1 + \Delta R_1 + R_2 - \Delta R_2)(R_3 + R_4)} E$$

若 $\Delta R_1 = \Delta R_2 = \Delta R$，则

$$U_o = \frac{2\Delta R \cdot R}{2R \cdot 2R} E = \frac{E}{2} \times \frac{\Delta R}{R}$$

同理，上式可写为

$$U_o = \frac{E}{2} K\varepsilon \qquad (2.23)$$

3. 应变片直流全桥电路

把 4 只应变片接入电桥，并且差动工作，即两只应变片受拉，两只应变片受压，如
图 2.13 所示。则

$$U_o = \frac{(R_1 + \Delta R_1)(R_4 + \Delta R_4) - (R_2 - \Delta R_2)(R_3 - \Delta R_3)}{(R_1 + \Delta R_1 + R_2 - \Delta R_2)(R_3 - \Delta R_3 + R_4 + \Delta R_4)} E \qquad (2.24)$$

若 $R_1 = R_2 = R_3 = R_4 = R$，$\Delta R_1 = \Delta R_2 = \Delta R_3 = \Delta R_4 = \Delta R$，则

$$U_o = \frac{4R \cdot \Delta R}{2R \cdot 2R} E = \frac{\Delta R}{R} E = EK\varepsilon \qquad (2.25)$$

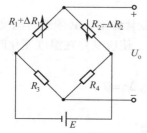

图 2.12　双臂直流电桥

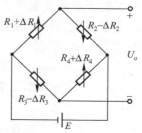

图 2.13　直流全桥电路

对比式（2.22）、式（2.23）、式（2.25）可知，用直流电桥做应变的测量电路时，电桥输出电压与被测应变量成线性关系，而在相同条件下（供电电源和应变片的型号不变），差动工作电路输出信号大，半桥差动输出是单臂输出的2倍，全桥差动输出是单臂输出的4倍。即全桥工作时，输出电压最大，检测的灵敏度最高。

若全桥工作时，各应变片的应变所引起的电阻变化不等，即分别为 ΔR_1、ΔR_2、ΔR_3、ΔR_4，则将其代入式（2.24），可得全桥工作时的输出电压为

$$U_o = \frac{E}{4}\left(\frac{\Delta R_1}{R_1} + \frac{\Delta R_2}{R_2} + \frac{\Delta R_3}{R_3} + \frac{\Delta R_4}{R_4}\right) = \frac{E}{4}K(\varepsilon_1 + \varepsilon_2 + \varepsilon_3 + \varepsilon_4) \tag{2.26}$$

在式（2.26）中，ε 可以是轴向应变，也可以是径向应变。当应变片的粘贴方向确定后，若为压应变，则 ε 以负值代入；若是拉应变，则 ε 以正值代入。

4. 应变片的温度误差及其补偿

（1）温度误差。测量时，希望应变片的阻值仅随应变变化，而不受其他因素的影响，而且温度变化所引起的电阻变化与试件应变所造成的变化几乎处于相同的数量级。为补偿温度对测量的影响，要了解环境温度变化而引起电阻变化的主要因素。事实上，因环境温度改变而引起电阻变化的两个主要因素是：应变片的电阻丝具有一定的温度系数；电阻丝材料与测试材料的线膨胀系数不同。

电阻丝电阻与温度关系可用下式表达：

$$R_t = R_0(1 + \alpha\Delta t) = R_0 + R_0\alpha\Delta t \tag{2.27}$$

式中，R_t 为温度为 t 时的电阻值；R_0 为温度为 t_0 时的电阻值；Δt 为温度的变化值；α 为敏感栅材料的电阻温度系数。则应变片由于温度系数产生的电阻相对变化为

$$\Delta R_1 = R_0\alpha\Delta t \tag{2.28}$$

另外，如果敏感栅材料线膨胀系数与被测构件材料线膨胀系数不同，则环境温度变化时，也将引起应变片的附加应变，其对电阻产生的变化值为

$$\Delta R_2 = R_0 \cdot K(\beta_e - \beta_g) \cdot \Delta t \tag{2.29}$$

式中，β_e 为被测构件（弹性元件）材料的线膨胀系数；β_g 为敏感栅（应变丝）材料的线膨胀系数。

因此，由温度变化形成的总电阻变化为

$$\Delta R = [\alpha\Delta t + K(\beta_e - \beta_g) \cdot \Delta t]R_0 \tag{2.30}$$

而电阻的相对变化量为

$$\frac{\Delta R}{R_0} = \alpha\Delta t + K(\beta_e - \beta_g) \cdot \Delta t \tag{2.31}$$

由式（2.31）可知，当试件不受外力作用而温度变化时，粘贴在试件表面上的应变片会产生温度效应。它表明应变片输出的大小与应变计敏感栅材料的电阻温度系数 α、线膨胀系数 β_g 及被测试材料的线膨胀系数 β_e 有关。

（2）温度补偿。为了使应变片的输出不受温度变化影响，必须进行温度补偿。

① 单丝自补偿应变片。由式（2.31）可以看出，使应变片在温度变化时电阻误差为零的条件是

$$\alpha\Delta t + K(\beta_e - \beta_g) \cdot \Delta t = 0$$

即

$$\alpha = -K(\beta_e - \beta_g)$$

根据上述条件，选择合适的敏感栅材料，即可达到温度自补偿。

单丝自补偿应变片的优点是结构简单，制造和使用都比较方便，但它必须在具有一定线膨胀系数材料的试件上使用，否则不能达到温度补偿的目的，因此局限性很大。

② 双丝组合式自补偿应变片。这种应变片也称组合式自补偿应变计，由两种电阻温度系数符号不同（一个为正，一个为负）的材料组成。将两者串联绕制成敏感栅，若两段敏感栅电阻 R_1 和 R_2 由于温度变化而产生的电阻变化分别为 ΔR_{1t} 和 ΔR_{2t}，且大小相等而符号相反，就可以实现温度补偿。

③ 桥式电路补偿法。桥式电路补偿法也称为补偿片法，测量应变时，使用两个应变片，一片贴在被测试件的表面，另一片贴在与被测试件材料相同的补偿块上，称为补偿应变片。在工作过程中，补偿块不承受应变，仅随温度产生变形。当温度发生变化时，工作片 R_1 和补偿片 R_2 的阻值都发生变化，而它们的温度变化相同。R_1 和 R_2 为同类应变片，又贴在相同的材料上，因此 R_1 和 R_2 的变化也相同，即 $\Delta R_1 = \Delta R_2$。如图 2.14 所示，R_1 和 R_2 分别接入相邻的两桥臂，则因温度变化引起的电阻变化 ΔR_1 和 ΔR_2 的作用相互抵消，这样就起到了温度补偿的作用。

桥式电路补偿法的优点是简单、方便，在常温下补偿效果较好；其缺点是在温度变化梯度较大的条件下，很难做到工作片与补偿片处于温度完全一致的情况，因而影响补偿效果。

④ 热敏电阻补偿。如图 2.15 所示，热敏电阻 R_t 与应变片处在相同的温度下，当应变片的灵敏度随温度升高而下降时，热敏电阻 R_t 的阻值下降，使电桥的输入电压随温度升高而增加，从而提高电桥的输出电压。选择合适的分流电阻 R_5 的值，可以使应变片灵敏度下降对电桥输出的影响得到很好的补偿。

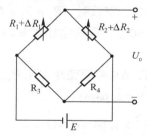
图 2.14 桥式电路补偿电路

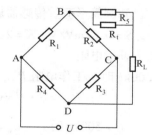
图 2.15 热敏电阻补偿电路

2.3 电阻应变式传感器的应用

1. 测力传感器

电阻应变式传感器的最大用武之地是在称重和测力领域。这种测力传感器由应变计、弹性元件、测量电路等组成。根据弹性元件结构形式（柱形、筒形、环形、梁式、轮辐式等）和受载性质（拉、压、弯曲、剪切等）的不同，它们可分为许多种类。

（1）柱式力传感器。圆柱式传感器的弹性元件如图 2.16 所示。

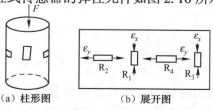

（a）柱形图　　　　　（b）展开图

图 2.16 应变片粘贴在柱形弹性元件上

设圆柱的有效截面积为 S、泊松比为 μ、弹性模量为 E，4 片相同特性的应变片贴在圆筒的外表面，再接成全桥形式。若外加荷重为 F，R_1、R_3 受压应力，R_2、R_4 受拉应力，ε_2、ε_4 为正，则传感器的输出为

$$U_o = \frac{E}{4} K(-\varepsilon_1 + \varepsilon_2 - \varepsilon_3 + \varepsilon_4) \tag{2.32}$$

将 $\varepsilon_1 = \varepsilon_3 = \varepsilon_x$，$\varepsilon_2 = \varepsilon_4 = -\mu\varepsilon_x$ 代入式（2.32），得

$$U_o = \frac{E}{2} K(1+\mu)\varepsilon_x = \frac{E}{2} K(1+\mu)\frac{F}{SE} \tag{2.33}$$

由此可见，输出 U_o 正比于荷重 F，有

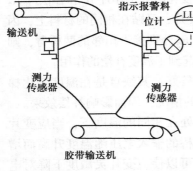

输送机

指示报警料位计 LIA

测力传感器　　测力传感器

胶带输送机

图 2.17　称重式料位计

$$\frac{U_o}{U_{om}} = \frac{F}{F_m} \tag{2.34}$$

$$U_o = \frac{F}{F_m} U_{om} = K_f \frac{E}{F_m} F \tag{2.35}$$

式中，U_{om} 为满量程时的输出电压；K_f 为测力传感器的灵敏度（mV/V），$K_f = \dfrac{U_{om}}{E}$；F_m 为测力传感器满量程时的值。

用柱式力传感器可制成称重式料位计。如图 2.17 所示，把 3 个测力传感器按 120°分布安装，支起料斗，并根据传感器输出电压信号大小标注料位。

【例 2.2】 已知圆筒形荷重传感器最大承载 $Q_m = 2t$，空载时，$R_1 = R_2 = R_3 = R_4 = 120\Omega$。荷重传感器灵敏度 $S = 0.82$ mV/V，$K = 2$，圆筒材料 $\mu = 0.3$，电桥电压 $U = 2$V，R_1 和 R_3 为工作电阻，R_2 和 R_4 为补偿电阻。

求：当 $Q = 500$kg 时，工作电阻 $R_{\text{工}}$，补偿电阻 $R_{\text{补}}$，ΔR 和应变片功耗 P_w 为多少？

解：
$$U_{0m} = S \cdot U = 0.82\text{mV/V} \times 2\text{V} = 1.64\text{mV}$$

$$Q = 500\text{kg 时} \qquad U_n = \frac{Q}{Q_m} \cdot U_{nm} = \frac{0.5}{2} \times 1.64 = 0.41\text{mV}$$

① $\because$ 受压　$\therefore R_{\text{工}} = R - K|\varepsilon|R$

$$|\varepsilon| = \frac{2U_0}{K(1+\mu)U} = \frac{2 \times 0.41 \times 10^{-3}}{2 \times (1+0.3) \times 2} = 0.157 \times 10^{-3}$$

$$\therefore R_{\text{工}} = R - K|\varepsilon|R = 120(1 - 2 \times 0.157 \times 10^{-3})$$
$$= 120 \times 0.999\,686 = 119.96\Omega$$

② $\Delta R = R - R_{\text{工}} = 120 - 119.96 = 0.04\Omega$

③ $R_{\text{补}} = R - K\varepsilon_t R = R + K\mu\varepsilon R = R(1+\mu K\varepsilon)$
$$= 1(1 + 0.3 \times 2 \times 0.157 \times 10^{-3}) = 120.012\Omega$$

④ 功耗（每片上受电压为 $\dfrac{U}{2}$）

$$P_w = \frac{\left(\dfrac{U}{2}\right)^2}{R} = \frac{\left(\dfrac{2}{2}\right)^2}{120} = 8.3\text{mW}$$

（2）梁式力传感器。梁式力传感器是在等强度梁上距作用点距离为 x 处，上下各粘贴 4 片相同的应变片，并接成全桥。用这样的方法，可制成称重电子秤、加速度传感器等。

应变式加速度传感器如图2.18所示。在一悬臂梁的自由端固定一质量块。当壳体与待测物一起做加速运动时，梁在质量块的惯性力的作用下发生形变，使粘贴于其上的应变计阻值发生变化。检测应变片阻值的变化即可求得待测物的加速度。

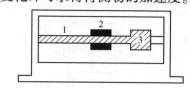

1—等强度悬臂梁；2—应变片；3—质量块

图2.18 应变式加速度传感器

【**例2.3**】 有一测量吊车起吊物质量的拉力传感器如图2.19（a）所示。电阻应变片 R_1、R_2、R_3、R_4 贴在等截面轴上。已知等截面轴的截面积为 $0.001\ 96m^2$，弹性模量 E 为 $2.0 \times 10^{11}N/m^2$，泊松比为0.3，R_1、R_2、R_3、R_4 标称值为 120Ω，灵敏度为2.0，它们组成全桥如图2.19（b）所示，桥路电压2V，测得输出电压2.6mV，求：

① 等截面轴的纵向应变及横向应变；

② 重物 m 有多少吨。

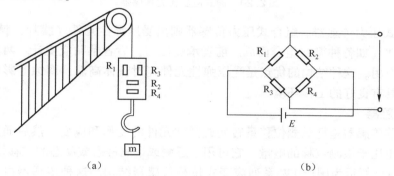

（a）　　　　　　　　　　　　（b）

图2.19 测量吊车起吊物质量的拉力传感器

解：① $\varepsilon_x = \dfrac{F}{AE} = \dfrac{392\ 000}{0.001\ 96 \times 2 \times 10^{11}} = 0.001$

$\varepsilon_y = -\mu\varepsilon_x = -0.3 \times 0.001 = -0.000\ 3$

$\Delta R_1 = \Delta R_3 = K\varepsilon_x R = 2 \times 0.001 \times 120 = 0.24\Omega$

$\Delta R_2 = \Delta R_4 = K\varepsilon_y R = 2 \times (-0.000\ 3) \times 120 = -0.072\Omega$

② $U_0 = \dfrac{E}{2}K(1+\mu)\dfrac{F}{AE}$

$2.6 \times 10^{-3} = \dfrac{2}{2} \times 2 \times (1+0.3) \times \dfrac{F}{0.001\ 96 \times 2 \times 10^{11}}$

$F = 392\ 000(N) = 40t$

2. 压力传感器

压力传感器主要用于测量流体的压力。根据其弹性体的结构形式可分为单一式和组合式两种。

（1）单一式压力传感器。单一式是指应变计直接粘贴在受压弹性膜片（或筒）上。图2.20所示为筒式应变压力传感器。其中图2.20（a）所示为结构示意图；图2.20（b）所示为筒式弹性元件；图2.20（c）所示为4片应变计布片，工作应变计 R_1、R_3 沿筒外壁周向粘贴，温度补偿应变计 R_2、R_4 贴在筒底外壁，并接成全桥。当应变筒内壁感受压力 p 时，筒外壁产生周向应变，从而改变电桥的输出。

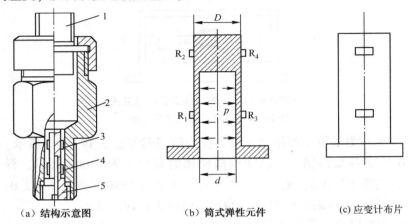

（a）结构示意图　　　（b）筒式弹性元件　　　（c）应变计布片

1—插座；2—基体；3—温度补偿应变计；4—工作应变计；5—应变筒

图2.20　筒式应变压力传感器

（2）组合式压力传感器。组合式压力传感器则由受压弹性元件（膜片、膜盒或波纹管）和应变弹性元件（如各种梁）组合而成。前者承受压力，后者粘贴应变计。两者之间通过传力件传递压力作用。这种结构的优点是受压弹性元件能对流体高温、腐蚀等影响起到隔离作用，使应变计具有良好的工作环境。

3. 位移传感器

应变式位移传感器是把被测位移量转变成弹性元件的变形和应变，然后通过应变计和应变电桥，输出正比于被测位移的电量。它可用于近测或远测静态或动态的位移量。

图2.21（a）所示为国产 YW 系列应变式位移传感器结构。这种传感器由于采用了悬臂梁 - 螺旋弹簧串联的组合结构，因此它适用于 $10 \sim 100\text{mm}$ 位移的测量。其工作原理如图2.21（b）所示。

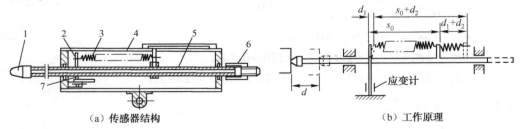

（a）传感器结构　　　　　　　　　　（b）工作原理

1—测量头；2—弹性元件；3—弹簧；4—外壳；5—测量杆；6—调整螺母；7—应变计

图2.21　YW 系列应变式位移传感器

当测量杆上的测量头产生位移时，悬臂梁测量杆推动悬臂梁，使粘贴于上面的应变片产生应变，且应变量与位移成正比，即

$$d = K\varepsilon$$

上式表明：d 与 ε 成线性关系，其比例系数 K 与弹性元件尺寸、材料特性参数有关；ε 通过4片应变计和应变仪测得，且转换为对应电压。

2.4　压阻式传感器

2.4.1　压阻效应与压阻系数

半导体材料受到应力作用时，其电阻率会发生变化，这种现象称为压阻效应。

常见的半导体应变片采用锗和硅等半导体材料作为敏感栅。根据压阻效应，半导体和金属丝同样可以把应变转换成电阻的变化。

金属应变中讨论的公式 $\dfrac{\mathrm{d}R}{R}=(1+2\mu)\varepsilon+\dfrac{\mathrm{d}\rho}{\rho}$ 同样适用于半导体材料。这是因为，由几何变形而引起的电阻变化主要由电阻变化率决定，即

$$\frac{\mathrm{d}R}{R}\approx\frac{\mathrm{d}\rho}{\rho}=\pi\sigma=\pi E\varepsilon$$

可写为

$$\frac{\Delta R}{R}=\pi\sigma=\pi E\varepsilon \tag{2.36}$$

式中，π 为压阻系数；σ 为应力；E 为弹性模量。

由于半导体材料的各向异性，当硅膜片承受外应力时，同时产生纵向（扩散电阻长度方向）压阻效应和横向（扩散电阻宽度方向）压阻效应。则有

$$\frac{\Delta R}{R}=\pi_{\mathrm{r}}\sigma_{\mathrm{r}}+\pi_{\mathrm{t}}\sigma_{\mathrm{t}} \tag{2.37}$$

式中，π_{r}、π_{t} 分别为纵向压阻系数和横向压阻系数，其大小由所扩散电阻的晶相来决定；σ_{r}、σ_{t} 分别为纵向应力和横向应力（切向应力），其状态由扩散电阻的所在位置决定。

半导体应变片的灵敏系数为

$$K=\frac{\Delta R/R}{\varepsilon_{x}}=\pi E \tag{2.38}$$

对扩散硅压力传感器，敏感元件通常都是周边固定的圆膜片。如果膜片下部受均匀分布的压力作用时，在圆膜的中心处，具有最大的正应力（拉应力），且纵向应力和横向应力相等；在圆膜的边缘处，纵向应力 σ_{r} 为最大的负应力（压应力）。

2.4.2　测量原理

根据以上分析，在膜片上布置如图2.22所示的4个等值电阻。利用纵向应力 σ_{r}，其中两个电阻 R_2、R_3 处于 $r<0.635r_0$ 的位置，使其受拉应力；而另外两个电阻 R_1、R_4 处于 $r>0.635r_0$ 的位置，使其受压应力。

只要位置合适，可满足

$$\frac{\Delta R_2}{R_2}=\frac{\Delta R_3}{R_3}=-\frac{\Delta R_1}{R_1}=-\frac{\Delta R_4}{R_4} \tag{2.39}$$

这样就可以形成差动效应，通过测量电路，获得最大的电压输出灵敏度。

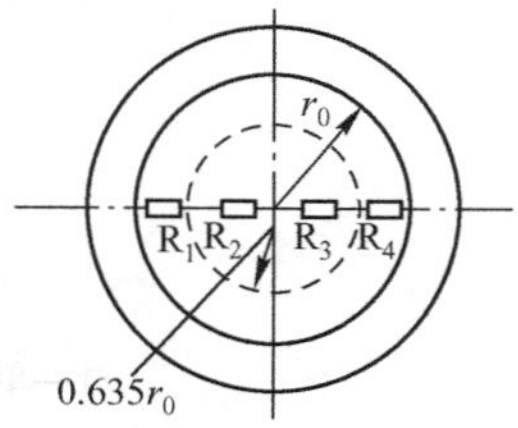

图 2.22　膜片上电阻布置图

2.4.3　温度补偿

压阻式传感器受到温度影响后，会引起零位漂移和灵敏度漂移，因而会产生温度误差。这是因为，在压阻式传感器中，扩散电阻的温度系数较大，电阻值随温度变化而变化，故引起传感器的零位漂移。

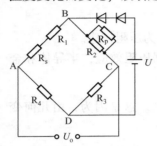

图2.23　温漂补偿电路

当温度升高，压阻系数减小，则传感器的灵敏度要减小；反之，灵敏度增大。零位温度一般可用串联电阻的方法进行补偿，如图 2.23 所示。

串联电阻 R_s 主要起调节作用，并联电阻 R_p 则主要起补偿作用。例如，温度上升，R_s 的增量较大，则 A 点电位高于 C 点电位，$V_A - V_C$ 就是零位漂移。在 R_2 上并联一负温度系数的阻值较大的电阻 R_p，可约束 R_s 的变化，从而实现补偿，以消除此温度差。

当然，如果在 R_3 上并联一个正温度系数的阻值较大的电阻，也是可行的。在电桥的电源回路中串联的二极管电压是补偿灵敏度温漂的。二极管的 PN 结为负温度特性，温度升高，压降减小。这样，当温度升高时，二极管正向压降减小，若电源采用恒压源，则电桥电压必然升高，使输出变大，以补偿灵敏度的下降。

2.4.4　压阻式传感器的应用

压阻式传感器的基本应用就是测压，但是根据不同的使用要求，其结构形式、外形尺寸和材料选择有很大的差异。例如，用于动态压力或点压力测量时，则要求体积很小；生物医学用传感器，尤其是植入式传感器，则更要求微型化，其材料选取还应考虑与生物体相容；在化工领域或在有腐蚀性气体、液体环境中使用的传感器，则要求防爆、防腐蚀等。

1. 压力测量

压阻式压力传感器由外壳、硅杯和引线组成，如图2.24 所示，其核心部分是一块方形的硅膜片。在硅膜片上，利用集成电路工艺制作了4 个阻值相等的电阻。图中虚线圆内是承受压力区域。根据前述原理可知，R_2、R_4 所感受的是正应变（拉应变），R_1、R_3 所感受的是负应变（压应变），4 个电阻之间用面积较大、阻值较小的扩散电阻引线连接，构成全桥。硅片的表面用 SiO_2 薄膜加以保护，并用铝质导线做全桥的引线。因为硅膜片底部被加工成中间薄（用于产生应变）、周边厚（起支承作用），所以又称为硅杯。硅杯在高温下用玻璃黏结剂贴在热胀冷缩系数相近的玻璃基板上。将硅杯和玻璃基板紧密地安装到壳体中，就制成了压阻式压力传感器。

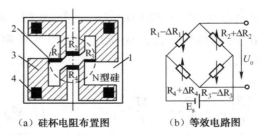

（a）硅杯电阻布置图　　（b）等效电路图

1—单晶硅膜片；2—扩散型应变片；3—扩散电阻引线；4—电极及引线

图2.24　压阻式压力传感器

当硅杯两侧存在压力差时，硅膜片产生变形，4个应变电阻在应力作用下，阻值发生变化，电桥失去平衡，按照电桥的工作方式，输出电压 U_o 与膜片两侧的压差 Δp 成正比，即

$$U_o = K(p_1 - p_2) = K\Delta p \qquad (2.40)$$

2. 液位测量

如图 2.25 所示，压阻式压力传感器安装在不锈钢壳体内，并由不锈钢支架固定放置于液体底部。传感器的高压侧进气孔（用不锈钢隔离膜片及硅油隔离）与液体相通。安装高度 h_0 处的水压 $p_1 = \rho g h_1$，其中 ρ 为液体密度，g 为重力加速度。传感器的低压侧进气孔通过一根称为"背压管"的管子与外界的仪表接口相连接。被测液位可由下式得到：

$$H = h_0 + h_1 = h_0 + \frac{p_1}{\rho g} \qquad (2.41)$$

这种投入式液位传感器安装方便，适用于几米到几十米的混有大量污物、杂质的水或其他液体的液位测量。

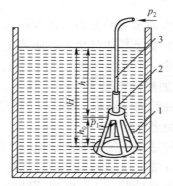

1—支架；2—压力传感器；3—背压管

图 2.25　压阻式压力传感器外形图

2.5　气敏电阻传感器

在现代社会的工业、农业、科研、生活、医疗等许多领域中，人们往往会接触到各种各样的气体，需要测量环境中某些气体的成分、浓度。例如，煤矿瓦斯浓度的检测与报警、化工生产中气体成分的检测与控制、环境污染情况的监测、煤气泄漏、火灾报警、燃烧情况的检测与控制等。

气敏电阻传感器（下简称气敏电阻）。可以把气体中的特定成分检测出来，并将它转换成电信号的器件，以便提供有关待测气体的是否存在及其浓度的高低。根据这些电信号的强弱就可以获得与待测气体在环境中存在的情况有关的信息，从而可以进行检测、控制和报警。

气敏电阻形式繁多。本节主要介绍检测各种还原性气体。例如，石油气、油精蒸汽、甲烷、乙烷、煤气、天然气、氢气等气敏电阻的检测原理、结构和实用线路。

1. 工作原理

测量还原性气体的气敏电阻一般是用 SuO_2、InO 或 Fe_2O_3 等金属氧化物粉料添加少量铂催化剂、激活剂，按一定的比例燃烧而成的半导体器件。它的结构、测量电路如图 2.26 所示。

从图2.26（a）、（b）可以看出，半导体气敏传感器是由塑料底座、电极引线、不锈钢网罩、气敏烧结体及包裹在烧结体中两组铂丝组成的。一组为工作电极，另一组为加热电极。

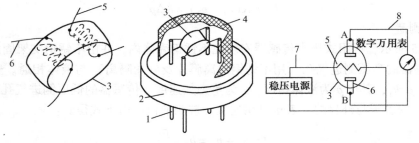

（a）气敏烧结体　　　　（b）气敏传感器外形　　　　（c）气敏传感器测量电路图

1—端子；2—塑料底座；3—烧结体；4—不锈钢网；5—加热电极；6—工作电极；7—加热回路；8—测量回路

图2.26　气敏传感器的结构及测量电路

气敏传感器中气敏元件的工作原理十分复杂，涉及材料的结构，化学吸附及化学反应，有不同的解释模式，在高温下，N 型半导体气敏元件吸附上还原性气体（如氢、一氧化碳、酒精等）后，气敏元件电阻将减少，还原性气体的浓度越高，电阻下降就越多。

气敏元件工作时必须加热，加热的温度为 200～300℃，其目的是：加速被测气体的吸附、脱出过程；烧去气敏元件的油污或污垢物，起清洗的作用。所以气敏电阻使用时应尽量避免置于油雾、灰尘环境中，以免老化。

气敏半导体的灵敏度较高，较适用于气体的微量检漏、浓度检测或超限报警，控制烧结体的化学成分及加热温度。可以改变它对不同气体的选择性。例如，制成煤气报警器，可对居室或地下数米深处的管道漏点进行检漏，还可制成酒精检测仪，以防酒后驾车。目前，气敏电阻传感器已广泛用于石油、化工、电力、家居等各种领域。

2. 实用线路

（1）矿灯瓦斯报警器。图2.27 为矿灯瓦斯报警器电原理图。瓦斯探头由 QM－N5 型气敏元件、R_1 及 4V 矿灯蓄电池等组成。R_P 为瓦斯报警设定电位器。当瓦斯超过某一设定点时，R_P 输出信号通过二极管 VD_1 加到 VD_2 基极上，VD_2 导通，VD_3、VD_4 便开始工作。VD_3、VD_4 为互补式自激多谐振荡器，它们的工作使继电器吸合与释放，信号灯闪光报警。

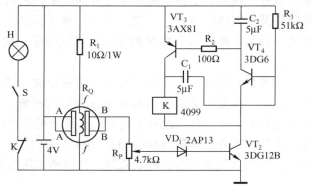

图2.27　矿灯瓦斯报警器电原理图

（2）一氧化碳报警器。图2.28 为一氧化碳报警器电原理图，图中 R_Q 为 MQ－31 型气敏元件。在洁净空气中，B－B点无信号输出，VT_5的基极通过R_{P2}接地，振荡器不工作，喇叭无声。一旦气敏元件接触到一氧化碳时，B－B端就有信号输出，当一氧化碳浓度较大，通过气敏元件转换成的电信号电位大于$VT_5 \sim VT_7$三个硅管的发射结导通电压降之和时，振荡器便开始工作，喇叭发出报警声，直至一氧化碳浓度降至安全值时才停止报警。

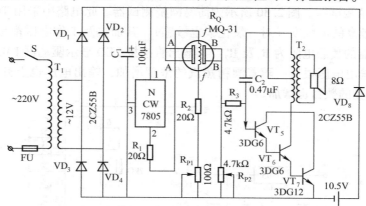

图2.28 一氧化碳报警器电原理图

该报警器电路采用交直流两种电源。电源的自动切换，采用了一只整流二极管。交流供电时，经整流滤波后，加在电路的电压在11V左右，高于电池组电压10.5V，VD_8的负极电压高于正极电压，处于截止状态。当市电断电时，VD_8立即导通，由于$VD_1 \sim VD_4$反偏呈截止状态，因此电流不会流入变压器次级线圈，这样便达到交直流电自动切换的目的。

（3）自动排风扇控制器。当厨房由于油烟污染，或由于液化石油气泄漏（或其他燃气）而使气体达到一定浓度时，它能自动开启排风扇，净化空气，防止事故。

图2.29 所示为自动排风扇控制器。该电路采用 QM－N10 型气敏传感器，它对天然气、煤气、液化石油气有较高的灵敏度，并且对油烟也敏感。传感器的加热电压直接由变压器次级（6V）经R_{12}降压提供；工作电压由全波整流后，经C_1滤波及R_1、VZ_5稳压后提供。传感器负载电阻由R_2及R_3组成（更换R_3大小，可调节控制信号与待测气体的浓度的关系）。R_4、VD_6、C_2、IC_1组成开机延时电路，调整使其延时为60s左右（防止初始稳定状态误动作）。

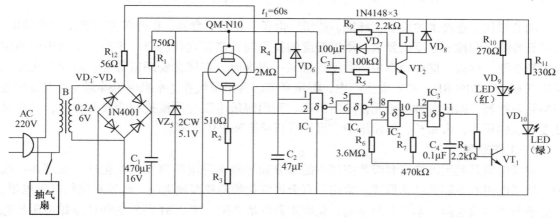

图2.29 自动排风扇控制器

当达到报警浓度时，IC_1 的 2 端为高电平，使 IC_4 输出高电平，此信号使 VT_2 导通，继电器吸合（启动排风扇）；组成排风扇延迟停电电路，使 IC_4 出现低电平后 10s 才使 J 释放；另外，IC_4 输出高电平使 IC_2、IC_3 组成的压控振荡器起振，其输出使 VT_1 导通或截止交替出现，则 LED（红色）闪光报警信号。LED（绿色）为工作指示灯。

（4）简易酒精测试器。图 2.30 所示为简易酒精测试器。此电路中采用 TGS812 型酒精传感器，对酒精有较高的灵敏度（对一氧化碳也敏感）。其加热及工作电压都是 5V，加热电流约 125mA。传感器的负载电阻为 R_1 及 R_2，其输出直接接 LED 显示驱动器 LM3914。当无酒精蒸汽时，其上的输出电压很低，随着酒精蒸汽的浓度增加，输出电压也上升，则 LM3914 的 LED（共 10 个）亮的数目也增加。

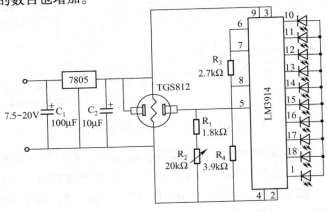

图 2.30　简易酒精测试器

此测试器工作时，人只要向传感器呼一口气，根据 LED 亮的数目可知是否喝酒，并可大致了解饮酒多少。调试方法是让在 24 小时内不饮酒的人呼气，使 LED 中仅 1 个发光，然后调稍小一点即可。若更换其他型号传感器时，则参数要改变。

2.6　湿敏电阻传感器

随着现代工业技术的发展，纤维、造纸、电子、建筑、食品、医疗等部门提出了高精度、高可靠性测量和控制湿度的要求，用以湿度的检测与控制在现代科研、生产、生活中的地位越来越重要。例如，储粮仓库中的湿度越过某一程度时，谷物会发芽或霉变；纺织厂湿度应保持在 60% ~ 70% RH；在农业生产中，湿室育苗、食用菌培养、水果保鲜等都需要对湿度进行检测与控制。因此各种湿敏元件不断出现。利用湿敏电阻对湿度进行测量和控制，具有灵敏度高、体积小、寿命长、不需维护、可以进行遥测和集中控制。

1. 工作原理

湿敏电阻是利用湿敏材料吸收空气中的水分而导致本身电阻值发生变化这一原理而制成的。湿敏电阻有不同的结构形式。常用的有金属氧化物陶瓷湿敏电阻、金属氧化物湿敏电阻、高分子材料湿敏电阻。本节介绍金属氧化物陶瓷湿敏电阻。图 2.31 所示为陶瓷湿敏电阻传感器的结构、外形、特性曲线及测量电路框图。

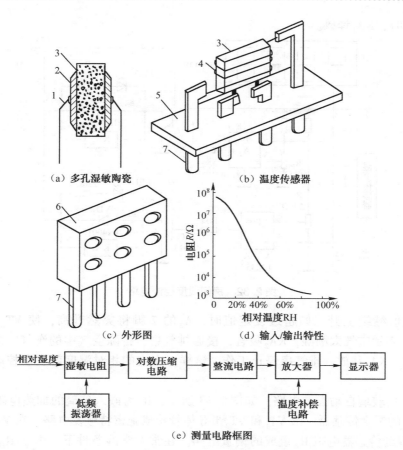

（a）多孔湿敏陶瓷　　　　（b）温度传感器

（c）外形图　　　　　（d）输入/输出特性

（e）测量电路框图

1—引线；2—多孔性电极；3—多孔陶瓷；4—加热丝；5—底座；6—塑料外壳；7—引脚

图2.31　陶瓷湿敏传感器结构、外形、特性曲线及测量电路框图

　　陶瓷湿敏电阻传感器的核心部分是用铬酸镁－氧化钛（$MgCr_2O_4 - TiO_2$）等金属氧化物以高温烧结工艺制成的多孔陶瓷半导体。它的气孔率高达25%以上，具有$1\mu m$以下的细孔分布。与日常生活中常用的结构致密的陶瓷相比，其接触空气的表面显著增大，所以水蒸气极易被吸附于其表面及其空隙之中，使其电导率下降。当相对湿度从1% RH变化到95% RH时，其电阻率变化高达4个数量级以上，所以在测量电路中必须考虑采用对数压缩手段。

　　多孔陶瓷置于空气中易被灰尘、油烟污染，从而使感湿面积下降。如果将湿敏陶瓷加热到400℃以上，就可使污物挥发或烧掉，使陶瓷恢复到初期状态，所以必须定期给加热丝通电。陶瓷湿敏传感器吸湿快（10s左右），而脱湿要慢许多，从而产生滞后现象。当吸附的水分子不能全部脱出时，会造成重现性误差及测量误差。

2. 实用线路

　　（1）房间湿度控制电路。如图2.32所示，传感器的相对湿度值为0%～100%，所对应的输出信号为1～100mV。将传感器输出信号分成三路分别接在A_1的反相输入端、A_2的同相输入端和显示器的正输入端。A_1和A_2为开环应用，作为电压比较器，只需将R_{P1}和R_{P2}调整到适当的位置，便构成上、下限控制电路。当相对湿度下降时，传感器输出电压值也随着下降；当降到设定数值时，A_1的1脚电位将突然升高，使VT_1导通，同时，LED_1发绿光，表示空气太干燥，KA_1吸合，接通超声波加湿机。当相对湿度上升时，传感器输出电压值也随着上升，升到一定数值时，KA_1 释放。

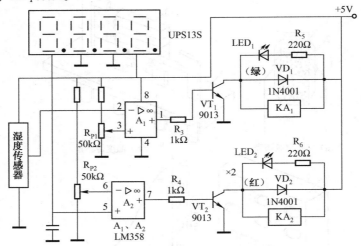

图 2.32　房间湿度控制电路

相对湿度值继续上升，如超过设定值时，A_2 的 7 脚将突然升高，使 VT_2 导通，同时，LED_2 发红光，表示空气太潮湿，KA_2 吸合，接通排气扇，排除空气中的潮气。当相对湿度降到一定数值时，KA_2 释放，排气扇停止工作。这样，室内的相对湿度就可以控制在一定范围之内。

（2）汽车后玻璃自动去湿电路。如图 2.33 所示，R_L 为嵌入玻璃的加热电阻，R_H 为设置在后窗玻璃上的湿度传感器。由 VT_1 和 VT_2 半导体管接成施密特触发电路，在 VT_1 的基极接有由 R_1、R_2 和湿度传感器电阻 R_H 组成的偏置电路。在常温常湿条件下，由于 R_H 的阻值较大，VT_1 处于导通状态，VT_2 处于截止状态，继电器 KA 不工作，加热电阻中无电流流过。当室内外温差较大，且湿度过大时，湿度传感器 R_H 的阻值减小，使 VT_1 处于截止状态，VT_2 翻转为导通状态，继电器 KA 吸合，其常开触点 KA_1 闭合，加热电阻开始加热，后窗玻璃上的潮气被驱散。

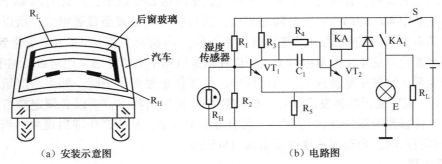

（a）安装示意图　　　　　　　　　（b）电路图

图 2.33　汽车后玻璃自动去湿电路

（3）浴室镜面水汽清除器电路。如图 2.34 所示，浴室镜面水汽清除器主要由电热丝、结露传感器、控制电路等组成，其中电热丝和结露传感器安装在玻璃镜子的背面，用导线把它们和控制电路连接起来。

图 2.34（b）为控制电路。B 为 HDP－07 型结露传感器，用来检测浴室内空气的水汽。VT_1 和 VT_2 组成施密特电路，它根据结露传感器感知水汽后的阻值变化，实现两种稳定状态。

当玻璃镜面周围的空气湿度变低时，结露传感器阻值变小，约为 2kΩ，此时 VT_1 的基极电位约为 0.5V，VT_2 的集电极为低电位，VT_3 和 VT_4 截止，双向晶闸管不导通。如果玻璃镜面周围的湿度增加，使结露传感器的阻值增大到 50kΩ 时，VT_1 导通，VT_2 截止，其集电极电位变为高点位，VT_3 和 VT_4 均导通，触发晶闸管 VS 导通，电热丝 R_1 通电，使玻璃镜面加热。随着玻璃镜面温度逐步升高，镜面水汽被蒸发，从而使镜面恢复清晰。电热丝加热的同时，指示灯 VD_2 点亮。调节 R_1 的阻值，可使电热丝在确定的某一相对湿度条件下开始加热。

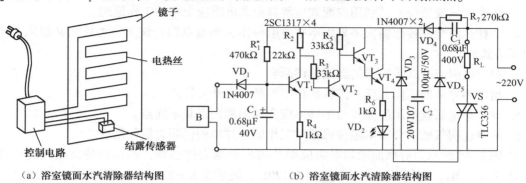

（a）浴室镜面水汽清除器结构图　　　　（b）浴室镜面水汽清除器结构图

图 2.34　浴室镜面水汽清除器电路

控制电路 C_3 降压，经整流、滤波和 VD_3 稳压后供给。

浴室镜面水汽清除器的控制电路及电加热器的安装如图 2.34（a）所示。控制电路安装在自选的塑料盒内。将电路板水平安装并固定好；使用时，通过改变电阻 R_1 的阻值，可使加热器的通、断预先确定在某相对温度范围内。选取电热褥的高绝缘电热丝作为电加热器，其长度可根据镜面的大小来确定。参照图示的形状缝制在一块普通布上。用 801 胶将布粘在镜子的背面。粘接时，只需在布的 4 个角上涂胶，胶量不宜太大，固定住即可。此外，固定结露元件也可用此法。注意，粘贴元件时不能粘污感湿膜面。

小　结

电位式传感器是把机械量转化为电信号的转换元件，一般用于静态和缓变量的检测。根据电位器的输出特性，可分为线性电位器和非线性电位器。

电阻应变式传感器的工作原理是基于电阻的应变效应，即金属丝的电阻随着它所受的机械变形而发生相应变化。电阻应变式传感器可测量位移、加速度、力、力矩、压力等各种参数，是目前应用最广泛的传感器之一。它具有结构简单，使用方便，性能稳定、可靠，灵敏度高，测量速度快等诸多优点，被广泛应用于航空、机械、电力、化工、建筑、医学等许多领域。

压阻式传感器的工作原理是基于半导体材料的压阻效应，具有灵敏度高、动态性能好、精度高等特点，是应用广泛且发展迅速的一种传感器。

气敏电阻传感器是一种将检测到的气体的成分和浓度转换为电信号的传感器，可广泛用于化工生产中气体成分的检测与控制、煤矿瓦斯浓度的检测与报警、环境污染的监测、煤气泄漏、燃烧情况的检测与控制。

湿敏电阻传感器是利用湿敏材料吸收空气中的水分而导致本身电阻值发生变化这一原理而制成的，可用于纺织、造纸、电子、建筑、食品、医疗等有湿度要求的控制场合。

思考与练习

1. 什么叫应变效应？试利用应变效应解释金属电阻应变片的工作原理。

2. 为什么应变片传感器大多采用不平衡电桥作为测量电路？该电桥为什么又都采用半桥和全桥方式？

3. 简述电阻应变式传感器的温度补偿原理。

4. 何谓半导体的压阻效应？扩散硅传感器结构有什么特点？

5. 试列举金属丝电阻应变片与半导体应变片的相同点和不同点。

6. 简要说明气敏、湿敏电阻传感器的工作原理并举例说明它们的用途。

7. 图 2.35 所示为等截面梁和电阻应变片构成的测力传感器，若选用特性相同的 4 片电阻应变片 $R_1 \sim R_4$，它们不受力时阻值均为 120Ω，灵敏度 $K = 2$，在 Q 点作用力为 F。

（1）在测量电路图 2 - 35（b）中，标出应变片受力情况及其符号（应变片受拉用↑，受压用↓）。

（2）当作用力 $F = 2\text{kg}$ 时，应变片 $\varepsilon = 5.2 \times 10^{-5}$，若作用力 $F = 8\text{kg}$ 时，ε 为多少？电阻应变片 R_1、R_2、R_3、R_4 为何值。

（3）若每个电阻应变片阻值变化为 0.4Ω，则输出电压 U_o 为多少（$R_L = \infty$）。

8. 如图 2.36 所示，在荷重传感器纵横方向上贴有金属电阻丝应变片 R_1 和 R_2，而 R_3、R_4 为一般电阻，当传感器不承载时电桥平衡，$R_1 = R_2 = R_3 = R_4 = 120\Omega$，$E = 6\text{V}$，试计算在额定荷重时 $R_1 = 120.7\Omega$，$R_2 = 119.7\Omega$，此时电桥输出电压 U_o。

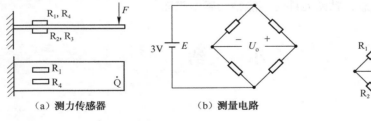

图 2.35　测力传感器及测量电路　　　　图 2.36　题 8 图

9. 什么是绝对湿度和相对湿度？

10. 使用湿度传感器时应注意哪些事项？加热去污的方法是什么？

11. 采用阻值为 120Ω、灵敏度系数 $K = 2.0$ 的金属电阻应变片和阻值为 120Ω 的固定电阻组成电桥，供桥电压为 4V，并假定负载电阻无穷大。当应变片上的应变分别为 $1\mu\varepsilon$ 和 $1000\mu\varepsilon$ 时，试求单臂工作电桥、双臂工作电桥以及全桥工作时的输出电压，并比较三种情况下的灵敏度。

12. 采用阻值 $R = 120\Omega$，灵敏度系数 $K = 2.0$ 的金属电阻应变片与阻值 $R = 120\Omega$ 的固定电阻组成电桥，供桥电压为 10V，当应变片应变为 $1000\mu\varepsilon$ 时，若要使输出电压大于 10mV，则可采用何种接桥方式（设输出阻抗为无穷大）？

第3章 变磁阻式传感器

变磁阻式传感器是利用被测量的变化使线圈电感量发生改变这一物理现象来实现测量的。根据工作原理的不同，变磁阻式传感器可分为自感式传感器、变压器式传感器、电涡流式传感器等几种，而自感式传感器和互感式传感器又统称为电感式传感器。根据被测量所改变传感器的参数不同，又分为变间隙式、变面积式和螺线管式。

3.1 自感式传感器

3.1.1 基本自感式传感器

1. 工作原理

基本变间隙自感式传感器由线圈、铁芯和衔铁组成，如图3.1所示。工作时衔铁与被测物体连接，被测物体的位移将引起空气间隙的长度发生变化。由于气隙磁阻的变化，导致了线圈电感量的变化。

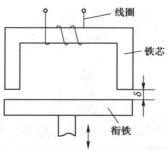

图3.1 变间隙自感式传感器

线圈的电感可用下式表示

$$L = \frac{N^2}{R_m} \tag{3.1}$$

式中，N为线圈匝数；R_m为磁路总磁阻，磁路总磁阻由铁芯、衔铁与空气间隙三部分的磁阻组成，而一般情况下，铁芯与衔铁的磁阻与空气间隙磁阻相比很小，所以磁路总磁阻可近似为气隙磁阻，即

$$R_m \approx 2\frac{\delta}{\mu_0 S} \tag{3.2}$$

式中，δ为空气间隙的长度；μ_0为空气磁导率；S为铁芯与衔铁之间的空气间隙的相对面积。则式（3.1）中线圈的电感可近似地表示为

$$L = \frac{N^2 \mu_0 S}{2\delta} \qquad (3.3)$$

由式（3.3）可以看出，传感器中线圈的电感量的变化与气隙长度和面积之间存在确定的函数关系，改变式中的气隙长度或气隙截面，均可改变电感的电感量。因此，自感式传感器又可分为变气隙长度的传感器和变气隙面积的传感器。前者常用于测量直线位移，后者常用于测量角位移。

2. 灵敏度

设传感器的初始间隙长度为 δ_0，面积为 S_0，当衔铁上移 $\Delta\delta$ 时，传感器气隙长度减小 $\Delta\delta$，即 $\delta = \delta_0 - \Delta\delta$，则此时输出电感为 $L = L_0 + \Delta L$，代入式（3.3），并整理，得

$$L = L_0 + \Delta L = \frac{N^2 \mu_0 S_0}{2(\delta_0 - \Delta\delta)} = \frac{L_0}{1 - \frac{\Delta\delta}{\delta_0}} = \frac{L_0\left(1 + \frac{\Delta\delta}{\delta_0}\right)}{1 - \left(\frac{\Delta\delta}{\delta_0}\right)^2} \qquad (3.4)$$

当 $\Delta\delta/\delta_0 \ll 1$ 时，$1 - \left(\frac{\Delta\delta}{\delta_0}\right)^2 \approx 1$，即 $L = L_0 + \Delta L = L_0\left(1 + \frac{\Delta\delta}{\delta_0}\right)$

$$L = L_0 - \Delta L = \frac{N^2 \mu_0 S_0}{2(\delta_0 + \Delta\delta)} = \frac{L_0}{1 + \frac{\Delta\delta}{\delta_0}} = \frac{L_0\left(1 - \frac{\Delta\delta}{\delta_0}\right)}{1 - \left(\frac{\Delta\delta}{\delta_0}\right)^2}$$

$$\Delta L = L_0 \frac{\Delta\delta}{\delta_0} \qquad (3.5)$$

则电感相对增量为

$$\frac{\Delta L}{L_0} = \frac{\Delta\delta}{\delta_0} \qquad (3.6)$$

电感相对增量灵敏度 K 为

$$K = \frac{\frac{\Delta L}{L_0}}{\Delta\delta} = \frac{1}{\delta_0} \qquad (3.7)$$

由式（3.7）可知，δ_0 越小，灵敏度越高；但 δ_0 越小，$\Delta\delta/\delta_0 \ll 1$ 的条件不易满足，线性度差。可见变间隙自感式传感器的测量范围与灵敏度及线性度相矛盾。所以变间隙自感式传感器用于测量微小位移时是比较准确的。为了减小非线性误差，实际测量中广泛采用差动变间隙式传感器。

3.1.2 差动变间隙式传感器

图3.2所示为差动变间隙式传感器的结构原理图。由图3.2可知，它采用两个相同的传感器共用一个衔铁组成，在测量时，衔铁通过导杆与被测体相连，当被测体上下移动时，导杆带动衔铁也以相同的位移上下移动，使两个磁回路中的磁阻发生大小相等、方向相反的变化，导致一个线圈的电感量增加，另一个线圈的电感量减小，形成差动形式。

对于差动形式输出的总电感变化量，当 $\Delta\delta/\delta_0 \ll 1$ 时，可得

$$\Delta L = \Delta L_1 + \Delta L_2 = 2L_0 \frac{\Delta\delta}{\delta_0}$$

$$\frac{\Delta L}{L_0} = 2\frac{\Delta\delta}{\delta_0} \tag{3.8}$$

电感相对变化量的灵敏度 K 为

$$K = \frac{\dfrac{\Delta L}{L_0}}{\Delta\delta} = \frac{2}{\delta_0} \tag{3.9}$$

比较单线圈式和差动式两种变间隙式电感传感器的特性，可以得到如下结论。

（1）差动式比单线圈式的灵敏度高一倍。

（2）差动式的非线性项等于单线圈非线性项乘以 $\dfrac{\Delta\delta}{\delta_0}$ 因子，因为 $\Delta\delta/\delta_0 \ll 1$，所以差动式的线性度得到了明显改善。

图 3.2　差动变间隙式传感器的结构原理图

为了使输出特性能得到有效改善，要求构成差动式的两个变间隙式传感器在结构尺寸、材料、电气参数等方面均完全一致。

3.1.3　螺管型自感式传感器

图 3.3 所示为螺管型自感式传感器的结构图。螺管型自感式传感器的衔铁随被测对象移动，线圈磁力线路径上的磁阻发生变化，线圈电感量也因此而变化，线圈电感量的大小与衔铁位置有关。线圈的电感量 L 与衔铁进入线圈的长度 x 的关系为

$$L = \frac{4\pi^2 N^2}{l^2}\left[lr^2 + (\mu_m - 1)xr_a^2 \right] \tag{3.10}$$

式中，l 为线圈长度；r 为线圈平均半径；N 为线圈的匝数；x 为衔铁进入线圈的长度；r_a 为衔铁的半径；μ_m 为铁芯的有效磁导率。

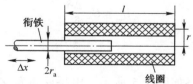

图 3.3　螺管型自感式传感器的结构图

螺管型自感式传感器的灵敏度较低，但量程大且结构简单，易于制作和批量生产，是目前使用最广泛的一种自感式传感器。

3.1.4　测量电路

自感式传感器的测量电路有交流电桥式、交流变压器式和谐振式等几种形式。其中交流电桥式是自感式传感器的主要测量电路，它的作用是将线圈电感的变化转换成电桥电路的电压或电流输出。

1. 电阻平衡臂电桥电路

如图 3.4 所示，电阻平衡臂电桥电路把传感器的两个线圈作为电桥的两个桥臂 Z_1 和 Z_2，另外两个相邻的桥臂用纯电阻代替。

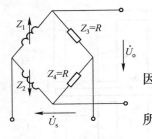

图 3.4　电阻平衡臂
　　电桥电路

假定图3.4中电桥输出端的负载为无穷大，则输出电压为

$$\dot{U}_o = \frac{\dot{U}_s Z_1}{Z_1 + Z_3} - \frac{\dot{U}_s Z_2}{Z_2 + Z_4} = \frac{Z_1 Z_4 - Z_2 Z_3}{(Z_1 + Z_2)(Z_3 + Z_4)}\dot{U}_s$$

因为

$$Z_3 = Z_4 = R$$

所以

$$\dot{U}_o = \frac{(Z_1 - Z_2)R}{(Z_1 + Z_2)2R}\dot{U}_s = \frac{Z_1 - Z_2}{2(Z_1 + Z_2)}\dot{U}_s \quad (3.11)$$

衔铁在平衡位置时，由于两线圈结构完全对称，故

$$Z_1 = Z_2 = Z_0 = R_0 + j\omega L_0$$

式中，R_0 为线圈的铜电阻。若电路的品质因数较高，则近似为

$$Z_1 = Z_2 = Z_0 = j\omega L_0$$

此时 $Z_1 - Z_2 = 0$，电桥平衡，输出为零。

当衔铁偏离中间位置时，两边气隙不等，两只电感线圈的电感量一增一减，电桥失去平衡。当衔铁向上移动时，$Z_1 = Z_0 + \Delta Z_1$，$Z_2 = Z_0 - \Delta Z_1$，把 Z_1、Z_2 代入式（3.11）中，则有

$$\dot{U}_o = \frac{(Z_0 + \Delta Z_1) - (Z_0 - \Delta Z_1)}{2(Z_0 + \Delta Z_1 + Z_0 - \Delta Z_1)} \cdot \dot{U}_s$$

$$= \frac{\dot{U}_s}{2} \cdot \frac{\Delta Z}{Z} = \frac{\dot{U}_s}{2} \cdot \frac{j\omega \Delta L}{R_0 + j\omega L_0} = \frac{\dot{U}_s}{2} \cdot \frac{\Delta L}{L_0} \quad (3.12)$$

式中，L_0 为衔铁在中间位置时线圈的电感；ΔL 为两线圈电感的差量。

将 $\Delta L = 2L_0 \dfrac{\Delta \delta}{\delta_0}$ 代入式（3.12）得

$$\dot{U}_o = \dot{U}_s \frac{\Delta \delta}{\delta_0} \quad (3.13)$$

可见，电桥输出电压与 $\Delta \delta$ 有关。

2. 交流变压器式电桥电路

变压器式交流电桥测量电路如图3.5所示，电桥两桥臂 Z_1、Z_2 为传感器线圈阻抗，另外两桥臂为交流变压器次级线圈的两个绕组。当负载为无穷大时，桥路输出电压为

$$\dot{U}_o = \frac{\dot{U}}{Z_1 + Z_2}Z_2 - \frac{\dot{U}}{2} = \frac{\dot{U}}{2} \cdot \frac{Z_2 - Z_1}{Z_1 + Z_2} \quad (3.14)$$

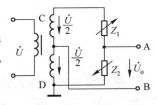

图 3.5　交流变压器式
　　电桥电路

当传感器的衔铁处于中间位置时，即 $Z_1 = Z_2 = Z$，此时 $\dot{U}_o = 0$，电桥平衡。

当衔铁上移时，即 $Z_1 = Z + \Delta Z$，$Z_2 = Z - \Delta Z$，则有

$$\dot{U}_o = -\frac{\dot{U}}{2} \times \frac{\Delta Z}{Z} = -\frac{\dot{U}}{2} \times \frac{\Delta L}{L} \quad (3.15)$$

同理，当衔铁下移时，则 $Z_1 = Z - \Delta Z$，$Z_2 = Z + \Delta Z$，此时

$$\dot{U}_o = \frac{\dot{U}}{2} \times \frac{\Delta Z}{Z} = \frac{\dot{U}}{2} \times \frac{\Delta L}{L} \quad (3.16)$$

从式（3.15）及式（3.16）可知，衔铁上下移动相同距离时，输出电压的大小相等，方向相反。由于输出 U_o 是交流电压，输出指示无法判断位移方向，必须配合相敏检波电路来解决。有关相敏检波电路的工作原理将在差动变压器式传感器中讨论。

3. 调振电路

谐振电路如图3.6所示。图中 Z 为传感器线圈，E 为激励电源。图3.6（b）中所示曲线为图3.6（a）所示回路的谐振曲线。若谐振电路中激励源的频率为 f，其振荡频率 $f = \dfrac{1}{2\pi\sqrt{LC}}$，则可确定其工作在谐振曲线 A 点。当传感器线圈电量变化时，谐振曲线将左右移动，工作点就在同一频率的纵坐标直线上移动（如移至 B 点），于是输出电压的幅值就发生相应的变化。这种电路灵敏度很高，但非线性严重，常与单线圈自感式传感器配合，用于测量范围小或线性度要求不高的场合。

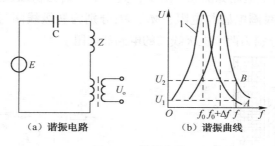

（a）谐振电路　　　　（b）谐振曲线

图3.6　谐振电路

4. 调频电路

图3.7（a）所示为调频电路的基本框图。调频电路的基本原理是传感器电感 L 变化将引起输出电压频率的变化。一般是把传感器电感 L 和电容 C 接入一个振荡回路中。当 L 变化时，振荡频率随之变化，根据 f 的大小即可测出被测量的值。图3.7（b）所示曲线表示 f 与 L 的特性，它具有明显的非线性关系。

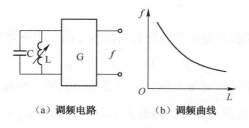

（a）调频电路　　　　（b）调频曲线

图3.7　调频电路

由于输出为频率信号，这种电路的抗干扰能力很强，电缆长度可达 1km，特别适合于野外现场使用。

3.2　变压器式传感器

变压器式传感器根据变压器基本原理，把被测的非电量变化转换为线圈间互感量的变化。变压器式传感器与变压器的区别是：变压器为闭合磁路，而变压器式传感器为开磁路；变压器初、次级线圈间的互感为常数，而变压器式传感器初、次级线圈间的互感随衔铁移动而变，且两个次级绕组按差动方式工作。因此，它又被称为差动变压器式传感器。

差动变压器结构形式较多，有变间隙式、变面积式和螺线管式等，其中应用最多的是螺线管式差动变压器，它可以测量 1～100mm 的机械位移，并具有测量精度高、灵敏度高、结构简单，性能可靠等优点。

3.2.1 螺线管式差动变压器

螺线管式差动变压器的基本结构如图 3.8 所示，它由一个初级线圈、两个次级线圈和插入线圈中央的圆柱形铁芯等组成。

差动变压器传感器中两个次级线圈反向串联，并且在忽略铁损、导磁体磁阻和线圈分布电容的理想条件下，其等效电路如图 3.9 所示，其中 U_1、I_1 为初级线圈激励电压与电流（频率为 ω）；L_1、R_1 为初级线圈电感与电阻；M_1、M_2 分别为初级线圈与次级线圈 1、2 间的互感；L_{21}、L_{22} 和 R_{21}、R_{22} 分别为两个次级线圈的电感和电阻。

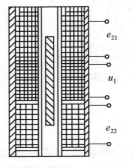

图 3.8 螺线管式差动变压器

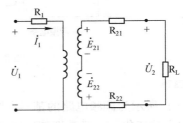

图 3.9 等效电路

当初级绕组 N_1 加以激励电压 $\dot{U}_1$ 时，根据变压器的工作原理，在两个次级绕组中便会产生感应电势 $\dot{E}_{21}$ 和 $\dot{E}_{22}$。

根据变压器原理，传感器开路输出电压为两次级线圈感应电势之差，即

$$\dot{U}_2 = \dot{E}_{21} - \dot{E}_{22} = j\omega(M_1 - M_2)\dot{I}_1 \tag{3.17}$$

如果工艺上保证变压器结构完全对称，则当活动衔铁处于初始平衡位置时，必然会使两互感系数 $M_1 = M_2$。根据电磁感应原理，将有 $\dot{E}_{21} = \dot{E}_{22}$，因而 $\dot{U}_2 = \dot{E}_{21} - \dot{E}_{22} = 0$，即差动变压器输出电压为零。

当衔铁偏离中间位置向上移动时，由于磁阻变化，使互感 $M_1 > M_2$，即 $M_1 = M + \Delta M_1$，$M_2 = M - \Delta M_2$。在一定范围内，$\Delta M_1 = \Delta M_2 = \Delta M$，差值 $M_1 - M_2 = 2\Delta M$，于是，在负载开路情况下，输出电压为

$$\dot{U}_2 = j\omega(M_1 - M_2)\dot{I}_1 = 2j\omega\Delta M\dot{I}_1 \tag{3.18}$$

由图 3.9 可知

$$\dot{I}_1 = \frac{\dot{U}_1}{R_1 + j\omega L_1} \tag{3.19}$$

所以

$$\dot{U}_2 = 2\mathrm{j}\omega\Delta M \frac{\dot{U}_1}{R_1 + \mathrm{j}\omega L_1} \tag{3.20}$$

其输出电压有效值 $U_2 = 2\omega\Delta M \cdot U_1 / \sqrt{R_1 + (\omega L_1)^2}$，与 $\dot{E}_{21}$ 同极性。

由于在一定的范围内，互感的变化 ΔM 与位移 x 成正比，因此 $\dot{U}_2$ 的变化与位移的变化成正比。且衔铁上移时，输出 $\dot{U}_2$ 与 $\dot{U}_1$ 同相位。同理，衔铁向下移动时，$M_1 < M_2$，使输出 $\dot{U}_2 = -2\mathrm{j}\omega\Delta M \dfrac{\dot{U}_1}{R_1 + \mathrm{j}\omega L_1}$，其有效值 $U_2 = -2\omega\Delta M \cdot U_1 / \sqrt{R^2 + (\omega L_1)^2}$，输出 $\dot{U}_2$ 与 $\dot{U}_1$ 相位相反。

实际上，当衔铁位于中心位置时，差动变压器的输出电压并不等于零，通常把差动变压器在零位移时的输出电压称为零点残余电压。它的存在使传感器的输出特性曲线不过零点，造成实际特性与理论特性不完全一致。特性曲线如图 3.10 所示。零点残余电压 U_{20} 产生的原因主要是传感器的两次级绕组的电气参数和几何尺寸不对称，以及磁性材料的非线性等问题引起的。零点残余电压的波形十分复杂，主要由基波和高次谐波组成。基波的产生主要是因传感器的两次级绕组的电气参数、几何尺寸不对称，导致它们产生的感应电动势幅值不等、相位不同。因此，无论怎样调整衔铁位置，两线圈中感应电势都不能完全抵消，高次谐波中起主要作用的是三次谐波，产生的原因是由于磁性材料磁化曲线的非线性（磁饱和、磁滞）。零点残余电压一般在几十毫伏以下。在实际使用时，应设法减小，否则将会影响传感器的测量结果。

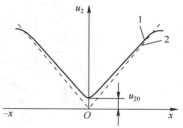

图 3.10　零点残余电压

零点残余电压使得传感器在零点附近的输出特性不灵敏，为测量带来误差。此值的大小是衡量差动变压器性能好坏的重要指标。

为了减小零点残余电压，可采用以下方法。

（1）尽可能保证传感器尺寸、线圈电气参数和磁路对称。磁性材料要经过处理，以消除内部的残余应力，使其性能均匀稳定。

（2）选用合适的测量电路。例如，采用相敏整流电路，既可判别衔铁移动方向又可改善输出特性，减小了零点残余电压。

（3）采用补偿线路减小零点残余电压。在差动变压器二次侧串、并联适当数值的电阻、电容元件，当调整这些元件时，可使零点残余电压减小。

3.2.2　测量电路

差动变压器的输出电压为交流，它与衔铁位移成正比，当变压器两输出电压反向串联时，用交流电压表测量其输出值只能反映衔铁位移的大小，不能反映移动的方向，因此常采用差动整流电路和相敏检波电路进行测量。

1. 差动整流电路

图 3.11 所示为典型的差动全波整流电压输出电路。

这种电路把差动变压器的两个次级输出电压分别全波整流，然后将整流电压的差值作为输出，电阻 R_0 用于调整零点残余电压。

差动整流工作原理如下。

（1）二次侧输出电压 U_{ab} 经桥堆 A 全波整流，使交流电变成单向脉动点电压，输出的脉

动电压经电容 C_1 滤波，使输出的脉动减小。桥堆 A 输出的电压始终上正、下负，即 $U_{12} > 0$。其波形如图 3.12 所示。同理，二次侧输出电压 U_{cd} 经桥堆 B 整流和电容滤波后，得到单向电压 U_{34}，且 $U_{34} < 0$。

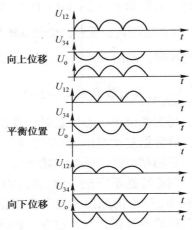

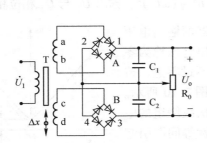

图 3.11　差动整流电路图　　　　图 3.12　差动整流波形

当衔铁在零位时，由于 $U_{ab} = U_{cd}$，使 $U_{12} = U_{34}$，则 $U_o = U_{12} - U_{34} = 0$。

当衔铁向上移动时，由于 $U_{ab} > U_{cd}$，使 $U_{12} > U_{34}$，则 $U_o = U_{12} - U_{34} > 0$。

衔铁向下移动时，则电压的变化刚好相反，使 $U_{ab} < U_{cd}$，$U_{12} < U_{34}$，$U_o = U_{12} - U_{34} < 0$。

（2）衔铁在移动方向的位移越大，U_o 的输出电压值也越大，即输出 U_o 的大小反映位移大小，U_o 的正、负反映位移的方向。

差动整流电路具有结构简单，不需要考虑相位调整和零点残余电压的影响，分布电容影响小，便于远距离传输等优点，因而获得广泛的应用。

2. 相敏检波电路

图 3.13 所示为二极管相敏检波电路。图中，M、O 分别为变压器 T_1、T_2 的中心抽头，u_2 为来自差动传感器的输出电压。调制电压 u_0 与 u_2 同频，要求 u_0 与 u_2 同相或反相，且 $u_0 \gg u_2$，以保证二极管的导通由 u_0 决定。为保证电路中 u_0 与 u_2 同频，两者由同一电源 u_1 供电，且由移向器实现 u_0 与 u_2 的同相或反相。

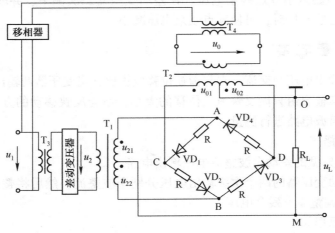

图 3.13　二极管相敏检波电路

假如 u_0 与 u_1 同频同相，则相敏检波电路的工作原理如下。

当传感器衔铁上移时，$\Delta x > 0$，u_2 与 u_1 同相，则 u_2 与 u_0 同相。

当 u_0 处于正半周时，VD_2、VD_3 导通，VD_1、VD_4 截止，形成两条电流通路，电流通路 1 为

$$u_{01}^+ \rightarrow C \rightarrow VD_2 \rightarrow B \rightarrow u_{22}^+ \rightarrow u_{22}^- \rightarrow R_L \rightarrow u_{01}^-$$

电流通路 2 为

$$u_{02}^+ \rightarrow R_L \rightarrow u_{22}^+ \rightarrow u_{22}^- \rightarrow B \rightarrow VD_3 \rightarrow D \rightarrow u_{02}^-$$

其等效电路如图 3.14 所示。

因为 u_{01} 与 u_{02} 是由同一变压器提供且大小相等。所以由叠加原理可知，u_{01} 与 u_{02} 在 R_L 中产生的电流互相抵消，即负载 R_L 中电压由 u_{22} 决定，且 u_L 为

$$u_L = \frac{u_{22}}{\frac{1}{2}R + R_L}R_L = \frac{2R_L u_{22}}{R + 2R_L} \qquad (3.21)$$

当 u_2 与 u_0 同处于负半周时，VD_1、VD_4 导通，VD_2、VD_3 截止，同样有两条电流通路，电流通路 1 为

$$u_{01}^+ \rightarrow R_L \rightarrow u_{21}^+ \rightarrow u_{21}^- \rightarrow A \rightarrow R \rightarrow VD_1 \rightarrow C \rightarrow u_{01}^-$$

电流通路 2 为

$$u_{02}^+ \rightarrow D \rightarrow R \rightarrow VD_4 \rightarrow A \rightarrow u_{21}^- \rightarrow u_{21}^+ \rightarrow R_L \rightarrow u_{02}^-$$

其等效电路如图 3.15 所示。

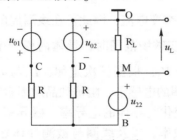

图 3.14　等效电路

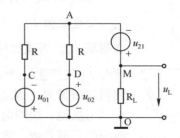

图 3.15　等效电路

与 u_0 在正半周时相似，u_{01} 与 u_{02} 在 R_L 中的作用互相抵消，u_L 由 u_{21} 决定，即

$$u_L = \frac{u_{21}}{\frac{1}{2}R + R_L}R_L = \frac{2R_L u_{21}}{R + 2R_L} \qquad (3.22)$$

考虑到 $u_{21} = u_{22} = \dfrac{u_2}{2n_1}$，故衔铁上移时，得到

$$u_L = \frac{R_L u_2}{n_1(R + 2R_L)} \qquad (3.23)$$

式中，n_1 为变压器 T_1 的变比。式（3.23）说明，只要位移 $\Delta x > 0$，不论 u_2 与 u_0 是处于正半周还是负半周，在负载 R_L 两端得到的电压 u_L 始终为正。

当传感器衔铁下移时，$\Delta x < 0$，u_2 与 u_1 反相，则 u_2 与 u_0 同频反相。由于电路中二极管的导通是由 u_0 决定的，因此 u_0 在正半周时，导通电路与图 3.14 相似，但此时 u_{22} 的极性上 "$-$"，下 "$+$"，与 $\Delta x > 0$ 时相反。而 u_0 在负半周时，导通电路与图 3.15 相似，但 u_{21} 的极性上 "$+$"，下 "$-$"，也与 $\Delta x > 0$ 时相反。所以此时负载端的电压为

$$u_L = -\frac{R_L u_2}{n_1(R + 2R_L)}$$

(3.24)

即 $\Delta x < 0$ 时 R_L 两端的输出电压与 $\Delta x > 0$ 时 R_L 两端的输出电压相比，相差一个符号。

由上述分析可知，相敏检波电路输出电压 u_L 的变化规律充分反映了被测位移量的变化规律，即 u_L 的值反映位移 Δx 的大小，而 u_L 的极性则反映了位移 Δx 的方向。

3.3　电涡流式传感器

电涡流式传感器具有结构简单、频率响应宽、灵敏度高、测量范围大、抗干扰能力强等优点，特别是它可以实现非接触式测量，因此在工业生产和科学技术的各个领域中得到了广泛的应用。应用电涡流式传感器可实现多种物理量（如位移、振动、厚度、转速、应力、硬度等）的测量，也可用于无损探伤。

3.3.1　电涡流式传感器的工作原理

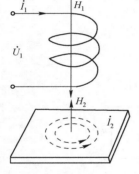

图 3.16　电涡流式传感器的工作原理图

金属导体被置于变化着的磁场中，或在磁场中运动，导体内就会产生感应电流，该感应电流被称为电涡流或涡流，这种现象被称为涡流效应。电涡流传感器就建立在这种涡流效应的基础上。

图 3.16 所示为电涡流式传感器的工作原理图。在传感器线圈 L 内通一交变电流 $\dot{I}_1$，由于 $\dot{I}_1$ 是交变电流，因此可在线圈周围产生一个交变磁场 H_1。当被测导体置于该磁场范围时，导体内便产生电涡流 $\dot{I}_2$，此时 $\dot{I}_2$ 将产生一个新的磁场 H_2；根据楞次定律，H_2 与 H_1 方向相反，削弱原磁场 H_1，从而导致线圈的电感量、阻抗和品质因素发生变化。

一般地，线圈电感量的变化与导体的电导率、磁导率、几何形状，线圈的几何参数、激励电流频率，以及线圈与被测导体之间的距离有关。如果上述参数中的一个参数改变，而其余参数恒定不变，则电感量就成为此参数的单值函数。若只改变线圈与金属导体间的距离，则电感量的变化即可反映出这二者之间的距离大小变化。

3.3.2　电涡流式传感器种类

在电涡流式传感器中，磁场变化频率越高，涡流的集肤效应越显著，即涡流穿透深度越小。所以，电涡流式传感器根据激励频率高低，可以分为高频反射式或低频透射式两大类。

1. 高频反射式电涡流式传感器

目前，高频反射式电涡流式传感器应用十分广泛。图 3.17 所示为高频反射式电涡流传感器结构图。它由一个扁平线圈固定在框架上构成。线圈用高强度漆包铜线或银线、铼钨合金绕制而成，用胶黏剂粘在框架端部或绕制在框架内。

线圈框架常用高频陶瓷、聚酰亚胺、环氧玻璃纤维、氮化硼和聚四氟乙烯等损耗小、电性能好、热膨胀系数小的材料。由于激励频率较高，对所用电缆与插头要充分重视。

电涡流式传感器的线圈与被测金属导体间是磁性耦合，电涡流式传感器是利用这种耦合程度的变化来进行测量的。因此，被测物体的物理性质，以及它的尺寸和形状都与总的测量装置有关。一般地，被测物体的电导率越高，灵敏度也越高。磁导率则相反，当被测物为磁性体时，灵敏度较非磁性体低。而且被测体若有剩磁，将影响测量结果，因此应予消磁。

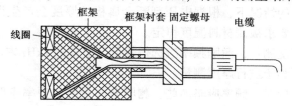

图3.17 高频反射式电涡流式传感器

被测体的大小和形状也与灵敏度密切相关。若被测体为平面，被测体的直径应不小于线圈直径的1.8倍。当被测体的直径为线圈直径的一半时，灵敏度将减小一半；若直径更小时，灵敏度下降更严重。若被测体表面有镀层，则镀层的性质和厚度不均匀也将影响测量精度。当测量转动或移动的被测物体时，这种不均匀将形成干扰信号。尤其当激励频率较高、电涡流的贯穿深度减小时，这种不均匀干扰的影响更加突出。当被测体为圆柱形时，只有圆柱形直径为线圈直径的3.5倍以上，才不影响测量结果；当两者相等时，灵敏度降低为70%左右。同样，对被测物体厚度也有一定的要求。一般厚度大于0.2mm即不影响测量结果（视激励频率而定）。铜、铝等材料更可减薄到70μm。

2. 低频透射式电涡流式传感器

低频透射式与高频反射式的区别在于它采用低频激励，贯穿深度大，适用于测量金属材料的厚度。其工作原理如图3.18所示。低频透射式电涡流式传感器有两个线圈，一个是发射线圈 L_1，在其上加入电压产生磁场。另一个是接收线圈 L_2，用以感应电动势。

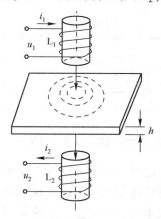

图3.18 低频透射式电涡流式传感器

发射线圈 L_1 和接收线圈 L_2 分别位于被测材料的上下方。由振荡器产生的高频电压 u_1 加到 L_1 的两端后，线圈中即流过一个同频交变电流，并在其周围产生一交变磁场。如果两线圈间不存在被测金属材料，则线圈 L_1 的磁场就能直接贯穿线圈 L_2，于是 L_2 的两端会产生一感应电势 E。

在 L_1 与 L_2 之间放置一金属板后，L_1 产生的磁力线经过金属板，且在金属板中产生涡流，该涡流削弱了 L_1 产生的磁力线，使到达接收线圈的磁力线减少，从而使 L_2 两端的感应电势 E 减小。

由于金属板中产生涡流的大小与金属板的厚度有关，金属板越厚，则板内产生的涡流越大，削弱的磁力线越多，接收线圈中产生的电势也越小。因此，可根据接收线圈输出电压的大小，确定金属板的厚度。

金属板中涡流的大小除了受金属板厚度的影响外，还与其电阻率有关，而电阻率与温度有关。因此在温度变化的情况下，根据电压判断金属板的厚度会产生误差。为此，在用涡流法测量金属板厚度时，要求被测材料温度恒定。

为了较好地进行厚度测量，激励频率应选得较低，通常选1kHz左右。频率太高，则贯穿深度小于被测厚度，不利于进行厚度测量。

一般地，测薄金属板时，频率应略高些，测厚金属板时，频率应低些。在测量电阻率较小的材料时，应选500Hz左右的较低的频率；测量电阻率较大的材料时，则应选用2kHz的较高的频率。这样，可保证在测量不同材料时能得到较好的线性度和灵敏度。

3.3.3 测量电路

根据电涡流式传感器的基本原理可知，被测量的变化被传感器转化为品质因素Q、等效阻抗Z和等效电感L三个参数，针对不同的变化参数，可用相应的测量电路来测量。电涡流式传感器的测量电路可以归纳为高频载波调幅式和调频式两类。而高频载波调幅式又可分为恒定频率的载波调幅和频率变化的载波调幅两种。

1. 载波频率改变的调幅法和调频法

如图3.19所示为调频调幅式测量电路。

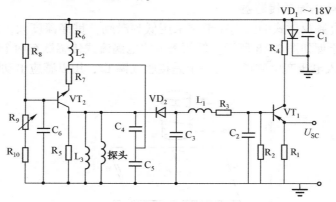

图3.19　调频调幅式测量电路

该测量电路由3个部分组成：电容三点式振荡器、检波器和射极跟随器。

电容三点式振荡器的作用是将位移变化引起的振荡回路Q值变化转换为高频载波信号的幅值变化。为使电路具有较高的效率而自行起振，电路采用自给偏压的办法。

检波器由检波二极管和π形滤波器组成。采用π形滤波器可适应电流变化较大，而又要求纹波很小的情况，可获得平滑的波形。检波器的作用是将高频载波中的测量信号不失真地取出。

射极跟随器的输入阻抗高，并具有良好的跟随性等特点，所以采用射极输出器作为输出极，可以获得尽可能大的、不失真的输出幅度值。

当无被测导体时，回路谐振于频率f_0，电涡流式传感器的输出电感最大，Q值最高，所以对应的输出电压u_0最大。当被测导体接近传感器线圈时，振荡器的谐振频率发生变化，谐振曲线不但向两边移动，而且变得平坦。此时由传感器回路组成的振荡器输出电压的频率和幅值均发生变化，如图 3.20 所示。设其输出电压分别为 u_1、u_2、…，振荡频率分别为 f_1、f_2、…，假如直接取它的输出电压作为显示量，则这种线路就称为载波频率改变的调幅法。它直接反映了 Q 值变化，因此可用于以 Q 值作为输出的电涡流式传感器。若取改变了的频率作为显示量，那么就用于测量传感器的等效电感量，这种方法称为调频法。

2. 调频式测量电路

调频式测量电路与变频调幅电路一样，将传感器线圈接入电容三点式振荡回路，但所不同的是，它以振荡频率的变化作为输出信号。若欲以电压作为输出信号，则应后接鉴频器，如图 3.21 所示。

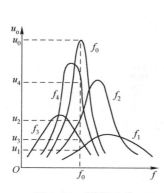

图 3.20 谐振曲线

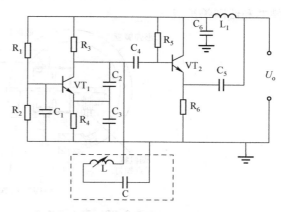

图 3.21 调频式测量电路

这种电路的关键是提高振荡器的频率稳定性。通常可以从环境温度变化、电缆电容变化及负载影响三方面考虑。另外，提高谐振回路元件本身的稳定性也是提高频率稳定性的一个措施。为此，传感器线圈 L 采用热绕工艺绕制在低膨胀系数材料的骨架上，并配以高稳定的云母电容，或将具有适当负温度系数的电容（进行温度补偿）作为谐振电容 C。此外，提高传感器探头的灵敏度也能提高仪器的相对稳定性。

3. 电桥电路

图 3.22 所示为电桥法的原理图，图中线圈 A 和 B 为传感器线圈。

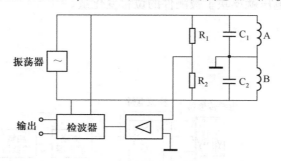

图 3.22 电桥法原理图

电桥法把传感器线圈的阻抗作为电桥的桥臂，并将传感器线圈的阻抗变化转换为电压或电流的变化。无被测量输入时，使电桥达到平衡。在进行测量时，由于传感器线圈的阻抗发生变化，使电桥失去平衡，将电桥不平衡造成的输出信号进行放大并检波，就可以得到与被测量成正比的输出。电桥法主要用于两个电涡流线圈组成的差动式传感器。

3.4 变磁阻式传感器的应用

3.4.1 自感式传感器的应用

1. 压力测量

图 3.23 所示为可用于测量压力的变间隙式差动电感压力传感器。它主要由 C 形弹簧管、衔铁、铁芯和线圈等组成。

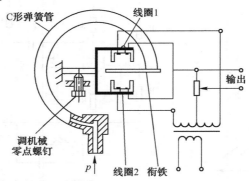

图 3.23 变间隙式差动电感压力传感器

当被测压力进入 C 形弹簧管时，C 形弹簧管发生变形，其自由端发生位移，带动与自由端连接成一体的衔铁运动，使线圈 1 和线圈 2 中的电感发生大小相等、方向相反的变化，即一个电感量增大，另一个电感量减小。电感的这种变化通过电桥电路转换成输出电压。由于输出电压与被测压力之间成比例关系，因此只要用检测仪表测量出输出电压，即可知被测压力的大小。

2. 位移测量

图 3.24 所示为电感测微仪的结构与原理框图。测量时测头的测端与被测件接触，被测件的微小位移使衔铁在差动线圈中移动，线圈电感值将产生变化，使这一变化量通过引线接到交流电桥，电桥的输出电压就反映了被测件的位移变化量。

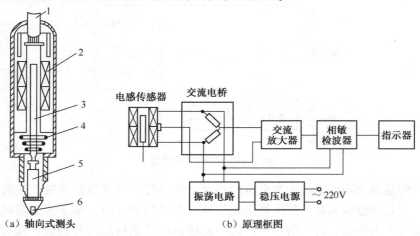

（a）轴向式测头 （b）原理框图

1—引线；2—线圈；3—衔铁；4—测力弹簧；5—导杆；6—测端

图 3.24 电感测微仪的结构与原理框图

3.4.2 变压器式传感器的应用

1. 加速度测量

图3.25所示为差动变压器式加速度传感器结构图。衔铁受加速度的作用，使悬臂弹簧受力变形，与悬臂相连的衔铁产生相对线圈的位移，从而使变压器的输出改变。而位移的大小反映了加速度的大小。

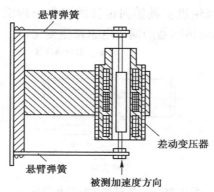

图3.25 差动变压器式加速度传感器结构图

2. 压力测量

差动变压器与膜片、膜盒和弹簧管等相结合，可以组成压力传感器。图3.26所示为差动变压器式压力传感器的结构图。在无压力作用时，膜盒处于初始状态，与膜盒连接的衔铁位于差动变压器线圈的中心。当压力输入膜盒后，膜盒的自由端产生位移并带动衔铁移动，差动变压器产生正比于输出压力的输出电压。

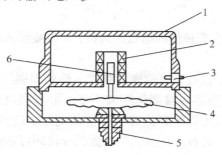

1—罩壳；2—差动变压器；3—插头；4—膜盒；5—接头；6—衔铁
图3.26 差动变压器式压力传感器结构图

3.4.3 电涡流式传感器的应用

1. 测量位移

电涡流式传感器的主要用途之一是可用于测量金属件的静态或动态位移，最大量程达数百毫米，分辨率为0.1%。目前，电涡流位移传感器的分辨力最高已达到$0.05\mu m$（量程$0 \sim 15\mu m$）。凡是可转换为位移量的参数，都可用电涡流式传感器测量，如机器转轴的轴向窜动、金属材料的热膨胀系数、钢水液位、纱线张力、流体压力等。

图3.27所示为由电涡流式传感器构成的液位监控系统。通过浮子与杠杆带动涡流板上下

位移，由电涡流式传感器探头发出信号控制电动泵的开启而使液位保持一定。

图 3.27　液位监控系统

图 3.28 所示为用于测量汽轮机主轴轴向位移的工作原理图，涡流传感器的探头靠近主轴，当主轴轴向移动时，使涡流传感器的输出电感发生变化。

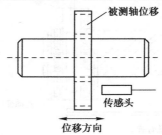

图 3.28　主轴轴向位移测量原理图

2. 测量转速

如图 3.29 所示，在一个旋转体上开一条或数条槽，或者将其做成齿状，在其旁边安装一个电涡流式传感器。当旋转体运动时，电涡流式传感器将周期性地改变输出电压信号，此电压信号经过放大、整形，可用频率计指示出频率数值。此值与槽数和被测转速有关，即

$$n = \frac{f}{N} \times 60$$

式中，f 为频率值（Hz）；N 为旋转体的槽数或齿数；n 为被测轴的转速（r/min）。

3. 探伤

电涡流式传感器可以用于检查金属的表面裂纹、热处理裂纹，以及用于焊接部位的探伤等，如图 3.30 所示。即使传感器与被测体距离不变，如有裂纹出现，也将引起金属的电阻率、磁导率的变化。裂纹处也可以解释为有位移值的变化。这些综合参数（x、ρ、μ）的变化将引起传感器参数的变化，通过测量传感器参数的变化即可达到探伤的目的。

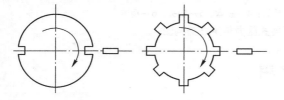

图 3.29　转速测量

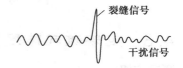

图 3.30　用涡流探伤时的测试信号

4. 测量温度

在较小的温度范围内，导体的电阻率与温度的关系为

$$\rho_1 = \rho_0 \left[1 + \alpha (t_1 - t_0) \right]$$

式中，ρ_1、ρ_0 分别为温度 t_1 与 t_0 时的电阻率；α 为在给定温度范围内的电阻温度系数。

若保持电涡流式传感器的其他各参数不变，使传感器的输出只随被测导体电阻率而变，就可测得温度的变化。上述原理可用于测量液体、气体介质温度或金属材料的表面温度，适合于低温到常温的测量。

图3.31所示为一种测量液体或气体介质温度的电涡流式传感器。它具有不受金属表面涂料、油、水等介质的影响，可实现非接触式测量，反应快等优点。目前已制成热惯性时间常数仅为1ms的电涡流式温度计。

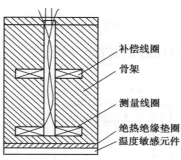

补偿线圈

骨架

测量线圈

绝热绝缘垫圈
温度敏感元件

图3.31　测温的电涡流式传感器

除了上述应用外，电涡流式传感器还可利用磁导率与硬度有关的特性实现非接触式硬度连续测量，并可用做接近开关，以及用于尺寸检测等。

小　结

变磁阻式传感器利用被测量的变化使线圈电感量发生改变来实现测量的。它可分为自感式传感器、变压器式传感器、电涡流式传感器等几种，而前两种又统称为电感式传感器。

在自感式传感器中主要介绍了变间隙传感器的工作原理。自感式变间隙传感器有基本变间隙传感器与差动变间隙式传感器。两者相比，后者的灵敏度比前者的高一倍，且线性度得到明显改善。

变压器式传感器属于互感式传感器，把被测得的非电量转换为线圈间互感量的变化。差动变压器的结构形式较多，有变隙式、变面积式和螺线管式等，其中应用最多的是螺线管式差动变压器，它可以测量1～100mm的机械位移，并具有测量精度高，灵敏度高，结构简单，性能可靠等优点。

电涡流式传感器具有结构简单，频率响应宽，灵敏度高，测量范围大，抗干扰能力强等优点，特别是电涡流式传感器可以实现非接触式测量，因此在工业生产和科学技术的各个领域中得到了广泛的应用。应用电涡流式传感器可实现多种物理量的测量，也可用于无损探伤。

本章除介绍不同类型传感器的工作原理外，还介绍了针对不同传感器的输出变量 Z、Q、L 的不同测量电路及各种传感器的应用。

思考与练习

1. 简述单线圈和差动变间隙式自感传感器的工作原理和基本特性。

2. 为什么螺线管式电感传感器比变间隙式电感传感器有更大的测量范围？

3. 根据螺线管式差动变压器的基本特性，说明其灵敏度和线性度的主要特点。

4. 简述电涡流式传感器的工作原理及其主要用途。

5. 气隙式电感传感器如图3.32所示，衔铁端面积$S = 4 \times 4\text{mm}^2$，气隙总长度$\delta = 0.8\text{mm}$，衔铁最大位移$\Delta\delta = \pm 0.08\text{mm}$，激励线圈匝数$N = 2\,500$匝，导线直径$d = 0.06\text{mm}$，电阻率$\rho = 1.75 \times 10^{-6}$。当激励电源频率$f = 40\text{mHz}$时，忽略漏磁及铁损。试计算：

(1) 线圈电感值。

(2) 电感的最大变化量。

(3) 当线圈外端面积为$11 \times 11\text{mm}^2$时其直流电阻值。

(4) 线圈的品质因数。

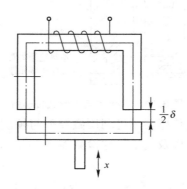

图3.32　气隙式电感传感器

6. 电感式传感器有几大类？各有何特点？

7. 什么叫零点残余电压？产生的原因是什么？

8. 图3.33所示是一种差动整流的电桥电路，电路由差动电感传感器Z_1、Z_2以及平衡电阻R_1、R_2（$R_1 = R_2$）组成。桥的一个对角线接有交流电源U_i，另一个对角线为输出端U_o。试分析该电路的工作原理。

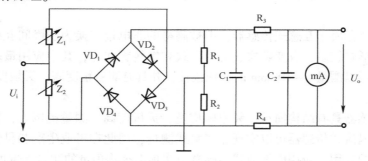

图3.33　差动整流电桥电路

9. 影响差动变压器输出线性度和灵敏度的主要因素是什么？

10. 电涡流式传感器的灵敏度主要受哪些因素影响？它的主要优点是什么？

第4章 电容式传感器

电容式传感器是将被测量的变化转换为电容量变化的一种传感器。它具有结构简单、分辨率高、抗过载能力强、动态特性好的优点，且能在高温、辐射和强烈振动等恶劣条件下工作。电容式传感器可用于测量压力、位移、振动、液位。

4.1 电容式传感器的工作原理

平行板电容器是由绝缘介质分开的两个平行金属板组成的，如图4.1所示，当忽略边缘效应影响时，其电容量与绝缘介质的介电常数 ε、极板的有效面积 S 以及两极板间的距离 d 有关，即

$$C = \frac{\varepsilon S}{d} \tag{4.1}$$

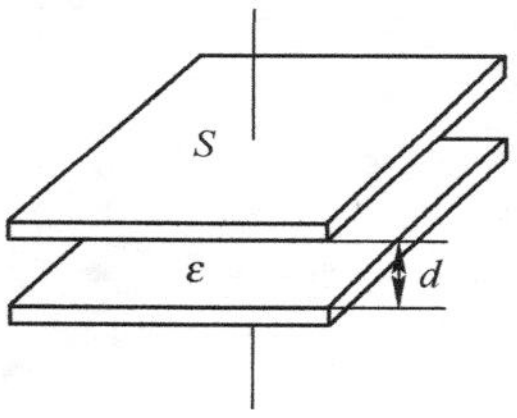

若被测量的变化使电容的 d、S、ε 三个参量中的一个参数改变，则电容量就将产生变化。如果变化的参数与被测量之间存在一定的函数关系，那么被测量的变化就可以直接由电容量的变化反映出来。所以电容式传感器可以分成3种类型：改变极板面积的变面积式、改变极板距离的变间隙式和改变介电常数的变介电常数式。

图4.1 平行板电容器

4.1.1 变面积式电容传感器

变面积式电容传感器的两个极板中，一个是固定不动的，称为定极板；另一个是可移动的，称为动极板。根据动极板相对定极板的移动情况，变面积式电容传感器又分为直线位移式和角位移式两种。

1. 直线位移式

其原理如图4.2所示，被测量通过使动极板移动，引起两极板有效覆盖面积 S 改变，从而使电容量发生变化。设动极板相对定极板沿极板长度 a 方向平移 Δx 时，电容为

$$C = \frac{\varepsilon (a - \Delta x) b}{d} = \frac{\varepsilon ab}{d} - \frac{\varepsilon \Delta x b}{d} = C_0 - \Delta C \tag{4.2}$$

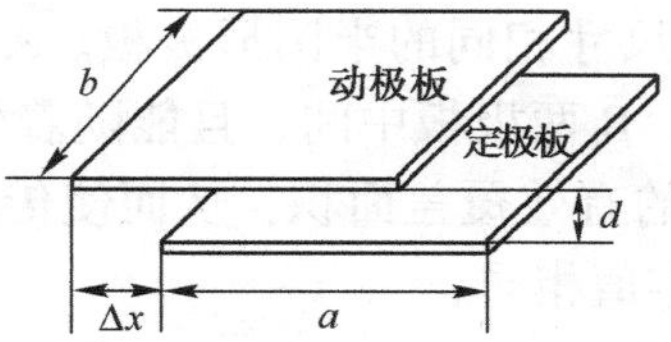

图4.2 直线位移式电容传感器原理图

式中，$C_0 = \dfrac{\varepsilon ab}{d}$，为电容初始值；电容因位移而产生的变化量为 $\Delta C = C - C_0 = -\dfrac{\varepsilon b}{d} \cdot \Delta x = -C_0 \dfrac{\Delta x}{a}$。

电容的相对变化量为

$$\frac{\Delta C}{C_0} = -\frac{\Delta x}{a} \tag{4.3}$$

很明显，这种传感器的输出特性呈线性，因而其量程不受范围的限制，适合于测量较大的直线位移。它的灵敏度为

$$K = \frac{\Delta C}{\Delta x} = -\frac{\varepsilon b}{d} \tag{4.4}$$

由式（4.4）可知，直线位移式电容传感器的灵敏度与极板间距成反比，适当减小极板间距，可提高灵敏度。同时，灵敏度还与极板宽度成正比。

为提高测量精度，也常用如图4.3所示的结构形式，以减少动极板与定极板之间的相对极板间距变化而引起的测量误差。

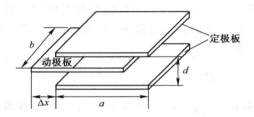

图 4.3　中间极板移动变面积式电容传感器原理图

2. 角位移式

角位移式的工作原理如图4.4所示。当被测的变化量使动极板有一角位移 θ 时，两极板间互相覆盖的面积被改变，从而改变两极板间的电容量 C。

当 $\theta = 0$ 时，初始电容量为：

$$C_0 = \frac{\varepsilon S}{d}$$

当 $\theta \neq 0$ 时，电容量就变为：

$$C = \frac{\varepsilon S \dfrac{\pi - \theta}{\pi}}{d} = \frac{\varepsilon S}{d}\left(1 - \frac{\theta}{\pi}\right)$$

由上式可见，电容量 C 与角位移 θ 呈线性关系。

在实际应用中，也采用差动结构，以提高灵敏度。角位移测量用的差动式结构如图4.5所示。

在图4.5中，A、B、C 均为尺寸相同的半圆形极板。A、B 固定，作为定极板，且角度相差180°，C 为动极板，置于 A、B 两极板中间，且能随着外部输入的角位移转动。当外部输入角度改变时，可改变极板间的有效覆盖面积，从而使传感器电容随之改变。C 的初始位置必须保证其与 A、B 的初始电容值相同。

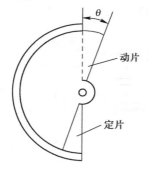

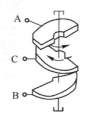

图4.4　角位移式电容
传感器原理图

图4.5　差动角位移式
电容传感器结构图

4.1.2　变间隙式电容传感器

基本的变间隙式电容传感器有一个定极板和一个动极板，如图4.6所示。当动极板随被测量变化而移动时，两极板的间距 d 就发生了变化，从而也就改变了两极板间的电容量 C。

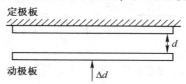

图4.6　基本的变间隙式电容传感器

设动极板在初始位置时与定极板的间距为 d_0，此时的初始电容量为 $C_0 = \dfrac{\varepsilon S}{d_0}$，当动极板向上移动 Δd 时，电容的增加量为

$$\Delta C = \frac{\varepsilon S}{d - \Delta d_0} - \frac{\varepsilon S}{d_0} = \frac{\varepsilon S}{d} \cdot \frac{\Delta d}{d_0 - \Delta d} = C_0 \cdot \frac{\Delta d}{d_0 - \Delta d} \qquad (4.5)$$

式（4.5）说明，ΔC 与 Δd 不是线性关系。但当 $\Delta d \ll d_0$（即量程远小于极板间初始距离）时，可以认为 ΔC 与 Δd 是线性的。即

$$\Delta C = \frac{\Delta d}{d_0} C_0 \qquad (4.6)$$

则有

$$\frac{\Delta C}{C_0} = \frac{\Delta d}{d_0} \qquad (4.7)$$

当传感器被近似看做是线性时，其灵敏度为

$$K = \frac{\Delta C}{\Delta d} = \frac{C_0}{d_0} = \frac{\varepsilon S}{d_0^2} \qquad (4.8)$$

动极板下移时的电容量 C 和 ΔC 可由学生自行推导。

由式（4.8）可见，增大 S 和减小 d_0 均可提高传感器的灵敏度，但要受到传感器体积和击穿电压的限制。此外，对于同样大小的 Δd，d_0 越小则 $\Delta d/d_0$ 越大，由此造成的非线性误差也越大。因此，这种类型的传感器一般用于测量微小的变化量。

在实际应用中，为了改善非线性，提高灵敏度及减少电源电压、环境温度等外界因素的影响，电容传感器也常做成差动形式，如图4.7所示。当动极板向上移动 Δd 时，上电容 C_1

电容量增加，下电容 C_2 电容量减少，而其电容值分别为

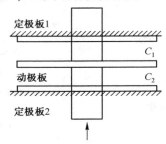

图4.7 差动结构的变间隙电容传感器

$$C_1 = C_0 + \Delta C_1 = \frac{\varepsilon S}{d_0 - \Delta d} = \frac{\varepsilon S}{d_0} \times \frac{1}{1 - \frac{\Delta d}{d_0}} = \frac{C_0}{1 - \frac{\Delta d}{d_0}} = \frac{C_0\left(1 + \frac{\Delta d}{d_0}\right)}{1 - \left(\frac{\Delta d}{d_0}\right)^2} \tag{4.9}$$

$$C_2 = C_0 - \Delta C_2 = \frac{\varepsilon S}{d_0 + \Delta d} = \frac{\varepsilon S}{d_0} \times \frac{1}{1 + \frac{\Delta d}{d_0}} = \frac{C_0}{1 + \frac{\Delta d}{d_0}} = \frac{C_0\left(1 - \frac{\Delta d}{d_0}\right)}{1 - \left(\frac{\Delta d}{d_0}\right)^2} \tag{4.10}$$

当 $\Delta d \ll d_0$ 时，$1 - \left(\frac{\Delta d}{d_0}\right)^2 \approx 1$，$\Delta C = C_1 - C_2 = 2C_0 \frac{\Delta d}{d_0}$

即

$$\frac{\Delta C}{C_0} = 2\frac{\Delta d}{d_0} \tag{4.11}$$

此时传感器的灵敏度为

$$K = \frac{\Delta C}{\Delta d} = 2\frac{C_0}{d_0} = \frac{2\varepsilon S}{d_0^2} \tag{4.12}$$

与基本结构间隙式传感器相比，差动式传感器的非线性误差减少了一个数量级，而且提高了测量灵敏度，所以在实际应用中被较多采用。

【例4.1】 电容测微仪的电容器极板面积 $A = 28\text{cm}^2$，间隙 $d = 1.1\text{mm}$，相对介电常数 $\varepsilon_0 = 1$，$\varepsilon_r = 8.84 \times 10^{-12}\text{F/m}$。

求：（1）电容器电容量。

（2）若间隙减少 0.12mm，电容量又为多少？

解：（1） $C_0 = (\varepsilon_0 \varepsilon_r A)/d = (1 \times 8.84 \times 10^{-12} \times 28 \times 10^{-4})/(1.1 \times 10^{-3})$

   $= 22.5 \times 10^{-12}\text{F}$

（2） $C_x = (\varepsilon_0 \varepsilon_r A)/(d - \Delta d)$

   $= (1 \times 8.84 \times 10^{-12} \times 28 \times 10^{-4})/(1.1 - 0.12) \times 10^{-3}$

   $= 25.26 \times 10^{-12}\text{F}$

【例4.2】 电容传感器初始极板间隙 $d_0 = 1.2\text{mm}$，电容量为 117.1pF，外力作用使极板间隙减少 0.03mm。

求：（1）该测微仪测得电容量为多少？

（2）若原初始电容传感器在外力作用后，引起间隙变化，测得电容量为 96pF，则极板间

隙变化了多少? 变化方向又是如何?

解: (1) $C_x = C_0 \left(1 + \dfrac{\Delta d}{d_0}\right) = 117.1 \times \left(1 + \dfrac{0.03}{1.2}\right) = 120\text{pF}$

(2) C_0 从 117.1→96, 间隙增加了:

$$C_{x_1} = 96 = C_0 \left(1 - \frac{\Delta d}{d}\right) = 117.1 \times \left(1 - \frac{\Delta d}{1.2}\right)$$

$$\Delta d = 1.2 \times \left(1 - \frac{96}{117.1}\right) = 0.216\text{mm}$$

即间隙增加了 0.216mm。

4.1.3 变介电常数式电容传感器

变介电常数式电容传感器的工作原理是, 当电容式传感器中的电介质改变时, 其介电常数变化, 从而引起电容量发生变化。

这种电容传感器有较多的结构形式, 可以用于测量纸张、绝缘薄膜等的厚度, 也可以用于测量粮食、纺织品、木材或煤等非导电固体物质的湿度, 还可以用于测量物位、液位、位移、物体厚度等多种物理量。

变介电常数式传感器经常采用平面式或圆柱式电容器。

1. 平面式

平面式变介电常数电容传感器有多种形式, 可用于测量位移, 如图 4.8 所示。

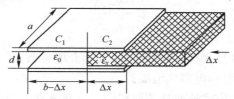

图 4.8 平面式测位移传感器

假定无位移时, $\Delta x = 0$, 电容初始值为

$$C_0 = \frac{\varepsilon_0 \cdot S}{d} = \frac{\varepsilon_0 \cdot a \cdot b}{d} \tag{4.13}$$

当有位移输入时, 介质板向左移动, 使部分介质的介电常数改变, 则此时等效电容相当于 C_1、C_2 并联, 即

$$C = C_1 + C_2 = \frac{\varepsilon_0 \cdot a \cdot (b - \Delta x)}{d} + \frac{\varepsilon_r \varepsilon_0 \cdot a \cdot \Delta x}{d} \tag{4.14}$$

$$\Delta C = C - C_0 = \frac{\varepsilon_r \varepsilon_0 \cdot a \cdot \Delta x}{d} - \frac{\varepsilon_0 \cdot a \cdot \Delta x}{d} = \frac{\varepsilon_r - 1}{d} \varepsilon_0 \cdot a \cdot \Delta x \tag{4.15}$$

式中, ε_0 是空气介电常数, $\varepsilon_0 = 8.86 \times 10^{-12}$; ε_r 是介质的介电常数。

由此可见, 电容变化量 ΔC 与位移 Δx 呈线性关系。

如图 4.9 所示为一种电容式测厚仪的原理图, 它是直板式变介电常数式的另一种形式, 可用于测量被测介质的厚度或介电常数。两电极间距为 d, 被测介质厚度为 x, 介电常数为 ε_x, 另一种介质的介电常数为 ε。

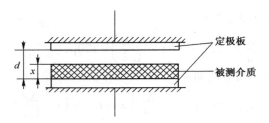

图 4.9　电容式测厚仪原理图

该电容器的总电容 C 等于由两种介质分别组成的两个电容 C_1 与 C_2 的串联，即

$$C = \frac{C_1 C_2}{C_1 + C_2} = \frac{\dfrac{\varepsilon S}{d-x} \times \dfrac{\varepsilon_x S}{x}}{\dfrac{\varepsilon S}{d-x} + \dfrac{\varepsilon_x S}{x}} = \frac{\varepsilon \varepsilon_x S}{\varepsilon x + \varepsilon_x d - \varepsilon_x x} = \frac{\varepsilon \varepsilon_x S}{\varepsilon_x d + (\varepsilon - \varepsilon_x) x} \tag{4.16}$$

由式（4.16）可知，若被测介质的介电常数 ε_x 已知，测出输出电容 C 的值，可求出待测材料的厚度 x。若厚度 x 已知，则测出输出电容 C 的值，也可求出待测材料的介电常数 ε_x。因此，可将此传感器用做介电常数 ε_x 测量仪。

2. 圆柱式

电介质电容器大多采用圆柱式。其基本结构如图 4.10 所示，内外筒为两个同心圆筒，分别作为电容的两个极。圆柱式电容的计算公式为

$$C = \frac{2\pi \varepsilon h}{\ln \dfrac{R}{r}} \tag{4.17}$$

式中，r 为内筒半径；R 为外筒半径；h 为筒长；ε 为介电常数。

该圆柱式电容器可用于制作电容式液面计。

如图 4.11 所示为一种电容式液面计的原理图。在介电常数为 ε_x 的被测液体中，放入该圆柱式电容器，液体上面气体的介电常数为 ε，液体浸没电极的高度就是被测量 x。该电容器的总电容 C 等于上半部分的电容 C_1 与下半部分的电容 C_2 的并联，即 $C = C_1 + C_2$。

图 4.10　圆柱式电容器结构图

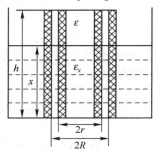

图 4.11　电容式液面计

因为

$$C_1 = \frac{2\pi \varepsilon (h-x)}{\ln \dfrac{R}{r}}$$

$$C_2 = \frac{2\pi \varepsilon_x \cdot x}{\ln \dfrac{R}{r}}$$

所以

$$C = C_1 + C_2 = \frac{2\pi(\varepsilon h - \varepsilon x + \varepsilon_x x)}{\ln\dfrac{R}{r}} = \frac{2\pi\varepsilon h}{\ln\dfrac{R}{r}} + \frac{2\pi(\varepsilon_x - \varepsilon)}{\ln\dfrac{R}{r}}x = a + bx \qquad (4.18)$$

式中，$a = \dfrac{2\pi\varepsilon h}{\ln\dfrac{R}{r}}$，$b = \dfrac{2\pi(\varepsilon_x - \varepsilon)}{\ln\dfrac{R}{r}}$，均为常数。

式（4.18）表明，液面计的输出电容 C 与液面高度 x 成线性关系。

【例4.3】 一个用于位移测量的电容式传感器，两个极板是边长为5cm的正方形，间距为1mm，气隙中恰好放置一个边长5cm、厚度1mm、相对介电常数为4的正方形介质板，该介质板可在气隙中自由滑动。试计算当输入位移（即介质板向某一方向移出极板相互覆盖部分的距离）分别为0cm、2.5cm、5.0cm时，该传感器的输出电容值各为多少？

解：（1）输入位移为0cm时：

$$C = \frac{\varepsilon s}{d} = \frac{8.85 \times 10^{-12} \times 4 \times 5^2 \times 10^{-4}}{1 \times 10^{-3}} = 88.4\text{pF}$$

（2）输入位移为5cm时：

$$C_1 = \frac{\varepsilon_0 s}{d} = \frac{8.85 \times 10^{-12} \times 5^2 \times 10^{-4}}{1 \times 10^{-3}} = 22.1\text{pF}$$

（3）输入位移为2.5cm时：

$$C = C_1 + C_2 = \frac{\varepsilon_0 s_1}{d} + \frac{\varepsilon_0 s_2}{d} = \frac{8.85 \times 10^{-12} \times \dfrac{25}{2} \times 10^{-4}}{1 \times 10^{-3}} + \frac{8.85 \times 10^{-12} \times 4 \times \dfrac{25}{2} \times 10^{-4}}{1 \times 10^{-3}}$$

$$= 11.1 + 44.3 = 55.4\text{pF}$$

【例4.4】 电容传感器初始极板间隙 $d_0 = 1.5\text{mm}$，外力作用使极板间隙减少0.03mm，并测得电容量为180pF。

求：（1）初始电容量为多少？

（2）若原初始电容传感器在外力作用后，引起间隙变化，测得电容量为170pF，则极板间隙变化了多少？变化方向又是如何？

（1）$C_x = C_0 + \Delta C = C_0\left(1 + \dfrac{\Delta d}{d_0}\right)$

$$\therefore C_0 = \frac{C_x}{1 + \dfrac{0.03}{1.5}} = 176.47\text{pF}$$

（2）176.47→170，间隙增加了：

$$C_{x_1} = C_0 - \Delta C = C_0\left(1 - \frac{\Delta d}{d}\right)$$

$$\Delta d = \frac{(C_0 - C_{x_1})d_0}{C_0} = \frac{176.47 - 170}{176.47} \times 1.5 = 0.055\text{mm}$$

∴ 间隙增加了0.055mm。

4.2 测量电路

电容式传感器的输出电容值一般十分微小，几乎都在几皮法至几十皮法之间，如此小的电容量不便于直接测量和显示，因而必须借助于一些测量电路，将微小的电容值成比例地转换为电压、电流或频率信号。

根据电路输出量的不同，可分为调幅型电路、差动脉冲宽度调制电路和调频型电路。

4.2.1 调幅型电路

这种测量电路输出的是幅值正比于或近似正比于被测信号的电压信号，以下两种是常见的电路形式。

1. 交流电桥电路

（1）单臂桥式电路。图 4.12 所示为单臂接法交流电桥电路，$C_0 + \Delta C$ 为电容传感器的输出电容，C_1、C_2、C_3 为固定电容，将高频电源电压 $\dot{U}_s$ 加到电桥的一对角线上，电桥的另一对角线输出电压 $\dot{U}_o$。在电容传感器未工作时，先将电桥调到平衡状态，即 $C_0 C_2 = C_1 C_3$，$\dot{U}_o = 0$。

当被测参数变化而引起电容传感器的输出电容变化 ΔC 时，电桥失去平衡，输出电压 $\dot{U}_o$ 随着 ΔC 变化而变化。

在单臂接法中，输出电压 U_o 与被测电容 ΔC 之间是非线性关系。

（2）差动接法变压器交流电桥电路。图 4.13 所示为差动接法变压器交流电桥电路，其中相邻两臂接入差动结构的电容传感器。

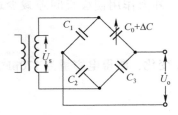

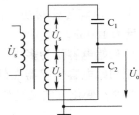

图 4.12　单臂接法交流电桥电路　　　　图 4.13　差动接法变压器交流电桥电路

当电容传感器未工作时，$C_1 = C_2 = C_0$，电路输出 $\dot{U}_o = 0$。

当被测参数变化时，电容传感器 C_2 变大，C_1 变小，即

$$C_2 = C_0 + \Delta C, \quad C_1 = C_0 - \Delta C \tag{4.19}$$

则输出电压 U_o 与 ΔC 之间的关系可用下式表示：

$$\dot{U}_o = \frac{2\dot{U}_s \cdot Z_2}{Z_1 + Z_2} - \dot{U}_s = \frac{2\dot{U}_s Z_2 - \dot{U}_s \cdot Z_1 - \dot{U}_s \cdot Z_2}{Z_1 + Z_2}$$

$$= \frac{Z_2 - Z_1}{Z_1 + Z_2} \cdot \dot{U}_s = \frac{C_2 - C_1}{C_1 + C_2} \cdot \dot{U}_s$$

$$= \frac{(C_0 + \Delta C) - (C_0 - \Delta C)}{(C_0 + \Delta C) + (C_0 - \Delta C)} \cdot \dot{U}_s = \frac{\dot{U}_s}{C_0} \cdot \Delta C \tag{4.20}$$

式（4.20）表明，差动接法的交流电桥电路的输出电压 $\dot{U}_o$ 与被测电容 ΔC 之间呈线性关系。

2. 运算放大器式测量电路

运算放大器式测量电路原理如图4.14所示。图中运放为理想运算放大器，其输出电压与输入电压之间的关系为

$$u_o = -u_i \frac{C_0}{C_x} \tag{4.21}$$

式中，C_0 为固定电容；C_x 为电容传感器。

将 $C_x = \dfrac{\varepsilon s}{d}$ 代入式（4.21），可得

$$u_o = -u_i \frac{C_0}{\varepsilon S} \cdot d \tag{4.22}$$

由式（4.22）可见，采用基本运算放大器的最大特点是电路输出电压与电容传感器的极距成正比，使基本变间隙式电容传感器的输出特性具有线性特性。

在该运算放大电路中，若选择输入阻抗和放大增益足够大的运算放大器，以及具有一定精度的输入电源、固定电容，则可使用基本变间隙式电容传感器测出 $0.1\mu m$ 的微小位移。该运算放大器电路在初始状态时，若输出电压不为零，则电路存在缺点。因此，在测量中常用如图4.15所示的调零电路。

在上述运算放大器电路中，固定电容 C_0 在电容传感器 C_x 的检测过程中还起到了参比测量的作用。因而当 C_0 和 C_x 结构参数及材料完全相同时，环境温度对测量的影响可以得到补偿。

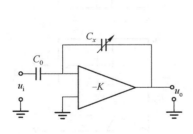

图4.14　运算放大器式测量电路

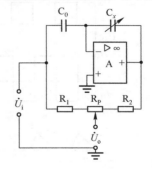

图4.15　调零电路

4.2.2　差动脉冲宽度调制电路

如图4.16所示为差动脉冲宽度调制电路。图中，A_1、A_2 为理想运算放大器，组成比较器，F 为双稳态基本 RS 触发器，R_1、C_1 和 R_2、C_2 分别构成充电回路。VD_1、C_1 和 VD_2、C_2 分别构成放电回路，u_r 为输入的标准电源，而将双稳态触发器的输出作为电路脉冲输出。

电路的工作原理：利用传感器电容充放电，使电路输出脉冲的占空比随电容传感器的电容量变化而变化，再通过低频滤波器得到对应于被测量变化的直流信号。分析如下。

$Q=1$，$\overline{Q}=0$ 时，A 点通过 R_1 对 C_1 充电，同时电容 C_2 通过 VD_2 迅速放电，使 N 点电压钳位在低电平。在充电过程中，M 点对地电位不断升高，当 $u_M > u_r$ 时，A_1 输出为" $-$ "，即 $\overline{R}_D = 0$，此时，双稳态触发器翻转，使 $Q=0$，$\overline{Q}=1$。

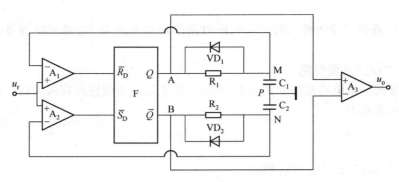

图 4.16　差动脉冲宽度调制电路

$Q=0$，$\overline{Q}=1$ 时，N 点通过 R_2 对 C_2 充电，同时电容 C_1 通过 VD_1 迅速放电，使 M 点电压钳位在低电平。在充电过程中，N 点对地电位不断升高，当 $u_N > u_r$ 时，A_2 输出为"−"，即 $\overline{S}_D=0$，此时，双稳态触发器翻转，使 $Q=1$，$\overline{Q}=0$。

此过程周而复始。

电路输出脉冲由 A、B 两点电平决定，高电平电压为 U_H，低电平为 0。电路各点的充放电波形如图 4.17 所示。

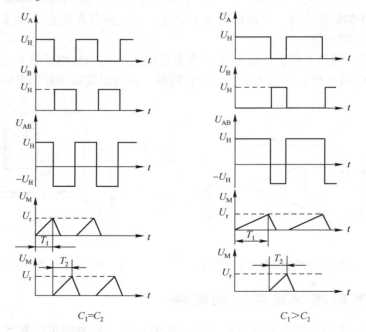

$C_1=C_2$　　　　　　　$C_1>C_2$

图 4.17　电路各点的充放电波形

当 $C_1=C_2$、$R_1=R_2$ 时，A 点脉冲与 B 点脉冲宽度相同，方向相反，波形如图 4.17（a）所示。

当 C_1 增大、C_2 减小时，R_1、C_1 充电时间变长，$Q=1$ 的时间延长，U_A 的脉宽变宽；而 R_2、C_2 充电时间变短，$Q=0$ 的时间缩短，U_B 的脉宽变窄。把 A、B 接到低通滤波器，得到与电容变化相应的电压输出，即 U_o 脉冲变宽。波形如图 4.17（b）所示。

当 C_1 减小、C_2 增大时，R_1、C_1 充电时间变短，$Q=1$ 的时间缩短，U_A 的脉宽变窄；而

R_2、C_2充电时间变长，$Q=0$的时间延长，U_B的脉宽变宽。同样，把A、B接到低通滤波器，得到与电容变化相应的电压输出，即U_o脉冲变窄。

由以上分析可知，当$C_1=C_2$时，两个电容充电时间常数相等，两个输出脉冲宽度相等，输出电压的平均值为零。当差动电容传感器处于工作状态，即$C_1 \neq C_2$时，两个电容的充电时间常数发生变化，R_1、C_1充电时间T_1正比于C_1，而R_2、C_2充电时间T_2正比于C_2，这时输出电压的平均值不等于零。输出电压为

$$U_o = \frac{T_1}{T_1+T_2}U_H - \frac{T_2}{T_1+T_2}U_H = \frac{T_1-T_2}{T_1+T_2}U_H \tag{4.23}$$

当电阻$R_1=R_2=R$时，则有

$$U_o = \frac{C_1-C_2}{C_1+C_2}U_H \tag{4.24}$$

由此可知，差动脉冲宽度调制电路，其输出电压与电容变化呈线性关系。

4.2.3 调频型电路

图4.18所示为调频 – 鉴频电路的原理图。该测量电路把电容式传感器与一个电感元件配合，构成一个振荡器谐振电路。当传感器工作时，电容量发生变化，导致振荡频率产生相应的变化。再经过鉴频电路将频率的变化转换为振幅的变化，经放大器放大后即可显示，这种方法称为调频法。

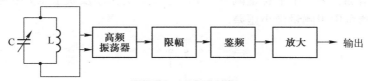

图4.18 调频 – 鉴频电路原理图

调频振荡器的振荡频率由下式决定：

$$f = \frac{1}{2\pi\sqrt{LC}} \tag{4.25}$$

式中，L为振荡回路电感，C为振荡回路总电容。

调频型测量电路的主要优点：抗外来干扰能力强，特性稳定，且能取得较高的直流输出信号。

4.3 电容式传感器的应用

随着新工艺、新材料的问世，特别是电子技术的发展，使得电容式传感器得到了越来越广泛的应用。电容式传感器可用于测量直线位移、角位移、振动振幅，还可测量压力、差压力、液位、料面、粮食中的水分含量、非金属材料的涂层、油膜厚度，以及电介质的湿度、密度、厚度等，尤其适合测量高频振动的振幅、精密轴系的回转精度、加速度等机械量，在自动检测与控制系统中也常常用做位置信号发生器。

1. 电容式位移传感器

如图4.19所示为变面积式位移传感器的结构图，这种传感器采用了差动式结构。当测量

杆随被测位移运动而带动活动电极位移时，导致活动电极与两个固定电极间的覆盖面积发生变化，其电容量也相应产生变化。这种传感器有良好的线性。

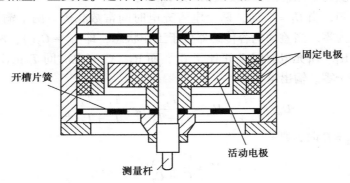

图4.19　变面积式位移传感器结构图

2. 电容式压力传感器

如图4.20所示为差动电容式压力传感器原理图。把绝缘的玻璃或陶瓷材料内侧磨成球面，在球面上镀上金属镀层做两个固定的电极板。在两个电极板中间焊接一金属膜片，作为可动电极板，用于感受外界的压力。在动极板和定极板之间填充硅油。无压力时，膜片位于电极中间，上下两电路相同。加入压力时，在被测压力的作用下，膜片弯向低压的一边，从而使一个电容量增加，另一个电容量减少，电容量变化的大小反映了压力变化的大小。

该压力传感器可用于测量微小压差。

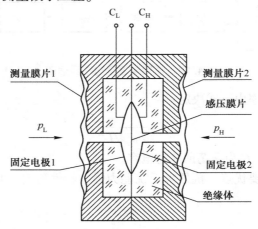

图4.20　差动电容式压力传感器原理图

3. 电容式测厚仪

电容式测厚仪的关键部件之一就是电容测厚传感器。在带材轧制过程中由它监测金属板材的厚度变化情况。其工作原理如图4.21所示。在被测带材的上下两边各置一块面积相等、

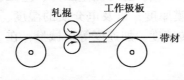

图4.21　电容式测厚仪工作原理

与带材距离相同的极板，这样极板与带材就形成上下两个电容器 C_1、C_2（带材也作为一个极板）。把两块极板用导线连接起来，并用引出线引出，另外从带材上也引出一根引线，即把电容连接成并联形式，则电容式测厚仪输出的总电容 $C = C_1 + C_2$。金属带材在轧制过程中不断向前送进，如果带材厚度发生

变化，将引起带材与上下两个极板间间距的变化，即引起电容量的变化，如果把总电容量 C 作为交流电桥的一个臂，则电容的变化 ΔC 引起电桥输出的变化，然后经过放大、检波、滤波电路，最后在仪表上显示出带材的厚度。这种测厚仪的优点是带材的振动不影响测量精度。

小　结

电容式传感器是将被测量的变化转换为电容量变化的一种传感器。它具有结构简单、分辨率高、抗过载能力强、动态特性好等优点，且能在高温、辐射和强烈振动等恶劣条件下工作。

平行板电容器的电容量是 $C = \dfrac{\varepsilon S}{d}$，只要固定 3 个参量 d、S、ε 中的两个，只要另外一个参数改变，则电容量就将产生变化，所以电容式传感器可以分成 3 种类型：变面积式、变间隙式与变介电常数式。

电容传感器的输出电容值一般十分微小，几乎都在几皮法至几十皮法之间，因而必须借助于一些测量电路，将微小的电容值成比例地转换为电压、电流或频率信号。测量电路的种类很多。大致可归纳为三类：调幅型电路，即将电容值转换为相应的幅值的电压，常见的有交流电桥电路和运算放大器式电路；差动脉冲宽度调制电路，即将电容值转换为相应宽度的脉冲；调频型电路，即将电容值转换为相应的频率。因此，在选择测量电路时，可根据电容式传感器的变化量，选择合适的电路。

思考与练习

1. 电容式传感器有哪几种类型？差动结构的电容传感器有什么优点？

2. 电容式传感器有哪几种类型的测量电路？各有什么特点？

3. 电容测微仪的电容器极板面积 $A = 32\text{cm}^2$，间隙 $d = 1.2\text{mm}$，相对介电常数 $\varepsilon_r = 1$，$\varepsilon_0 = 8.85 \times 10^{-12}\text{F/m}$

求：（1）电容器电容量。

（2）若间隙减少 0.15mm，电容量又为多少？

4. 电容式传感器的初始间隙 $d_0 = 2\text{mm}$，在被测量的作用下间隙减少了 $500\mu\text{m}$，此时电容量为 120pF，则电容初始值为多少？

5. 有一平面直线位移型差动电容传感器，其测量电路采用变压器交流电桥，结构组成如图 4.22 所示。电筒传感器起始时 $b_1 = b_2 = b = 20\text{mm}$，$a_1 = a_2 = a = 10\text{mm}$，极距 $d = 2\text{mm}$，极间介质为空气，测量电路中 $u_i = 3\sin\omega t\text{V}$，且 $u = u_i$。试求动极板上输入一位移量 $\Delta x = 5\text{mm}$ 时的电桥输出电压 u_o。

6. 变间隙电容传感器的测量电路为运算放大器电路，如图 4.23 所示。传感器的起始电容量 $C_{x0} = 20\text{pF}$，定、动极板距离 $d_0 = 1.5\text{mm}$，$C_0 = 10\text{pF}$，运算放大器为理想放大器（即 $K \to \infty$，$Z_i \to \infty$），R_f 极大，输入电压 $u_i = 5\sin\omega t\text{V}$。求当电容传感器动极板上输入一位移量 $\Delta x = 0.15\text{mm}$ 使 d_0 减小时，电路输出电压 u_o 为多少？

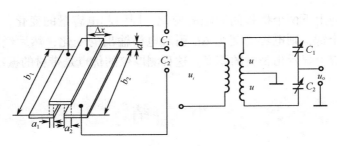

图4.22　题5图

7. 一个用于位移测量的电容式传感器，两个极板是边长为10cm的正方形，间距为1mm，气隙中恰好放置一个边长10cm、厚度1mm、相对介电常数为4的正方形介质板，该介质板可在气隙中自由滑动。试计算当输入位移（即介质板向某一方向移出极板相互覆盖部分的距离）分别为0.0cm、10.0cm时，该传感器的输出电容值各为多少？

8. 如图4.24所示，圆筒内装有某种液体，相对介电系数为3，$D = 18\text{cm}$，$d = 6\text{cm}$，$H = 42\text{cm}$，$h = 18\text{cm}$，$\varepsilon_0 = 8.85 \times 10^{-12}$。

（1）求圆筒的电容值。

（2）当液位高度升高1cm时，电容值变化多少？

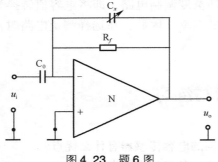

图4.23　题6图

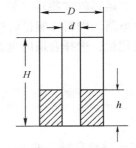

图4.24　题8图

9. 粮食部门在收购、存储粮食时，需测定粮食的干燥程度，以防霉变。请你根据已学过的知识设计一个粮食水分含量测试仪（画出原理图、传感器简图，并简要说明它的工作原理及优缺点）。

10. 试分析变面积式电容传感器和变间隙式电容传感器的灵敏度？为了提高传感器的灵敏度可采取什么措施并应注意什么问题？

11. 为什么说变间隙型电容传感器特性是非线性的？采取什么措施可改善其非线性特征？

第5章 热电偶传感器

在工业生产过程中，温度是需要测量和控制的重要参数之一。热电式传感器是一种将温度转换为电量变化的装置。其中，热电偶与热电阻应用极为广泛，具有结构简单、制造方便、测量范围广、精度高、惯性小和输出信号便于远传等许多优点。其中将温度转换为热电势变化的称为热电偶传感器，将温度变化转换为电阻变化的称为热电阻传感器。

5.1 热电偶工作原理和基本定律

5.1.1 热电偶工作原理

1. 热电效应

将两种不同成分的导体组成一个闭合回路，如图 5.1 所示。当闭合回路的两个接点分别置于不同温度场中时，回路中将产生一个电动势。该电动势的方向和大小与导体的材料及两接点的温度有关，这种现象被称为"热电效应"，两种导体组成的回路被称为"热电偶"，这两种导体被称为"热电极"，产生的电动势则被称为"热电动势"。热电偶的两个工作端分别被称为热端和冷端。热电偶产生的热电动势由两部分电动势组成：一部分是两种导体的接触电动势，另一部分是单一导体的温差电动势。下面以导体为例说明热电势的产生。

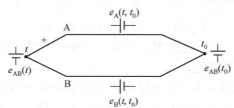

图 5.1 热电偶回路

2. 接触电动势

当 A 和 B 两种不同材料的导体接触时，由于两者内部单位体积的自由电子数目不同（即电子密度不同，分别用 N_A 和 N_B 表示），因此，电子在两个方向上扩散的速率就不一样。设 $N_A > N_B$，则导体 A 扩散到导体 B 的电子数要比导体 B 扩散到导体 A 的电子数多。所以导体 A 失去电子带正电荷，而导体 B 得到电子带负电荷。于是，在 A、B 两导体的接触界面上便形成了一个由 A 到 B 的电场。该电场的方向与扩散进行的方向相反，阻碍扩散作用的继续进行。当扩散作用与阻碍扩散的作用相等时，即自导体 A 扩散到导体 B 的自由电子数与在电场作用下自导体 B 扩散到 A 的自由电子数相等时，导体便处于一种动态平衡状态。在这种状态下，A 与 B 两导体的接触处就产生了电位差，称为接触电动势，其大小可用下式表示：

$$e_{AB}(t) = U_A(t) - U_B(t)$$
$$e_{AB}(t_0) = U_A(t_0) - U_B(t_0) \tag{5.1}$$

式中，$e_{AB}(t)$、$e_{AB}(t_0)$ 为导体 A、B 在接点温度为 t 和 t_0 时形成的电动势；$U_A(t)$、$U_A(t_0)$ 分别为导体 A 在接点温度为 t 和 t_0 时的电压；$U_B(t)$、$U_B(t_0)$ 分别为导体 B 在接点温度为 t 和 t_0 时的电压。

可见，接触电动势的大小与接点处温度高低和导体的电子密度有关。温度越高，接触电动势越大；两种导体电子密度的比值越大，接触电动势越大。

3. 温差电动势

对于导体 A 或 B，若将其两端分别置于不同的温度场 t、t_0 中（$t > t_0$），则在导体内部，热端的自由电子具有较大的动能，因此向冷端移动，从而使热端失去电子带正电荷，冷端得到电子带负电荷。这样，在导体两端便产生了一个由热端指向冷端的静电场。该电场阻止电荷的进一步扩展。这样，导体两端便产生了电位差，将该电位差称为温差电动势，表达式为

$$\begin{cases} e_A(t,\ t_0) = U_A(t) - U_A(t_0) \\ e_B(t,\ t_0) = U_B(t) - U_B(t_0) \end{cases} \tag{5.2}$$

式中，$e_A(t,\ t_0)$、$e_B(t,\ t_0)$ 分别为导体 A 和 B 在两端温度为 t 和 t_0 时形成的电动势。可见，温差电动势的大小与导体的电子密度及两端温度有关。

4. 热电偶回路的总电动势

将导体 A 和 B 首尾相接组成回路。如果导体 A 的电子密度大于导体 B 的电子密度，且两接点的温度不相等，则在热电偶回路中存在着 4 个电动势，即 2 个接触电动势和 2 个温差电动势。热电偶回路的总电动势为

$$E_{AB}(t,\ t_0) = e_{AB}(t) - e_{AB}(t_0) - e_A(t,\ t_0) + e_B(t,\ t_0) \tag{5.3}$$

一般地，在热电偶回路中接触电动势远远大于温差电动势，所以温差电动势可以忽略不计，故式（5.3）可以写为

$$E_{AB}(t,\ t_0) = e_{AB}(t) - e_{AB}(t_0) \tag{5.4}$$

式（5.4）中，由于导体 A 的电子密度大于导体 B 的电子密度，因此 A 为正极，B 为负极。

综上所述，可以得出如下结论：

热电偶回路中热电动势的大小，只与组成热电偶的导体材料和两接点的温度有关，而与热电偶的形状、尺寸无关。当热电偶两电极材料固定后，热电动势便是两接点温度为 t 和 t_0 时的函数差。即

$$E_{AB}(t,t_0) = f(t) - f(t_0)$$

如果使冷端温度 t_0 保持不变，则热电动势便成为热端温度 t 的单一函数。即

$$E_{AB}(t,t_0) = f(t) - C = \varphi(t) \tag{5.5}$$

这一关系式在实际测温中得到了广泛应用。因为冷端温度 t_0 恒定，所以热电偶产生的热电动势只与热端的温度有关，即一定的温度对应一定的热电动势，若测得热电动势，便可知热端的温度 t 了。

用实验方法求取这个函数关系。通常令 $t_0 = 0℃$，然后在不同的温差（$t - t_0$）情况下，精确地测定出回路总热电动势，并将所测得的结果列成表格（称为热电偶分度表），供使用时查阅。

5.1.2 热电偶的基本定律

1. 均质导体定律

如果热电偶回路中的两个热电极材料相同，无论两接点的温度如何，热电动势均为零。

根据这个定律，可以检验两个热电极材料成分是否相同（称为同名极检验法），也可以检查热电极材料的均匀性。

2. 中间导体定律

在热电偶回路中接入第三种导体，只要第三种导体和原导体的两接点温度相同，则回路中总的热电动势不变。

如图 5.2 所示，在热电偶回路中接入第三种导体 C。设导体 A 与 B 接点处的温度为 t，导体 A、B 与 C 两接点处的温度为 t_0，则回路中的总电势为

$$E_{ABC}(t, t_0) = e_{AB}(t) + e_{BC}(t_0) - e_{AC}(t_0) \tag{5.6}$$

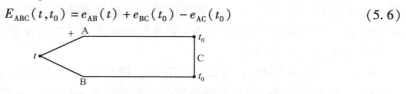

图 5.2 第三导体接入热电偶回路

如果回路中三接点的温度相同，即 $t = t_0$，则回路总电动势必为零，即

$$e_{AB}(t_0) + e_{BC}(t_0) - e_{AC}(t_0) = 0$$

或者

$$e_{BC}(t_0) - e_{AC}(t_0) = -e_{AB}(t_0) \tag{5.7}$$

将式（5.7）代入式（5.6），可得

$$E_{ABC}(t, t_0) = e_{AB}(t) - e_{AB}(t_0) \tag{5.8}$$

热电偶的这种性质在工业生产中是很实用的，例如，可以将显示仪表或调节器作为第三种导体直接接入回路中进行测量。也可以将热电偶的两端不焊接而直接插入液态金属中或直接焊在金属表面进行温度测量。

如果接入的第三种导体两端温度不相等，热电偶回路的热电动势将要发生变化，变化的大小取决于导体的性质和接点的温度。因此，在测量过程中必须接入的第三种导体不宜采用与热电偶热电性质相差很大的材料；否则，一旦该材料两端温度有所变化，热电动势的变动将会很大。

3. 标准电极定律

如果两种导体分别与第三种导体组成的热电偶所产生的热电动势已知，则由这两种导体组成的热电偶所产生的热电动势也就已知。

如图 5.3 所示，导体 A、B 分别与标准电极 C 组成热电偶，若它们所产生的热电动势为已知，即

$$E_{AC}(t, t_0) = e_{AC}(t) - e_{AC}(t_0)$$
$$E_{BC}(t, t_0) = e_{BC}(t) - e_{BC}(t_0)$$

则由 A、B 两导体组成的热电偶的热电势为

$$E_{AB}(t, t_0) = E_{AC}(t, t_0) - E_{BC}(t, t_0) \tag{5.9}$$

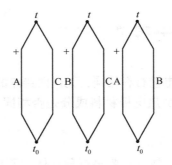

图 5.3 由三种导体分别组成的热电偶

标准电极定律是一个极为实用的定律。由于纯金属和各种金属合金种类很多，因此，要确定这些金属之间组合而成的热电偶的热电动势，其工作量是极大的。但是可以利用铂的物理、化学性质稳定、熔点高、易提纯的特性，选用高纯铂丝作为标准电极，只要测得各种金属与纯铂组成的热电偶的热电动势，则各种金属之间相互组合而成的热电偶的热电动势可根据式（5.9）直接计算出来。

例如，热端为 100℃，冷端为 0℃ 时，镍铬合金与纯铂组成的热电偶的热电动势为 2.95mV，而考铜与纯铂组成的热电偶的热电动势为 -4.0mV，则镍铬和考铜组合而成的热电偶产生的热电动势应为 2.95mV -（ -4.0mV）= 6.95mV。

4. 中间温度定律

热电偶在两接点温度 t、t_0 时的热电动势等于该热电偶在接点温度为 t、t_n 和 t_n、t_0 时的相应热电动势的代数和。

中间温度定律可以用下式表示：

$$E_{AB}(t, t_0) = E_{AB}(t, t_n) + E_{AB}(t_n, t_0) \tag{5.10}$$

中间温度定律为补偿导线的使用提供了理论依据。它表明：若热电偶的两热电极被两根导体延长，则只要接入的两根导体组成的热电偶的热电特性与被延长的热电偶的热电特性相同，且它们之间连接的两点温度相同，总回路的热电动势与连接点温度无关，只与延长以后的热电偶两端的温度有关。

5.2　热电偶的材料、结构及种类

5.2.1　热电偶材料

根据金属的热电效应原理，组成热电偶的热电极可以是任意的金属材料，但在实际应用中，用做热电极的材料应具备如下几方面的条件。

（1）测量范围广。在规定的温度测量范围内具有较高的测量精确度，有较大的热电动势。温度与热电动势的关系是单值函数。

（2）性能稳定。要求在规定的温度测量范围内使用时热电性能稳定，有较好的均匀性和复现性。

（3）化学性能好。要求在规定的温度测量范围内使用时有良好的化学稳定性、抗氧化或抗还原性能，不产生蒸发现象。

满足上述条件的热电偶材料并不很多。目前，我国大量生产和使用的性能符合专业标准或国家标准，并具有统一分度表的热电偶材料称为定型热电偶材料，共有 6 个品牌。它们分别是：铂铑$_{30}$ – 铂铑$_6$，铂铑$_{10}$ – 铂，镍铬 – 镍硅，镍铬 – 镍铜，镍铬 – 镍铝，铜 – 铜镍。此外，我国还生产一些未定型热电偶材料，如铂铑$_{13}$ – 铂、铱铑$_{40}$ – 铱，钨铼$_5$ – 钨铼$_{20}$ 及金铁热电偶、双铂钼热电偶等。这些非定型热电偶应用于一些特殊条件下的测温，如超高温、极低温、高真空或核辐射环境等。

5.2.2 热电偶结构

热电偶温度传感器广泛应用于工业生产过程中的温度测量。根据其用途和安装位置不同，它具有多种结构形式。

1. 普通工业热电偶的结构

普通工业热电偶通常由热电极、绝缘管、保护套管和接线盒等几个主要部分组成，其结构如图 5.4 所示。现将各部分构造做简单的介绍。

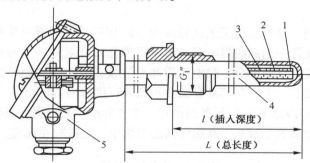

1—测量端；2—热电极；3—绝缘管；4—保护套管；5—接线盒

图 5.4 普通工业热电偶结构

（1）热电极。热电极又称为偶丝，是热电偶的基本组成部分。用普通金属做成偶丝，其直径一般为 0.5～3.2mm；用贵重金属做成的偶丝，其直径一般为 0.3～0.6mm。偶丝的长度则由工作端插入在被测介质中的深度来决定，通常为 300～2000mm，常用的长度为 350mm。

（2）绝缘管。绝缘管又称为绝缘子，是用于热电极之间及热电极与保护套管之间进行绝缘保护的零件，以防止它们之间互相短路。其形状一般为圆形或椭圆形，中间开有 2 个、4 个或 6 个孔，偶丝穿孔而过。绝缘管材料为黏土质、高铝质、刚玉质等，材料选用视使用的热电偶而定。

（3）保护套管。保护套管是用于保护热电偶感温元件免受被测介质化学腐蚀和机械损伤的装置。保护套管应具有耐高温、耐腐蚀且导热性好的特性，可以用做保护套管的材料有金属、非金属及金属陶瓷三大类。金属材料有铝、黄铜、碳钢、不锈钢等，其中 1Cr18Ni9Ti 不锈钢是目前热电偶保护套管使用的典型材料。非金属材料有高铝质（Al_2O_3 的质量分数为 85%～90%）、刚玉质（Al_2O_3 的质量分数为 99%），使用温度都在 1300℃以上。金属陶瓷材料有氧化镁加金属钼，这种材料使用温度在 1 700℃，且在高温下有很好的抗氧化能力，适用于钢水温度的连续测量。形状一般为圆柱形。

（4）接线盒。热电偶的接线盒用于固定接线座和连接外界导线，起着保护热电极免受外界环境侵蚀和保证外接导线与接线柱接触良好的作用。接线盒一般由铝合金制成，根据被测介质温度对象和现场环境条件要求，可设计成普通型、防溅型、防水型、防暴型等接线盒。

2. 铠装热电偶

它是由金属套管、绝缘材料和热电极经焊接密封和装配等工艺制成的坚实的组合体。金属套管材料可以是铜、不锈钢（1Cr18Ni9Ti）或镍基高温合金（GH30）等；绝缘材料常使用电熔氧化镁、氧化铝、氧化铍等的粉末；而热电极无特殊要求。套管中的热电极有单支（双芯）、双支（四芯），彼此间互不接触。中国已生产 S 型、R 型、B 型、K 型、E 型、J 型和铱铑$_{40}$ – 铱等铠装热电偶，套管最长可达 100m 以上，管外径最细能达 0.25mm。铠装热电偶已达到标准化、系列化。铠装热电偶体积小，热容量小，动态响应快，可挠性好，柔软性良好，强度高，耐压、耐震、耐冲击，因此被广泛应用于工业生产过程。

铠装热电偶冷端连接补偿导线的接线盒的结构，根据不同的使用条件，有不同的形式，如简易式、带补偿导线式、插座式等，这里不做详细介绍，选用时可参考有关资料。

5.2.3 热电偶种类及分度表

1. 标准型热电偶

所谓标准型热电偶，是指制造工艺比较成熟、应用广泛、能成批生产、性能优良而稳定并已列入工业标准化文件中的那些热电偶。由于标准化文件对同一型号的标准型热电偶规定了统一的热电极材料及其化学成分、热电性质和允许偏差，故同一型号的标准型热电偶互换性好，具有统一的分度表，并有与其配套的显示仪表可供选用。

国际电工委员会在 1975 年向世界各国推荐了 7 种标准型热电偶。我国生产的符合 IEC 标准的热电偶有 6 种，如表 5.1 所示。在热电偶的名称中，正极写在前面，负极写在后面。

表 5.1 热电偶特性表

名　　称	分 度 号	代　号	测温范围（℃）	100℃时的热电动势（mV）	特　　点
铂铑$_{30}$ – 铂铑$_6$	B（LL – 2）	WRR	50 ~ 1280	0.033	熔点高，测温上限高，性能稳定，精度高，100℃以下热电动势极小，可不必考虑冷端补偿；价格昂贵，热电动势小；只限于高温域的测量
铂铑$_{13}$ – 铂	R（PR）	—	– 50 ~ 1768	0.647	使用上限较高，精度高，性能稳定，复现性好；但热电动势较小，不能在金属和还原性气体中使用，在高温下使用时特性会逐渐变坏，价格昂贵；多用于精密测量
铂铑$_{10}$ – 铂	S（LB – 3）	WRP	– 50 ~ 1768	0.646	同上，性能不如 R 热电偶，长期以来曾经作为国际温标的法定标准热电偶
镍铬 – 镍硅	K（EU – 2）	WRN	– 270 ~ 1370	4.095	热电动势大，线性好，稳定性好，价廉；但材质较硬，在 1000℃ 以上长期使用会引起热电动势漂移；多用于工业测量
镍铬硅 – 镍硅	N	—	– 270 ~ 1370	2.744	一种新型热电偶，各项性能比 K 热电偶更好，适用于工业测量

名　　称	分 度 号	代　　号	测温范围（℃）	100℃时的热电动势（mV）	特　　点
镍铬 – 铜镍（康铜）	E（EA – 2）	WRK	– 270 ~ 800	6.319	热电动势比 K 热电偶大 50% 左右，线性好，耐高温，价廉；但不能用于还原性气体；多用于工业测量
铁 – 铜镍（康铜）	J（JC）	—	– 210 ~ 760	5.269	价格低廉，在还原性气体中较稳定；但纯铁易被腐蚀和氧化；多用于工业测量
铜 – 铜镍（康铜）	T（CK）	WRC	– 270 ~ 400	4.279	价廉，加工性能好，离散性小，性能稳定，线性好，精度高；铜在高温时易被氧化，测温上限低；多用于低温域测量，可做（– 200 ~ 0℃）温域的计量标准

常用标准热电偶分度表如表 5.2 所示。

表 5.2　常用标准热电偶分度表

铂铑$_{10}$ – 铂热电偶（分度号为 S）分度表

工作端温度（℃）	0	10	20	30	40	50	60	70	80	90
	热电动势（mV）									
0	0.000	0.055	0.113	0.173	0.235	0.299	0.365	0.432	0.502	0.573
100	0.645	0.719	0.795	0.872	0.950	1.029	1.109	1.190	1.273	1.356
200	1.440	1.525	1.611	1.698	1.785	1.873	1.962	2.051	2.141	2.232
300	2.323	2.414	2.506	2.599	2.692	2.786	2.880	2.974	3.069	3.164
400	3.260	3.356	3.452	3.549	3.645	3.743	3.840	3.938	4.036	4.135
500	4.234	4.333	4.432	4.532	4.632	4.732	4.832	4.933	5.034	5.136
600	5.237	5.339	5.442	5.544	5.648	5.751	5.855	5.960	6.064	6.169
700	6.274	6.380	6.486	6.592	6.699	6.805	6.913	7.020	7.128	7.236
800	7.345	7.454	7.563	7.672	7.782	7.892	8.003	8.114	8.225	8.336
900	8.448	8.560	8.673	8.786	8.899	9.012	9.126	9.240	9.355	9.470
1000	9.585	9.700	9.816	9.932	10.048	10.165	10.282	10.400	10.517	10.635
1100	10.754	10.872	10.991	11.110	11.229	11.348	11.467	11.587	11.707	11.827
1200	11.947	12.067	12.188	12.308	12.429	12.550	12.671	12.792	12.913	13.034
1300	13.155	13.276	13.397	13.519	13.640	13.761	13.883	14.004	14.125	14.247
1400	14.368	14.489	14.610	14.731	14.852	14.793	15.094	15.215	15.336	15.456
1500	15.576	15.697	15.817	15.937	16.057	16.176	16.296	16.415	16.534	16.653
1600	16.771									

铂铑₃₀-铂铑₆热电偶（分度号为B）分度表

工作端温度（℃）	0	10	20	30	40	50	60	70	80	90
	热电动势（mV）									
0	−0.000	−0.002	−0.003	−0.002	0.000	0.002	0.006	0.011	0.017	0.025
100	0.033	0.043	0.053	0.065	0.078	0.092	0.107	0.123	0.140	0.159
200	0.178	0.199	0.220	0.243	0.266	0.291	0.317	0.344	0.372	0.401
300	0.431	0.462	0.494	0.527	0.561	0.596	0.632	0.669	0.707	0.746
400	0.786	0.827	0.870	0.913	0.957	1.002	1.048	1.095	1.143	1.192
500	1.241	1.292	1.344	1.397	1.450	1.505	1.560	1.617	1.674	1.732
600	1.791	1.851	1.912	1.974	2.036	2.100	2.164	2.230	2.296	2.363
700	2.430	2.499	2.569	2.639	2.710	2.782	2.855	2.928	3.003	3.078
800	3.154	3.231	3.308	3.387	3.466	3.546	3.626	3.708	3.790	3.873
900	3.957	4.041	4.126	4.212	4.298	4.386	4.474	4.562	4.652	4.742
1000	4.833	4.924	5.016	5.109	5.202	5.297	5.391	5.487	5.583	5.680
1100	5.777	5.875	5.973	6.073	6.172	6.273	6.374	6.475	6.577	6.680
1200	6.783	6.887	6.991	7.096	7.202	7.308	7.414	7.521	7.628	7.736
1300	7.845	7.953	8.063	8.172	8.283	8.393	8.504	8.616	8.727	8.839
1400	8.952	9.065	9.178	9.291	9.405	9.519	9.634	9.748	9.863	9.979
1500	10.094	10.210	10.325	10.441	10.558	10.674	10.790	10.907	11.024	11.141
1600	11.257	11.374	11.491	11.608	11.725	11.842	11.959	12.076	12.193	12.310
1700	12.426	12.543	12.659	12.776	12.892	13.008	13.124	13.239	13.354	13.470
1800	13.585									

镍铬-镍硅热电偶（分度号为K）分度表

工作端温度（℃）	0	10	20	30	40	50	60	70	80	90
	热电动势（mV）									
−0	−0.000	−0.392	−0.777	−1.156	−1.527	−1.889	−2.243	−2.586	−2.920	3.242
0	0.000	0.397	0.798	1.203	1.611	2.022	2.436	2.850	3.266	3.681
100	4.095	4.508	4.919	5.327	5.733	6.137	6.539	6.939	7.338	7.737
200	8.137	8.537	8.938	9.341	9.745	10.151	10.560	10.969	11.381	11.793
300	12.207	12.623	13.039	13.456	13.874	14.292	14.712	15.132	15.552	15.974
400	16.395	16.818	17.241	17.664	18.088	18.513	18.938	19.363	19.788	20.214
500	20.640	21.066	21.493	21.919	22.346	22.772	23.198	23.624	24.050	24.476
600	24.902	25.327	25.751	26.176	26.599	27.022	27.445	27.867	28.288	28.709
700	29.128	29.547	29.965	30.383	30.799	31.214	31.629	32.042	32.455	32.866
800	33.277	33.686	34.095	34.502	34.909	35.314	35.718	36.121	36.524	36.925
900	37.325	37.724	38.122	38.519	38.915	39.310	39.703	40.096	40.488	40.897
1000	41.269	41.657	42.045	42.432	42.817	43.202	43.585	43.968	44.349	44.729

工作端温度（℃）	0	10	20	30	40	50	60	70	80	90
	热电动势（mV）									
1100	45.108	45.486	45.863	46.238	46.612	46.985	47.356	47.726	48.095	48.462
1200	48.828	49.192	49.555	49.916	50.276	50.633	50.990	51.344	51.697	52.049
1300	52.398									

铜－康铜热电偶（分度号为 T）分度表

工作端温度（℃）	0	10	20	30	40	50	60	70	80	90
	热电动势（mV）									
−200	−5.603	−5.753	−5.889	−6.007	−6.105	−6.181	−6.232	−6.258		
−100	−3.378	−3.656	−3.923	−4.177	−4.419	−4.648	−4.865	−5.069	−5.261	−5.439
−0	−0.000	−0.383	−0.757	−1.121	−1.475	−1.819	−2.152	−2.475	−2.788	−3.089
0	0.000	0.391	0.789	1.196	1.611	2.035	2.467	2.908	3.357	3.813
100	4.277	4.749	5.227	5.712	6.204	6.702	7.207	7.718	8.235	8.757
200	9.286	9.320	10.360	10.905	11.456	12.011	12.572	13.137	13.707	14.281
300	14.860	15.443	16.030	16.621	17.217	17.816	18.420	19.027	19.638	20.252
400	20.869									

2. 非标准型热电偶

非标准型热电偶包括铂铑系、铱铑系及钨铼系热电偶等。

铂铑系热电偶有铂铑$_{20}$－铂铑$_5$、铂铑$_{40}$－铂铑$_{20}$等一些种类，其共同的特点是性能稳定，适用于各种高温测量。

铱铑系热电偶有铱铑$_{40}$－铱、铱铑$_{60}$－铱。这类热电偶长期使用的测温范围在 2 000℃以下，且热电动势与温度线性关系好。

钨铼系热电偶有钨铼$_3$－钨铼$_{25}$、钨铼$_5$－钨铼$_{20}$等种类。它的最高使用温度受绝缘材料的限制，目前可达到 2 500℃左右，主要用于钢水连续测温、反应堆测温等场合。

3. 薄膜热电偶

薄膜热电偶是由两种金属薄膜连接而成的一种特殊结构的热电偶，它的测量端既小又薄，热容量很小，可用于微小面积上温度的测量；其动态响应快，可测得快速变化的表面温度。

应用时，薄膜热电偶用胶黏剂紧粘在被测物表面，所以热损失很小，测量精度高。由于使用温度受胶黏剂和衬垫材料限制，目前只能用于 −200～300℃的范围。

5.3　热电偶的冷端补偿

从热电效应的原理可知，热电偶产生的热电动势不仅与热端温度有关，而且与冷端的温度有关。只有将冷端的温度恒定，热电动势才是热端温度的单值函数。由于热电偶分度表是以冷端温度为 0℃时做出的，因此在使用时要正确反映热端温度（被测温度），最好设法使冷端温度恒为 0℃；否则将产生测量误差。但在实际应用中，热电偶的冷端通常靠近被测对象，且受到周围环境温度的影响，其温度不是恒定不变的。为此，必须采取一些相应的措施进行补偿或修正，以消除冷端温度变化和不为0℃时所产生的影响。热电偶冷端补偿常用的方法有以下几种。

1. 冷浴法

将热电偶的冷端置于温度为0℃的恒温器内（如冰水混合物），使冷端温度处于0℃。这种装置通常用于实验室或精密的温度测量。

2. 补偿导线法

热电偶由于受到材料价格的限制不可能做得很长，而要使其冷端不受测温对象的温度影响，必须使冷端远离温度对象，采用补偿导线就可以做到这一点。所谓补偿导线，实际上是一对材料的化学成分不同的导线，在 $0 \sim 150℃$ 温度范围内与配接的热电偶有一致的热电特性，但价格相对要便宜。利用补偿导线，将热电偶的冷端延伸到温度恒定的场所（如仪表室），其实质是相当于将热电极延长。根据中间温度定律可知，只要热电偶和补偿导线的两个接点温度一致，是不会影响热电动势输出的。下面举例说明补偿导线的作用。

【例5.1】 采用镍铬－镍硅热电偶测量炉温。热端温度为800℃，冷端温度为50℃。为了进行炉温的调节及显示，采用补偿导线或铜导线两种导线将热电偶产生的热电动势信号送到仪表室进行显示，问显示值各为多少（假设仪表室的环境温度恒为20℃）？

解：首先，由镍铬－镍硅热电偶分度表查出它在冷端温度为0℃，热端温度为800℃时的热电动势为 $E(800,0) = 33.277\text{mV}$；热端温度为50℃时的热电动势为 $E(50,0) = 2.022\text{mV}$；热端温度为20℃时的热电动势为 $E(20,0) = 0.798\text{mV}$。

若热电偶与仪表之间直接用铜导线连接，根据中间导体定律，输入仪表的热电动势为

$E(800,50) = E(800,0) - E(50,0) = 33.277 - 2.022 = 31.255\text{mV}（相当于751℃）$

若热电偶与仪表之间用补偿导线连接，相当于将热电偶延伸到仪表室，输入仪表的热电动势为

$E(800,20) = E(800,0) - E(20,0) = 33.277 - 0.798 = 32.479\text{mV}（相当于781℃）$

与炉内的真实温度相差分别为

$$751℃ - 800℃ = -49℃$$
$$781℃ - 800℃ = -19℃$$

可见，补偿导线的作用是很明显的。

常用热电偶补偿导线如表5.3所示。

表5.3 常用热电偶补偿导线

补偿导线型号	配用热电偶	补偿导线材料		补偿导线绝缘层着色	
		正极	负极	正极	负极
SC	S	铜	铜镍合金	红色	绿色
KC	K	铜	铜镍合金	红色	蓝色
KX	K	镍铬合金	镍硅合金	红色	黑色
EX	E	镍硅合金	铜镍合金	红色	棕色
JX	J	铁	铜镍合金	红色	紫色
TX	T	铜	铜镍合金	红色	白色

补偿导线起到了延伸热电极的作用，达到了移动热电偶冷端位置的目的。正是由于使用

补偿导线，在测温回路中产生了新的热电动势，因此实现了一定程度的冷端温度自动补偿。

补偿导线分为延伸型（X）和补偿型（C）补偿导线。延伸型补偿导线选用的金属材料与热电极材料相同；补偿型补偿导线所选金属材料与热电极材料不同。

在使用补偿导线时，要注意补偿导线型号与热电偶型号匹配，正负极与热电偶正负极对应连接，补偿导线所处温度不超过150℃，否则将造成测量误差。

3. 计算修正法

在实际应用中，冷端温度并非一定为0℃，所以测出的热电动势还是不能正确反映热端的实际温度。为此，必须对温度进行修正。修正公式为

$$E_{AB}(t,0) = E_{AB}(t,t_1) + E_{AB}(t_1,0) \tag{5.11}$$

式中，$E_{AB}(t,0)$为热电偶热端温度为t，冷端温度为0℃时的热电动势；$E_{AB}(t,t_1)$为热电偶热端温度为t，冷端温度为t_1时的热电动势；$E_{AB}(t_1,0)$为热电偶热端温度为t_1，冷端温度为0℃时的热电动势。

【例5.2】 用镍铬－镍硅热电偶测炉温，当冷端温度为30℃（且为恒定时），测出热端温度为t时的热电动势为39.17mV，求炉子的真实温度。（求热端温度）

解：由镍铬－镍硅热电偶分度表查出$E(30,0) = 1.20$mV，可以计算出

$$E(t,0) = (39.17 + 1.20)\text{mV} = 40.37\text{mV}$$

再通过分度表查出其对应的实际温度为$t = 977$℃。

4. 补偿电桥法

补偿电桥法利用不平衡电桥产生的不平衡电势来补偿因冷端温度变化引起的热电动势变化值，可以自动地将冷端温度校正到补偿电桥的平衡点温度上。

补偿器（补偿电桥）的应用如图5.5所示。桥臂电阻R_1、R_2、R_3、R_{Cu}与热电偶冷端处于相同的温度环境，R_1、R_2、R_3均为由锰铜丝绕制的1Ω电阻，R_{Cu}是用铜导线绕制的温度补偿电阻。$E = 4$V，是经稳压电源提供的桥路直流电源。R_s是限流电阻，其阻值因配用的热电偶的不同而不同。

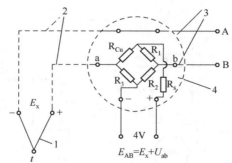

1—热电偶；2—补偿导线；3—铜导线；4—补偿电桥

图5.5 热电偶冷端补偿电桥

一般选择R_{Cu}阻值，使不平衡电桥在20℃（平衡点温度）时处于平衡，此时$R_{cu}^{20} = 1$Ω，电桥平衡，不起补偿作用。当冷端温度变化时，热电偶热电势E_x将变化$E(t,t_0) - E(t,20) = E(20,t_0)$，此时电桥不平衡，适当选择$R_{Cu}$的大小，使$U_{ab} = E(t,20)$，与热电偶热电势叠加，则外电路总电势保持$E_{AB}(t,20)$，不随冷端温度变化而变化。如果采用仪表机械零位调整法进行校正，则仪表机械零位应调至冷端温度补偿电桥的平衡点温度（20℃）处，不必因冷端

温度的变化重新调整。

冷端补偿电桥可以单独制成补偿器通过外线与热电偶和后续仪表连接，而它更多是作为后续仪表的输入回路，与热电偶连接。

5. 显示仪表零位调整法

当热电偶通过补偿导线连接显示仪表时，如果热电偶冷端温度已知且恒定，则可预先将有零位调整器的显示仪表的指针从刻度的初始值调至已知的冷端温度值上，这时显示仪表的示值即为被测量的实际温度值。

5.4　热电偶测温线路

热电偶测温线路常见形式如下所述。

1. 测量某一点的温度

如图 5.6 所示，是一支热电偶与一个仪表配用的连接电路，用于测量某一点的温度。A′、B′为补偿导线。

这两种连接方式的区别在于：图 5.6（a）中的热电偶冷端在仪表内，而图 5.6（b）中的热电偶冷端在仪表外面，R_D 为连接冷端与仪表的导线的电阻。

2. 测量两点之间的温度差

如图 5.7 所示为用两支热电偶与一个仪表进行配合，测量两点之间温差的线路。图中用了两支型号相同的热电偶并配用相同的补偿导线。工作时，两支热电偶产生的热电动势方向相反，故输入仪表的是其差值，这一差值正反映了两支热电偶热端的温差。为了减少测量误差，提高测量精度，要尽可能选用热电特性一致的热电偶，同时要保证两热电偶的冷端温度相同。

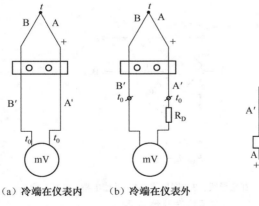

（a）冷端在仪表内　（b）冷端在仪表外

图 5.6　测量某点温度

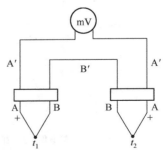

图 5.7　测量两点间温差

3. 热电偶并联线路

有些大型设备需测量多点的平均温度，可以通过与热电偶并联的测量电路来实现。将 n 支同型号热电偶的正极和负极分别连接在一起的线路称并联测量线路。如图 5.8 所示，如果 n 支热电偶的电阻均相等，则并联测量线路的总热电动势等于 n 支热电偶热电动势的平均值，即

$$E_{并} = \frac{E_1 + E_2 + \cdots + E_n}{n} \tag{5.12}$$

在热电偶并联线路中，当其中一支热电偶断路时，不会中断整个测温系统的工作。

4. 热电偶串联线路

将 n 支同型号热电偶依次按正负极相连接的线路称串联测量线路，如图 5.9 所示。串联测量线路的总热电动势等于 n 支热电偶热电动势之和，即

$$E_{串} = E_1 + E_2 + \cdots + E_n = nE \tag{5.13}$$

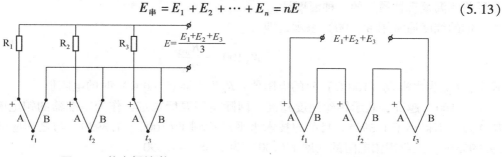

图 5.8 热电偶并联   图 5.9 热电偶串联

热电偶串联线路的主要优点是热电动势大，使仪表的灵敏度大为增加；缺点是只要有一支热电偶断路，整个测量系统便无法工作。

在热电偶测量电路中使用的导线线径应适当选大，以减小线损的影响。

5.5 热电阻

利用导体或半导体的电阻值随温度的变化而变化的特性来测量温度的感温元件称为热电阻。它可用于测量 $-200 \sim 500℃$ 范围内的温度。大多数金属导体和半导体的电阻率都随温度发生变化，纯金属有正的温度系数，半导体有负的电阻温度系数。用金属导体或半导体制成的传感器，分别称为金属电阻温度计和半导体电阻温度计。

随着科学技术的发展，热电阻的应用范围已扩展到 $1 \sim 5K$ 的超低温领域。同时在 $1\,000 \sim 1\,200℃$ 温度范围内也有足够好的特性。

5.5.1 金属热电阻

大多数金属导体的电阻，都具有随温度变化的特性。其特性方程式如下：

$$R_t = R_0 \left[1 + \alpha(t - t_0) \right] \tag{5.14}$$

式中，R_t、R_0 分别为热电阻在 $t℃$ 和 $0℃$ 时的电阻值；α 为热电阻的电阻温度系数（$1/℃$）。

对于绝大多数金属导体，α 并不是一个常数，而是温度的函数。但在一定的温度范围内，α 可近似地看做一个常数。不同的金属导体，α 保持常数所对应的温度范围不同，选作感温元件的材料应满足如下要求。

（1）材料的电阻温度系数 α 要大。α 越大，热电阻的灵敏度越高；纯金属的 α 值比合金的高，所以一般均采用纯金属做热电阻元件。

（2）在测温范围内，材料的物理、化学性质应稳定。

（3）在测温范围内，α 保持常数，便于实现温度表的线性刻度特性。

（4）具有比较大的电阻率，以利于减小热电阻的体积，减小热惯性。

（5）特性复现性好，容易复制。

比较适合以上要求的材料有铂、铜、铁和镍。

1. 铂热电阻

铂的物理、化学性能非常稳定，是目前制造热电阻的最好材料。铂电阻主要作为标准电阻温度计，广泛地应用于温度的基准、标准的传递。它的长时间稳定的复现性可达 10^{-4} K，是目前测温复现性最好的一种温度计。

铂的纯度通常用 $W(100)$ 表示，即

$$W(100) = \frac{R_{100}}{R_0} \tag{5.15}$$

式中，R_{100} 为水沸点（100℃）时的电阻值；R_0 为水冰点（0℃）时的电阻值。

$W(100)$ 越高，表示铂丝纯度越高。国际实用温标规定：作为基准器的铂电阻，其比值 $W(100)$ 不得小于 1.3925。目前的技术水平已达到 $W(100) = 1.3930$，与之相应的铂纯度为 99.9995%，工业用铂电阻的纯度 $W(100)$ 为 1.387~1.390。

铂丝的电阻值与温度之间的关系如下。

在 0~630.755℃ 范围内为

$$R_t = R_0(1 + At + Bt^2) \tag{5.16}$$

在 -190~0℃ 范围内为

$$R_t = R_0[1 + At + Bt^2 + C(t-100)t^3] \tag{5.17}$$

式中，R_t、R_0 温度分别为 t℃ 和 0℃ 时铂的电阻值；A、B、C 为常数，对于 $W(100) = 1.391$ 有 $A = 3.96847 \times 10^{-3}/℃$，$B = -5.847 \times 10^{-7}/℃^2$，$C = -4.22 \times 10^{-12}/℃^4$。

目前，我国常用的铂电阻有两种，其分度号分别为 Pt100 和 Pt10，最常用的是 Pt100，$R(0℃) = 100.00\Omega$，如表 5.4 所示。

表 5.4　铂电阻（分度号为 Pt100）分度表

工作端温度（℃）	0	10	20	30	40	50	60	70	80	90
	电阻值（Ω）									
-200	18.49	—	—	—	—	—	—	—	—	—
-100	60.25	56.19	52.11	48.00	43.37	39.71	35.53	31.32	27.08	22.80
-0	100.00	96.09	92.16	88.22	84.27	80.31	76.32	72.33	68.33	64.30
0	100.00	103.90	107.79	111.67	115.54	119.40	123.24	127.07	130.89	134.70
100	136.50	142.29	146.06	149.82	153.58	157.31	161.04	164.76	168.46	172.16
200	175.84	179.51	183.17	186.32	190.45	194.07	197.69	201.29	204.88	208.45
300	212.02	215.57	219.12	222.65	226.17	229.67	233.17	236.65	240.13	243.59
400	247.04	250.48	253.90	257.32	260.72	264.11	267.49	270.86	274.22	277.56
500	280.90	284.22	287.53	290.83	294.11	297.39	300.65	303.91	307.15	310.38
600	313.59	316.80	319.99	323.18	326.35	329.51	332.67	335.79	338.92	342.03
700	345.13	348.22	351.30	354.37	357.42	360.47	363.50	366.52	369.53	372.52
800	375.51	378.48	381.45	384.40	387.34	390.26	—	—	—	—

铂电阻一般由直径为 0.05～0.07mm 的铂丝绕在片形云母骨架上，铂丝的引线采用银线，引线用双孔瓷绝缘套管绝缘，如图 5.10 所示。

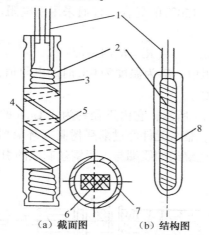

（a）截面图　（b）结构图

1—银引出线；2—铂丝；3—锯齿形云母骨架；4—保护用云母片；
5—银绑带；6—铂电阻横断面；7—保护套管；8—石英骨架

图 5.10　铂热电阻的构造

2. 测量电路

通常热电阻安装的地点与测试仪表有一定距离，长连接导线的电阻在环境温度变化时也要发生变化，若按图 5.11 所示接线，导线电阻与热电阻 R_t 串联作为一个桥臂，会造成测量误差。为克服此种误差，导线连接时可采用三线制或四线制。

（1）三线制连接法测量电路。如图 5.12 所示，热电阻 R_t 用 3 根线 L_2、L_3 和 L_g 引出。L_g 与指示电表串联，L_2、L_3 分别串入测量电桥的相邻两臂。

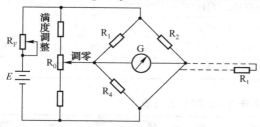

图 5.11　电阻温度计的测量电桥

图 5.12　三线制连接法测量电路

在测量过程中，当环境温度发生变化时，导线电阻发生变化。当然，L_g 的电阻变化不影响电桥的平衡，L_2 和 L_3 的电阻变化可以相互平衡而自动抵消。电桥调零时，应使 $R_a + R_{t0} = R_2$，其中 R_{t0} 为热电阻在参考温度（如 0℃）时的电阻值。

（2）四线制连接法测量电路。三线制的缺点是可调电阻 R_a 的触点不稳定，仍会导致电桥零点的变化。为克服此缺点，可采用如图 5.13 所示的四线制连接法。图中 R_p 不仅可调整电桥的平衡，而且其触点的接触电阻的变化是与指示电表串联，接在电桥的对角线内，故其不稳定因素也不会影响电桥的平衡。

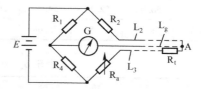

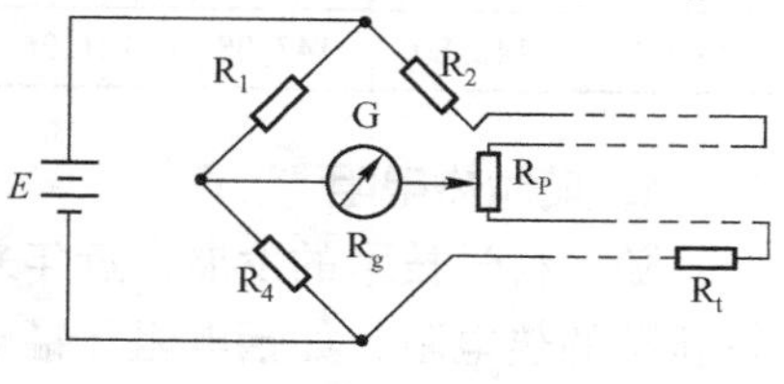

图 5.13　四线制连接法测量电路

3. 铜电阻

在测量精度不太高、测量范围不大的情况下，可以采用铜电阻来代替铂电阻，当测量精度要求不高、温度范围在 $-50 \sim 150℃$ 的场合，普遍采用铜电阻。铜电阻与温度呈线性关系，可用下式表示：

$$R_t = R_0(1 + \alpha t)$$

式中，R_t 为温度为 $t℃$ 时的电阻值；R_0 为温度为 $0℃$ 时的电阻值；α 为铜电阻温度系数，$\alpha = 4.25 \times 10^{-3}/℃ \sim 4.28 \times 10^{-3}/℃$

铜热电阻体的结构如图 5.14 所示，它由直径约为 0.1mm 的绝缘电阻丝双绕在圆柱形塑料支架上。为了防止铜丝松散，整个元件经过酚醛树脂（环氧树脂）的浸渍处理，以提高其导热性能和机械固紧性能。铜丝绕组的线端与镀银铜丝制成的引出线焊牢，并穿以绝缘套管，或者直接用绝缘导线与之焊接。

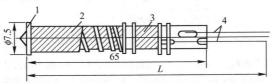

1—线圈骨架；2—铜热电阻丝；3—补偿组；4—铜引出线

图 5.14 铜热电阻体

目前，我国工业上用的铜电阻分度号为 Cu50 和 Cu100，其 $R(0℃)$ 分别为 50Ω 和 100Ω。铜电阻的电阻比 $R(100℃)/R(0℃) = 1.428 \pm 0.002$。其分度表分别如表 5.5、表 5.6 所示。

表 5.5 铜电阻（分度号为 Cu50）分度表

温度（℃）	0	10	20	30	40	50	60	70	80	90
	电阻值（Ω）									
−0	50.00	47.85	45.70	43.55	41.40	39.24	—	—	—	—
+0	50.00	52.14	54.28	56.42	58.56	60.70	62.84	64.98	67.12	69.26
+100	71.40	73.54	75.68	77.83	79.98	82.13	—	—	—	—

表 5.6 铜电阻（分度号为 Cu100）分度表

温度（℃）	0	10	20	30	40	50	60	70	80	90
	电阻值（Ω）									
−0	100.00	95.70	91.40	87.10	82.80	78.49	—	—	—	—
+0	100.00	104.28	108.56	112.84	117.12	121.40	125.68	129.96	134.24	138.52
+100	142.80	147.08	151.36	155.66	159.96	164.27	—	—	—	—

4. 其他热电阻

随着科学技术的发展，近年来对于低温和超低温测量提出了迫切的要求，开始出现一些较新颖的热电阻，如铟电阻、锰电阻等。

（1）铟电阻。它是一种高精度低温热电阻。铟的熔点约为 150℃，在 4.2 ~ 15K 温度域内其灵敏度比铂的高 10 倍，故可用于不能使用铂的低温范围。其缺点是材料很软，复制性很差。

（2）锰电阻。锰电阻的特点是在 2～63K 的低温范围内，电阻值随温度变化很大，灵敏度高；在 2～16K 的温度范围内，电阻率随温度平方变化。磁场对锰电阻的影响不大，且有规律。锰电阻的缺点是脆性很大，难以控制成丝。

5.5.2　半导体热敏电阻

半导体热敏电阻的特点是灵敏度高，体积小，反应快。它是利用半导体的电阻值随温度显著变化的特性制成的，在一定的范围内根据测量获得的热敏电阻阻值的变化情况，便可知被测介质的温度变化情况。半导体热敏电阻基本可以分为负温度系数热敏电阻和正温度系数热敏电阻两种类型。

1. 负温度系数热敏电阻（NTC）

NTC 热敏电阻研制较早，最常见的是由金属氧化物，如由锰、钴、铁、镍、铜等多种氧化物混合烧结而成。

根据不同的用途，NTC 又可以分为两类：第一类用于测量温度。它的电阻值与温度之间呈负的指数关系；第二类为负突变型，当其温度上升到某设定值时，其电阻值突然下降，多在各种电子电路中用于抑制浪涌电流，起保护作用。负指数型和负突变型的温度－电阻特性曲线分别如图 5.15 中的曲线 2 和曲线 1 所示。

2. 正温度系数热敏电阻（PTC）

典型的 PTC 热敏电阻通常是在钛酸钡陶瓷中加入施主杂质以增大电阻温度系数。它的温度－电阻特性曲线呈非线性，如图 5.15 中的曲线 4 所示。它在电子线路中多起限流、保护作用，当流过 PTC 的电流超过一定限度或 PTC 感受到温度超过一定限度时，其电阻值会突然增大。

近年来，还研制出了用本征锗或本征硅材料制成的线性 PTC 热敏电阻，其线性度和互换性较好，可用于测温。其温度－电阻特性曲线如图 5.15 中的曲线 3 所示。

热敏电阻按结构形式可分为体型、薄膜型、厚膜型三种；按工作方式可分为直热式、旁热式、延迟电路三种；按工作温区可分为常温区（－60～200℃）、高温区（>200℃）、低温区热敏电阻三种。热敏电阻可根据使用要求，封装加工成各种形状的探头，如珠状、片状及杆状、锥状、针状等，如图 5.16 所示。

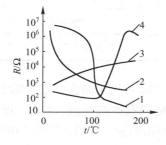

1—突变型 NTC；2—负指数型 NTC；
3—线性型 PTC；4—突变型 PTC

图 5.15　热敏电阻的特性曲线

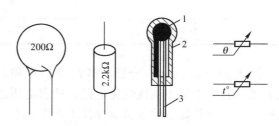

1—热敏电阻；2—玻璃外壳；3—引出线

图 5.16　热敏电阻的结构外形与符号

5.5.3　集成温度传感器

集成温度传感器是近几年来迅速发展起来的一种新颖半导体器件，它与传统的温度传感器相比，具有测温精度高、重复性好、线性优良、体积小巧、热容量小、使用方便等优点，具有明显的实用优势。

所谓的集成温度传感器，就是在一块极小的半导体芯片上集成了包括敏感器件、信号放大电路、温度补偿电路、基准电源电路等在内的各个单元，它使传感器与集成电路融为一体，提高了传感器的性能，是实现传感器智能化、微型化、多功能化，提高检测灵敏度，实现大规模生产的重要保证。

集成温度传感器从其输出信号形式来分，可分成电压型和电流型两种。它们的温度系数大致为：电压型是 10mV/℃，在 25℃（298K）时输出电压值为 2.98V（如日本电气公司 UPC616A，国产 SL616ET 产品）。电流型是 1μA/℃，在 25℃（298K）时输出电流 298μA（如美国 AD 公司的 AD590，国产 SL590 产品）。因此很容易从它们输出信号的大小直接换算到热力学温度值，非常直观。

1. AD590 系列集成温度传感器

AD590 是电流型集成温度传感器，其输出电流与环境的热力学温度成正比，所以可以直接制成热力学温度仪。AD590 有 I、J、K、L、M 等型号系列，采用金属管壳封装，其外形及电路符号如图 5.17 所示，各引脚功能如表 5.7 所示。

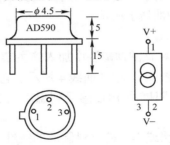

图 5.17　AD590 外形和电路符号

表 5.7　AD590 引脚功能

引脚编号	符　号	功　　能
1	V_+	电源正端
2	V_-	电流输出端
3	—	金属管外壳，一般不用

图 5.18（a）、（b）分别示出 $I-T$ 特性和 $I-V$ 特性。AD590 可用于制作低成本的温度检测装置，其优点是无须线性化电路、精密电压放大器、精密电阻和冷端补偿。由于高阻抗电流输出，因此长线上的电阻对器件工作影响不大，适于做远距离测量。高输出阻抗 710MΩ 又能极好地消除电源电压漂移和纹波的影响，当电源由 5V 变到 10V 时，最大只有 1μA 的电流变化，相当于 1℃ 的等价误差。输出特性也使得 AD590 易于多路化，可以使用 CMOS 多路转换器来开/关器件的输出电流或逻辑门的输出，作为器件的工作电源来切换。

在实际应用时，通常将 AD590 的电流输出转换成电压，利用如图 5.19 所示的方法通过 1kΩ 电阻，使输出灵敏度达 1mV/K。若用摄氏温度作为检温单位，并希望在摄氏零度时，温度传感器电路输出也为零，则可利用如图 5.20 所示的方法由运放和基准电源组成二点调整电路，调节方法是：在 0℃时调节 R_1，使 $U_o = 0V$；在 100℃时调节 R_2，使 $U_o = 10V$，则灵敏度可达 100mV/℃。在图 5.20 中，AD581 是一个 10V 基准电源。该电路的另一个作用是改善非线性误差，在精密测温时有较高的精度。

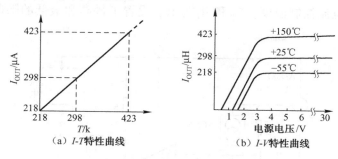

图 5.18　AD590 特性曲线

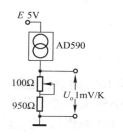

图 5.19　$U - I$ 转换电路

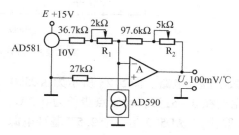

图 5.20　基准点可调整电路

2. 其他类型的国产集成温度传感器

（1）SL134M 集成温度传感器。SL134M 是一种电流型三端器件，其基本电路如图 5.21（a）所示，它是利用晶体管的电流密度差来工作的。使用时，需在 R 端与 V－端之间接一外接电阻，就可构成一个温度敏感的电流源，当该电阻取 224Ω 时，则有 $I = 1\mu A/℃$ 的输出特性。

（2）SL616ET 集成温度传感器。SL616ET 是一种电压输出型四端器件，由基准电压、温度传感器、运算放大器三部分电路组成，整个电路可在 7V 以上的电源电压范围内工作。电路中的温度传感器是利用工作在不同电流密度的晶体管 be 结压降的差作为基本的温度敏感元件，经过变换之后，输出 10mV/℃ 的电压信号，并经过高增益运算放大器，提供信号的放大和阻抗变换。其基本电路如图 5.21（b）所示。

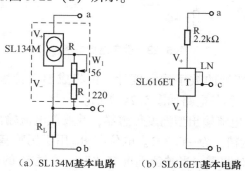

（a）SL134M 基本电路　　（b）SL616ET 基本电路

图 5.21　其他集成温度传感器的基本电路

3. 典型应用

（1）温度控制电路。如图 5.22 所示为用 AD590 做可变温度控制电路的原理图，此图如同一个闭环电路。热电件产生的温度经 AD590 检测后产生电流控制比较器 A，然后驱动复合晶体管改变电热丝电流控制温度，R_H 和 R_L 为 R_{SET} 设置了最高和最低的限制，控制点由 R_{SET} 调节。

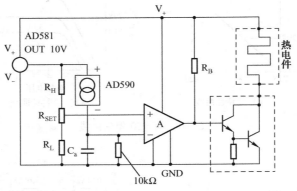

图 5.22   温度控制电路

（2）数字温控电路。图 5.23 所示为 AD590 与一个 8 位 D/A 的组合电路，它能够以数字方式控制温度在 0～51℃，设定点步长为 0.2℃，图中的 AD559 是一个 8 位 D/A 转换器（可用 5G7520 取代），AD580 是一个 2.5V 基准电源（可用 5G1403 取代）。为了防止外部噪声引起的跳变，比较器 A 输出有 0.1℃的滞后特性，由 5.1MΩ 和 6.8kΩ 的电阻确定。

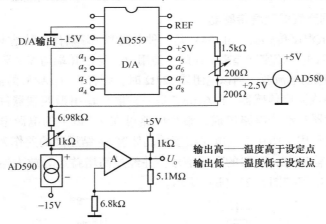

图 5.23   数字温控电路

（3）采用集成温度传感器的数字式温度计。由集成温度传感器 AD590 及 A/D 转换器 7106 等组成的数字式温度计，其电路如图 5.24 所示。

图 5.24 中的 AD590 是电流输出型温度传感器，其线性电流输出为 1μA/℃，该温度计在 0～100℃测温范围内的测量精度为 ±0.7℃。电位器 R_{P1} 用于调整基准电压，以达到满量程调节；电位器 R_{P2} 用于在 0℃时调零。当被测温度变化时，流过 R_1 的电流不同，使 A 点电位发生变化，检测此电位即能检测到被测温度的大小。

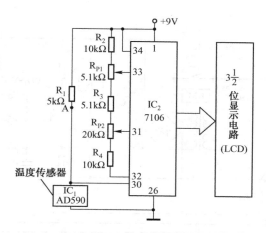

图 5.24　集成温度传感器的数字式温度计

（4）温度上下限报警电路。如图 5.25 所示，此电路中要用运放构成迟滞电压比较器，晶体管 VT_1 和 VT_2 根据运放输入状态而导通或截止，R_T、R_1、R_2、R_3 构成一个输入电桥，则

$$U_{ab} = E\left(\frac{R_1}{R_1 + R_T} - \frac{R_2}{R_3 + R_2}\right)$$

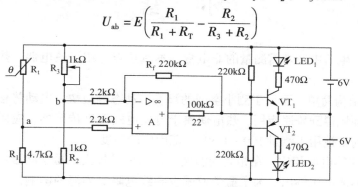

图 5.25　温度上下限报警电路

当 T 升高时，R_T 减小，此时 $U_{ab} > 0$，即 $U_a > U_b$，VT_1 导通，LED_1 发光报警。当 T 下降时，R_T 增加，此时 $U_{ab} < 0$，即 $U_a < U_b$，VT_2 导通，LED_2 发光报警。当 T 等于设定值时，$U_{ab} = 0$，即 $U_a = U_b$，VT_1 和 VT_2 都截止，LED_1 和 LED_2 都不发光。

（5）电动机保护器。电动机往往由于超负荷、缺相及机械传动部分发生故障等原因造成绕组发热，当温度升高到超过电机允许的最高温度时，将会使电机烧坏。利用 PTC 热敏电阻具有正温度系数这一特性可实现电机的过热保护。如图 5.26 所示为电动机保护器电路。图中 RT_1、RT_2、RT_3 为 3 只特性相同的 PTC 开关型热敏电阻，为了保护的可靠性，热敏电阻应埋设在电机绕组的端部。3 只热敏电阻分别与 R_1、R_2、R_3 组成分压器，并通过 VD_1、VD_2、VD_3 与单结半导体 VT_1 相连接。当某一绕组过热时，绕组端部的热敏电阻的阻值将会急剧增大，使分压点的电压达到单结半导体的峰值电压时 VT_1 导通，产生的脉冲电压触发晶闸管 VS_2 使之导通，继电器 K 工作，常闭触点 K_1 断开，切断接触器 KM 的供电电源，从而使电动机断电，电动机得到保护。

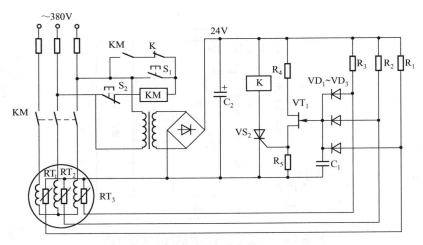

图 5.26　电动机保护器电路

小　　结

温度是生产、生活中经常需测量的非电量，本章重点介绍了热电偶、热电阻、热敏电阻和集成温度传感器。

（1）热电偶结构简单，可用于测小空间的温度，动态响应快，电动势信号便于传送，在工业生产自动化领域得到普遍应用。热电偶属于自发电式温度传感器，应用时注意自由端温度补偿问题。目前常被用于测量 100 ~ 1 500℃ 范围内的温度。

（2）热电阻与热电偶相比，在相同的温度下输出信号较大，易于测量；热电阻的变化一般要经过电桥转换成电压输出。为了避免或减少导线电阻对测温的影响，工业热电阻一般采用三线制接法，其测量温度范围是 −200 ~ +650℃。

（3）热敏电阻是半导体测温元件，具有灵敏度高、体积小、反应快的优点，广泛应用于温度测量、电路的温度补偿及温度控制。有时也与专用电路配合以提高灵敏度或改善线性。最常用的是电桥线路。目前，半导体热敏电阻存在的缺陷主要是互换性和稳定性不够理想，其次是非线性严重，不能在高温下使用，因而限制了其应用领域。其工作温度范围是 −50 ~ +300℃。

（4）集成温度传感器是将感温器件（如温敏晶体管）及其外围电路集成在同一基片上制成的。其最大优点在于小型化、使用方便和成本低廉，广泛应用于温度监测、控制和补偿。集成温度传感器按输出量可分为电路型和电压型两大类，其典型工作温度范围是 −50 ~ +150℃。电流输出型的输出阻抗极高，可以简单地使用双股绞线进行数百米的精密温度遥感或遥测（不必考虑长馈线上引起的信号损失和噪声），也可用于多点温度测量系统中不必考虑选择开关或多路转换器引入的接触电阻而造成的误差。电压输出型是直接输出电压。

思考与练习

1. 已知铂铑$_{10}$–铂（S）热电偶的冷端温度 $t_0 = 25℃$，现测得热电动势 $E(t, t_0) =$

11.712mV，求热端温度 t 是多少摄氏度？

2. 已知镍铬－镍硅（K）热电偶的热端温度 $t = 800℃$，冷端温度 $t_0 = 25℃$，求 $E(t, t_0)$ 是多少毫伏？

3. 现用一支铜－康铜（T）热电偶测温。其冷端温度为30℃，动圈显示仪表（机械零位在0℃）指示值为300℃，则认为热端实际温度为330℃，是否正确？为什么？正确值应是多少？

4. 在如图5.27所示的测温回路中，热电偶的分度号为K，表计的示值应为多少度？

5. 用镍铬－镍硅（K）热电偶测量某炉子温度的测量系统如图5.28所示，已知：冷端温度固定在0℃，$t_0 = 30℃$，仪表指示温度为210℃，后来发现由于工作上的疏忽把补偿导线 A′ 和 B′ 相互接错了，问：炉子的实际温度 t 为多少度？

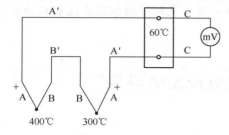

图5.27 题4图

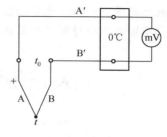

图5.28 题5图

6. 什么是金属导体的热电效应？试说明热电偶的测量原理。

7. 试分析金属导体产生接触电动势的原因。

8. 补偿导线的作用是什么？使用补偿导线的原则是什么？

9. 简述热电偶的几个重要定律，并分别说明它们的实用价值。

10. 用镍铬－镍硅（K）热电偶测温度，已知冷端温度为40℃，用高精度毫伏表测得这时的热电动势为29.188mV，求被测点温度。

11. 图5.29所示镍铬－镍硅热电偶，A′、B′ 为补偿导线，Cu 为铜导线，已知接线盒1的温度 $t_1 = 40.0℃$，冰瓶温度 $t_2 = 0.0℃$，接线盒2的温度 $t_3 = 20.0℃$。

（1）当 $U_3 = 39.310mV$ 时，计算被测点温度 t。

（2）如果 A′、B′ 换成铜导线，此时 $U_3 = 37.699mV$，再求 t。

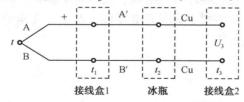

图5.29 采用补偿导线的镍铬－镍硅热电偶测温示例

12. 试述热电偶冷端温度补偿的几种主要方法和补偿原理。

13. 试比较热电阻和半导体热敏电阻的异同。

14. 电阻式温度传感器有哪几种？各有何特点及用途？

15. 铜热电阻的阻值 R_t 与温度 t 的关系可用式 $R_t \approx R_0(1 + \alpha t)$ 表示。已知0℃时铜热电阻的 R_0 为50Ω，温度系数 α 为 $4.28 \times 10^{-3}/℃$，求温度为100℃时的电阻值。

16. 用热电阻测温为什么常采用三线制连接？应怎样连接才能确保实现了三线制连接？若在导线敷设至控制室后再分三线接入仪表，是否实现了三线制连接？

第6章 光电式传感器

光电式传感器是将光通量转换为电量的一种传感器，它的基础是光电转换元件的光电效应。光电测量方法一般具有结构简单、非接触、高精度、高分辨率、高可靠性和响应快等优点；另外，激光光源、光栅、光学码盘、CCD 器件、光纤等的相继出现和成功应用，使得光电传感器在自动检测领域得到了广泛的应用。

6.1 光电效应及光电器件

6.1.1 光电效应

光电器件的理论基础是光电效应。光可以认为是由具有一定能量的粒子（称为光子）所组成，而每个光子所具有的能量 E 与其频率大小成正比。光照射在物体表面上就可看成是物体受到一连串能量为 E 的光子轰击，而光电效应就是由于该物体吸收到光子能量为 E 的光后产生的电效应。通常把光线照射到物体表面后产生的光电效应分为三类。

（1）外光电效应。在光线作用下能使电子逸出物体表面的称为外光电效应。基于该效应的光电器件有光电管、光电倍增管等。

（2）内光电效应。在光线作用下能使物体电阻率改变的称为内光电效应，又称光电导效应。基于该效应的光电器件有光敏电阻等。

（3）半导体光生伏特效应。在光线作用下能使物体产生一定方向电动势的称为半导体光生伏特效应。基于该效应的光电器件有光电池、光敏晶体管等。

基于外光电效应的光电器件属于真空光电器件，基于内光电效应和半导体光生伏特效应的光电器件属于半导体光电器件。

6.1.2 光电管

光电管的结构如图 6.1 所示。它由一个阴极和一个阳极构成，并密封在一支真空玻璃管内。阳极通常用金属丝弯曲成矩形或圆形，置于玻璃管的中央；阴极装在玻璃管内壁上，其上涂有光电发射材料。光电管的特性主要取决于光电管阴极材料。常用的光电管的阴极材料有银氧铯、锑铯、铋银氧铯，以及多碱光电阴极等。光电管有真空光电管和充气光电管两种。

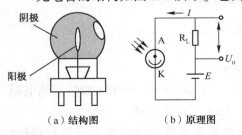

（a）结构图　（b）原理图

图6.1　光电管的结构

当光照射在阴极上时，阴极发射出光电子，被具有一定电位的中央阳极所吸引，在光电管内形成空间电子流。在外电场作用下将形成电流 I，如图6.1所示，电阻 R_L 上的电压降正比于空间电流，其值与照射在光电管阴极上的光呈函数关系。

在光电管内充入少量的惰性气体（如氩、氖等），构成充气光电管。当充气光电管的阴极被光照射后，光电子在飞向阳极的途中，与惰性气体的原子发生碰撞而使气体电离，因此增大了光电流，从而使光电管的灵敏度增加。

光电管具有如下基本特性：

（1）伏安特性。在一定的光照下，对光电管阴极所加的电压与阳极所产生的电流之间的关系称为光电管的伏安特性。真空光电管和充气光电管的伏安特性分别如图6.2（a）、（b）所示，它们是光电传感器的主要参数依据，充气光电管的灵敏度更高。

（2）光照特性。当光电管的阴极与阳极之间所加电压一定时，光通量与光电流之间的关系称为光照特性，如图6.3所示。其中，曲线1是氧铯阴极光电管的光照特性，光电流 I 与光通量呈线性关系；曲线2是锑铯阴极光电管的光照特性，呈非线性关系。光照特性曲线的斜率（光电流与入射光光通量之比）称为光电管的灵敏度。

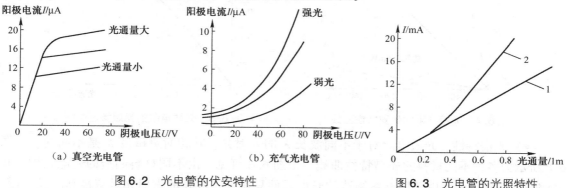

图6.2　光电管的伏安特性　　　　图6.3　光电管的光照特性

（3）光谱特性。光电管的光谱特性通常指阳极与阴极之间所加电压不变时，入射光的波长 λ （或频率 v ）与其相对灵敏度之间的关系。它主要取决于阴极材料。阴极材料不同的光电管适用于不同的光谱范围。另一方面，同一光电管对于不同频率（即使光强度相同）的入射光，其灵敏度也不同。

6.1.3　光敏电阻

光敏电阻是由具有内光电效应的光导材料制成的，为纯电阻器件。光敏电阻具有很高的灵敏度，光谱响应的范围宽（从紫外区域到红外区域），体积小，重量轻，性能稳定，机械强度高，耐冲击和振动，寿命长，价格低，被广泛地应用于自动检测系统中。

光敏电阻的种类很多，一般由金属的硫化物、硒化物、碲化物等组成，如硫化镉、硫化铅、硫化铊、硒化镉、硒化铅、碲化铅等。由于所用材料和工艺不同，因此它们的光电性能也相差很大。

1. 光敏电阻的基本特性

（1）光电流。光敏电阻在不受光照射时的阻值称为暗电阻（暗阻），此时流过光敏电阻的电流称为暗电流；光敏电阻在受光照射时的阻值称为亮电阻（亮阻），此时流过光敏电阻的电流称为亮电流；亮电流与暗电流之差称为光电流。暗阻越大越好，亮阻越小越好，也就是光电流要尽可能大，这样光敏电阻的灵敏度就越高。一般光敏电阻的暗阻值通常超过1MΩ，甚至高达100MΩ，而亮阻则在几千欧以下。

（2）伏安特性。在一定的照度下，加在光敏电阻两端的电压与光电流之间的关系曲线，称为光敏电阻的伏安特性曲线，如图6.4所示。从图6.4中可以看出，在外加电压一定时，光电流的大小随光照的增强而增加；外加电压越高，光电流也越大，而且没有饱和现象。光敏电阻在使用时受耗散功率的限制，其两端的电压不能超过最高工作电压，图6.4中虚线为允许功耗曲线，由它可以确定光敏电阻的正常工作电压。

（3）光照特性。在一定外加电压下，光敏电阻的光电流与光通量的关系曲线，称为光敏电阻的光照特性曲线，如图6.5所示。不同的光敏电阻的光照特性是不同的，但多数情况下曲线的形状类似于如图6.5所示的曲线。光敏电阻的光照特性曲线是非线性的，所以光敏电阻不宜做定量检测元件，而常在自动控制中用做光电开关。

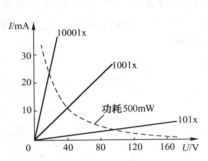

图6.4　光敏电阻的伏安特性曲线

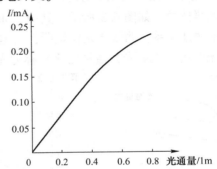

图6.5　光敏电阻的光照特性曲线

（4）光谱特性。光敏电阻对于不同波长 λ 的入射光，其相对灵敏度 K_r 是不同的。如图6.6所示为各种不同材料的光谱特性曲线。由图6.6可见，由不同材料制造的光电元件，其光谱特性差别很大，由某种材料制造的光电元件只对某一波长的入射光具有最高的灵敏度。因此，在选用光敏电阻时，应该把元件和光源结合起来考虑，才能获得满意的结果。

（5）频率特性。当光敏电阻受到光照射时，光电流要经过一段时间才能达到稳态值，而在停止光照后，光电流也不立刻为零，这是光敏电阻的时延特性。不同材料的光敏电阻的时延特性不同，因此它们的频率特性也不同。如图6.7所示为两种不同材料的光敏电阻的频率特性，即相对灵敏度 K_r 与光强度变化频率 f 之间的关系曲线。由于光敏电阻的时延比较大，因此它不能用在要求快速响应的场合。

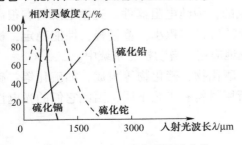

图6.6　光敏电阻的光谱特性曲线

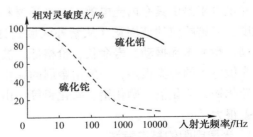

图6.7　光敏电阻的频率特性曲线

（6）光谱温度特性。光敏电阻受温度影响较大，随着温度的升高，暗阻和灵敏度都下降。同时温度变化也影响它的光谱特性曲线。如图6.8所示为硫化铅的光谱温度特性，即在不同温度下的相对灵敏度 K_r 与入射光波长 λ 之间的关系曲线。

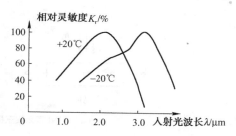

图 6.8　光敏电阻的光谱温度特性

2. 光敏电阻质量的测试

将万用表置于 $R \times 1\text{k}\Omega$ 挡，把光敏电阻放在距离 25W 白炽灯 50cm 远处（其照度约为 100lx），可测得光敏电阻的亮阻；再在完全黑暗的条件下直接测量其暗阻值。如果亮阻值为几千到几十千欧姆，暗阻值为几兆到几十兆欧姆，则说明光敏电阻质量良好。

6.1.4　光敏晶体管

1. 光敏二极管

（1）工作原理。光敏二极管是基于半导体光生伏特效应的原理制成的光敏元件，如图 6.9 所示。光敏二极管的结构与一般二极管类似，它的 PN 结装在管的顶部，可以直接受到光照射，光敏二极管在电路中一般处于反向工作状态。光敏二极管在没有光照射时反向电阻很大，反向电流很小，此电流为暗电流；当有光照射光敏二极管时，光子打在 PN 结附近，使 PN 结附近产生光生电子–空穴对，它们在 PN 结处的内电场作用下定向运动形成光电流，即为短路电流。短路电流与光照度成比例，光的照度越大，光电流越强。所以，在不受光照射时，光敏二极管处于截止状态；受光照射时，光敏二极管处于导通状态。

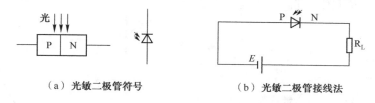

（a）光敏二极管符号　　　　　（b）光敏二极管接线法

图 6.9　光敏二极管

（2）光敏二极管的检测方法。当有光照射在光敏二极管上时，光敏二极管与普通二极管一样，有较小的正向电阻和较大的反向电阻；当无光照射时，光敏二极管正向电阻和反向电阻都很大。用欧姆表检测时，先让光照射在光敏二极管管芯上，测出其正向电阻，其阻值与光照强度有关，光照越强，正向阻值越小；然后用一块遮光黑布挡住照射在光敏二极管上的光线，测量其阻值，这时正向电阻应立即变得很大。有光照和无光照下所测得的两个正向电阻值相差越大越好。

2. 光敏三极管

（1）工作原理。光敏三极管也是基于半导体光生伏特效应的原理制成的光敏元件，如图 6.10 所示。光敏三极管结构与一般三极管不同，通常只有两根电极引线。光敏三极管分为 PNP 型和 NPN 型两种。当光照射在 PN 结附近时，使 PN 结产生光生电子–空穴对，它们在 PN 结处内电场作用下做定向运动，形成光电流，因此 PN 结的反向电流大大增加，由于光照射发射结产生的光电流相当于三极管的基极电流，因此集电极电流是光电流的 β 倍。光敏三极管比光敏二极管具有更高的灵敏度。

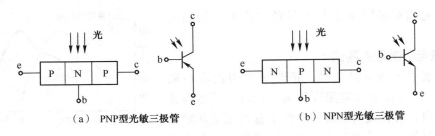

图 6.10 光敏三极管

（2）基本特性。

① 光谱特性。光敏三极管对于不同波长 λ 的入射光，其相对灵敏度 K_r 是不同的。如图 6.11 所示为两种光敏三极管的光谱特性曲线。由于锗管的暗电流比硅管大，故一般锗管的性能比较差。所以在探测可见光或赤热状态物体时，都采用硅管；但当探测红外光时，锗管比较合适。

② 伏安特性。光敏三极管在不同照度 E_e 下的伏安特性，与一般三极管在不同的基极电流时的输出特性一样，只要将入射光在发射极与基极之间的 PN 结附近所产生的光电流看做基极电流，就可将光敏三极管看做是一般的三极管。

③ 光照特性。光敏三极管的输出电流 I_c 与照度 E_e 之间的关系可近似看做线性关系，如图 6.12 所示。当光照足够大时（几千勒克斯），会出现饱和现象。因此，光敏三极管既可做线性转换元件，也可做开关元件。

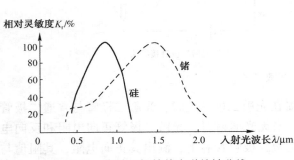

图 6.11 光敏三极管的光谱特性曲线

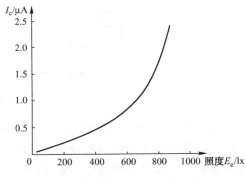

图 6.12 光敏三极管的光照特性曲线

④ 温度特性。温度特性表示温度与暗电流及输出电流之间的关系。如图 6.13 所示为锗管的温度特性曲线。由图可见，温度变化对输出电流的影响较小，主要由光照度所决定；而暗电流随温度变化很大，所以在应用时应在线路上采取措施进行温度补偿。

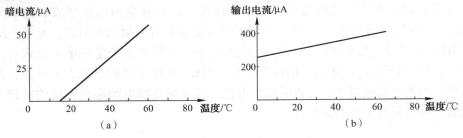

图 6.13 光敏三极管的温度特性曲线

⑤ 时间常数。光敏三极管的传递函数可以看做一个非周期环节。一般锗管的时间常数约为 2×10^{-4}s，而硅管的时间常数在 10^{-5}s 左右。当检测系统要求响应速度快时，通常选择硅管。

（3）光敏三极管的检测方法。用一块黑布遮住照射在光敏三极管的光，选用万用表的 $R \times k\Omega$ 挡，测量其两引脚引线间的正、反向电阻，若均为无限大时则为光敏三极管；拿走黑布，则万用表指针向右偏转到 $15 \sim 30k\Omega$ 处，偏转角越大，说明其灵敏度越高。

6.1.5 光电池

光电池也是基于半导体光生伏特效应的原理制成的，是自发式有源器件。它有较大面积的 PN 结，当光照射在 PN 结上时，在 PN 结的两端出现光生电动势。光电池的种类很多，其中应用最多的是硅光电池、硒光电池、砷化钾光电池和锗光电池等。

光电池的基本特性有以下几种。

1. 光谱特性

光电池的相对灵敏度 K_r 与入射光波长 λ 之间的关系称为光谱特性。如图 6.14 所示为硒光电池和硅光电池的光谱特性曲线。由图可知，不同材料光电池的光谱峰值位置是不同的，硅光电池的在 $0.45 \sim 1.1 \mu m$ 范围内，而硒光电池的在 $0.34 \sim 0.57 \mu m$ 范围内。在实际使用时，可根据光源性质选择光电池。但要注意，光电池的峰值不仅与制造光电池的材料有关，而且也与使用温度有关。

2. 光照特性

光生电动势 U 与光照度 E_e 之间的特性曲线称为开路电压曲线；光电流密度 J_e 与光照度 E_e 之间的特性曲线称为短路电流曲线。如图 6.15 所示为硅光电池的光照特性曲线。由图可知，短路电流在很大范围内与光照度成线性关系，这是光电池的主要优点之一；开路电压与光照度之间的关系是非线性的，并且在光照度为 2 000lx 的照射下就趋于饱和了。因此把光电池作为敏感元件时，应该把它当作电流源使用，也就是利用短路电流与光照度呈线性关系的特点。由实验可知，负载电阻越小，光电流与光照度之间的线性关系越好，线性范围越宽，对于不同的负载电阻，可以在不同的光照度范围内使光电流与光照度保持线性关系。所以应用光电池作为敏感器件时，所用负载电阻的大小应根据光照的具体情况而定。

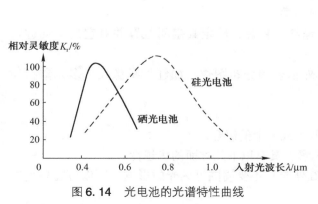

图 6.14 光电池的光谱特性曲线

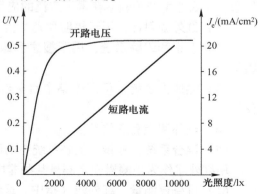

图 6.15 硅光电池的光照特性曲线

3. 频率特性

光电池的频率特性是光的调制频率 f 与光电池的相对输出电流 I_r（相对输出电流 = 高频

输出电流/低频最大输出电流）之间的关系曲线。如图 6.16 所示，硅光电池具有较高的频率响应，而硒光电池则较差。因此在高速计数器、有声电影等方面多采用硅光电池。

4. 温度特性

光电池的温度特性是描述光电池的开路电压 U、短路电流 I 随温度 t 变化的曲线，如图 6.17 所示。由于它关系到应用光电池设备的温度漂移，影响到测量精度或控制精度等主要指标，因此它是光电池的重要特性之一。由图 6.17 可以看出，开路电压随温度增加而下降得较快，而短路电流随温度上升而增加得却很缓慢。因此，用光电池作为敏感器件时，在自动检测系统设计时就应考虑到温度的漂移，并采取相应的补偿措施。

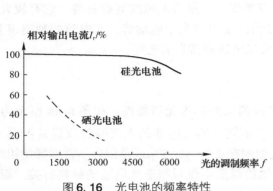

图 6.16 光电池的频率特性

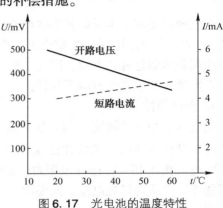

图 6.17 光电池的温度特性

6.2 红外传感器

凡是存在于自然界的物体，如人体、火焰、冰等都会放射出红外线，只是它们发射的红外线的波长不同而已。人体的温度为 $36 \sim 37℃$，所放射的红外线波长为 $10\mu m$（属于远红外线区），加热到 $400 \sim 700℃$ 的物体，其放射出的红外线波长为 $3 \sim 5\mu m$（属于中红外线区）。红外线传感器可以检测到这些物体发射的红外线，用于测量、成像或控制。

红外技术是在最近几十年中发展起来的一门新兴技术。它已在科技、国防、医学、建筑、气象、工农业生产等领域获得了广泛的应用。红外传感器按其应用可分为以下几个方面。

（1）红外辐射计，用于辐射和光谱辐射测量。

（2）搜索和跟踪系统，用于搜索和跟踪红外目标，确定其空间位置并对它的运动进行跟踪。

（3）热成像系统，可产生整个目标红外辐射的分布图像，如红外图像仪、多光谱扫描仪等。

（4）红外测距和通信系统。

（5）混合系统，是指以上各系统中的两个或多个的组合。

用红外线作为检测媒介来测量某些非电量，具有以下几方面的优越性。

（1）可昼夜测量。红外线（指中、远红外线）不受周围可见光的影响，所以可在昼夜进行测量。

（2）不必设光源。由于待测对象发射出红外线，因此不必设置光源。

（3）适用于遥感技术。大气对某些波长的红外线吸收非常少，所以适用于遥感技术。

6.2.1 红外辐射

红外辐射俗称红外线，是一种不可见光。由于它是位于可见光中红色光线以外的光线，所以被称为红外线。它的波长范围大致为 $0.76 \sim 1\,000\,\mu m$，红外线在电磁波谱中的位置如图6.18所示。工程上又把红外线所占据的波段分为4部分，即近红外、中红外、远红外和极远红外。

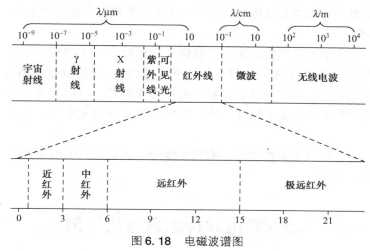

图6.18 电磁波谱图

红外辐射的物理本质是热辐射。一个炽热物体向外辐射的能量大部分是通过红外线辐射出来的。物体的温度越高，辐射出来的红外线越多，辐射的能量就越强。而且红外线被物体吸收时，可以显著地转变为热能。

红外辐射与所有电磁波一样，是以波的形式在空间以直线传播的。它在大气中传播时，大气层对不同波长的红外线存在不同的吸收带，红外线气体分析器就是利用该特性工作的。空气中对称的双原子气体（如 N_2、O_2、H_2 等）不吸收红外线。而红外线在通过大气层时，有3个波段透过率较高，它们是 $2 \sim 2.6\,\mu m$、$3 \sim 5\,\mu m$ 和 $8 \sim 14\,\mu m$，统称它们为"大气窗口"。这3个波段对红外探测技术特别重要，因为红外探测器一般都工作在这3个波段之内。

6.2.2 红外探测器

红外传感器一般由光学系统、探测器、信号调理电路及显示系统等组成。红外探测器是红外传感器的核心。红外探测器种类很多，常见的有两大类：热探测器和光子探测器。

1. 热探测器

热探测器是利用红外辐射的热效应，探测器的敏感元件吸收辐射后引起温度升高，进而使有关物理参数发生相应变化，通过测量物理参数的变化，便可确定探测器所吸收的红外辐射。

与光子探测器相比，热探测器的探测率比光子探测器的峰值探测率低，响应时间长。但热探测器的主要优点是响应波段宽，响应范围可扩展到整个红外区域，可以在室温下工作，使用方便，故其应用相当广泛。

热探测器主要类型有热释电型、热敏电阻型、热电偶型和气体型。而热释电型探测器在热探测器中探测率最高，频率响应最宽，所以这种探测器备受重视，发展很快。下面主要介绍热释电型探测器。

热释电型探测器由具有极化现象的热晶体或称为"铁电体"的材料制作而成。"铁电体"的极化强度（单位面积上的电荷）与温度有关。当红外辐射照射到已经极化的铁电体薄片表面上时，引起薄片温度升高，使极化强度降低，表面电荷减少，这相当于释放一部分电荷，所以称为热释电型传感器。如果将负载电阻与"铁电体"薄片相连，则负载电阻上便产生一个电信号输出，而输出信号的强弱取决于薄片温度变化的快慢，从而反映出入射的红外辐射的强弱，热释电型红外传感器的电压响应率正比于入射光辐射率变化的速率。

2. 光子探测器

光子探测器利用入射红外辐射的光子流与探测器材料中电子的相互作用，改变电子的能量状态，引起各种电学现象（这一过程也称为光子效应）。通过测量材料电子性质的变化，可以知道红外辐射的强弱。利用光子效应制成的红外探测器，统称为光子探测器。光子探测器有内光电探测器和外光电探测器两种。外光电探测器又分为光电导、光生伏特和光磁电探测器等3种。

光子探测器的主要特点是灵敏度高，响应速度快，具有较高的响应频率，但探测波段较窄，一般需在低温下工作。

6.3 光电式传感器应用举例

6.3.1 光敏电阻传感器的应用

图6.19所示为带材跑偏检测装置的工作原理和测量电路图。无论是钢带薄板，还是塑料薄膜、纸张、胶片等，在加工过程中极易偏离正确位置而产生所谓"跑偏"现象。带材加工过程中的跑偏不仅影响其尺寸精度，而且会引起卷边、毛刺等质量问题。带材跑偏检测装置就是检测带材在加工过程中偏离正确位置的程度及方向，从而为纠偏控制机构电路提供一个纠偏信号。

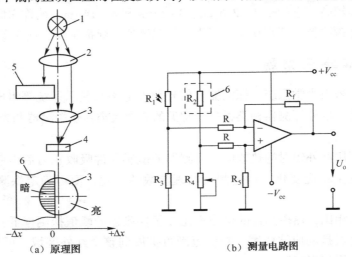

（a）原理图　　　　　　　（b）测量电路图

1—光源；2、3—透镜；4—光敏电阻 R_1；5—被测带材；6—遮光罩

图6.19　带材跑偏检测装置

光源 1 发出的光经过透镜 2 会聚成平行光速后，再经透镜 3 会聚入射到光敏电阻 4（R_1）上。透镜 2、3 分别安置在带材合适位置的上、下方，在平行光速到达透镜 3 的途中，将有部分光线受到被测带材的遮挡，从而使光敏电阻受照的光通量减小。R_1、R_2 是同型号的光敏电阻，R_1 作为测量元件安置在带材下方，R_2 作为温度补偿元件用遮光罩覆盖。$R_1 \sim R_4$ 组成一个电桥电路，当带材处于正确位置（中间位置）时，通过预调电桥平衡，使放大器输出电压 U_o 为 0。如果带材在移动过程中左偏时，则遮光面积减小，光敏电阻的光照面积增加，阻值变小，电桥失衡，放大器输出负压 U_o；若带材右偏，则遮光面积增大，光敏电阻的光照减弱，阻值变大，电桥失衡，放大器输出正压 U_o。输出电压 U_o 的正负及大小，反映了带材走偏的方向及大小。输出电压 U_o 一方面由显示器显示出来，另一方面被送到纠偏控制系统，作为驱动执行机构产生纠偏动作的控制信号。

6.3.2 光敏晶体管的应用

1. 光电耦合器

光电耦合器是将一个发光器件和一个光敏元件同时封装在一个壳体内组合而成的转换元件。当有电流流过发光二极管时便产生一个光源，此光照射到封装在一起的光敏元件后产生一个与发光二极管正向电流成比例的集电极电流。

最常见的情况是由一个发光二极管和一个光敏三极管组成光电耦合器，如图 6.20（a）所示，常用的光电耦合器还有如图 6.20（b）、（c）、（d）所示的形式。图 6.20（a）所示的组合形式结构简单，成本较低，且输出电流较大，可达 100mA，响应时间为 3～4μs；图 6.20（b）所示的组合形式结构简单，成本较低，响应时间短（约为 1μs），但输出电流小，为 50～300μA；图 6.20（c）所示的组合形式传输效率高，但只适用于较低频率的装置中；图 6.20（d）所示的组合形式是一种高速、高传输效率的新型器件。无论何种形式，为保证其有较好的灵敏度，都考虑了发光与接收波长的匹配。

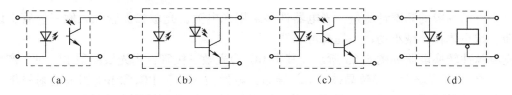

图 6.20　光电耦合器组成形式

光电耦合器实际上是一个电量隔离转换器，它具有抗干扰性能和单向信号传输功能，广泛应用在电路隔离、电平转换、噪声抑制、无触点开关及固态继电器等场合。

2. 脉冲编码器

图 6.21 所示为脉冲编码器的工作原理图。其中，图 6.21（a）是其电路原理图，图 6.21（b）是其光栅转盘的结构图。

U_i 为 24V 电源电压，U_o 为输出电压，N 为光栅转盘上总的光栅辐条数，R_1 和 R_2 为限流电阻器，而 A 和 B 则分别是光敏二极管的发射端和光敏三极管的接收端。当转轴受外部因素

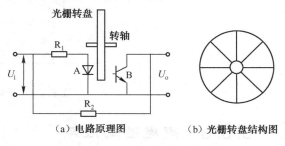

（a）电路原理图　（b）光栅转盘结构图

图 6.21　脉冲编码器工作原理图

的影响而以某一转速 n 转动时，光栅转盘也随着以同样的速度转动。所以，在转轴转动一圈的时间内，接收端将接收到 N 个光信号，从而在其输出端输出 N 个电脉冲信号。由此可知，脉冲编码器输出的电信号 U_o 的频率 f 是由转轴的转速 n 确定的。于是有 $f=nN$ 成立，决定了脉冲编码器输出信号的频率 f 与转轴的转速之间的关系。

3. 光电转速传感器

图 6.22 所示为光电数字转速表的工作原理图。图 6.22（a）所示为透光式，在待测转速轴上固定一带孔的调制盘，在调制盘一边由白炽灯产生恒定光，透过盘上小孔到达光敏二极管或光敏三极管组成的光电转换器上，并转换成相应的电脉冲信号，该脉冲信号经过放大整形电路输出整齐的脉冲信号，转速通过该脉冲频率测定。图 6.22（b）所示为反射式，在待测转速的盘上固定一个涂有黑白相间条纹的圆盘，它们具有不同的反射信号，并可转换成电脉冲信号。

转速 n 与脉冲频率 f 的关系式为

$$n = 60f/N$$

式中，N 为孔数或黑白条纹数目。

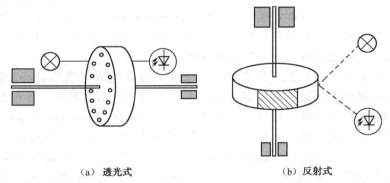

（a）透光式   （b）反射式

图 6.22   光电数字转速表的工作原理图

频率可用一般的频率计测量。光电器件多采用光电池、光敏二极管和光敏三极管，以提高寿命，减小体积，减小功耗，提高可靠性。

光电脉冲转换电路如图 6.23 所示。其中 BG_1 为光敏三极管，当光线照射 BG_1 时，产生光电流，使 R_1 上压降增大，导致晶体管 BG_2 导通，触发由晶体管 BG_3 和 BG_4 组成的射极耦合触发器，使 U_o 为高电位；反之，U_o 为低电位。脉冲信号 U_o 可送到计数电路计数。

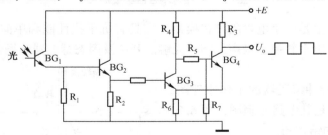

图 6.23   光电脉冲转换电路

6.3.3 光电池的应用

光电池主要有两大类型的应用：一是将其作为光生伏特器件使用，直接将太阳能转换为电能，即太阳能电池，这是人类探索新能源的重要研究课题；另一类是将光电池作为光电转换器应用，需要它具有灵敏度高，响应时间短等特性，而不像太阳能电池那样需要高的光电转换率，它主要应用于光电检测和自动控制系统。

1. 太阳能电池电源

太阳能电池电源系统主要由太阳能电池方阵、蓄电池组、调节控制器和阻塞二极管组成。若要向交流负载供电，则加一个直流－交流变换器（逆变器），如图6.24所示。

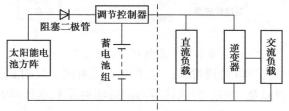

图 6.24　太阳能电池电源系统方框图

太阳能电池方阵是将太阳辐射直接转换成电能的发电装置。选用若干性能相近的单体太阳能电池，经串、并联后可形成可单独做电源使用的太阳能电池组件，然后由多个这样的组件经串、并联构成一个阵列。有阳光照射时，太阳能电池方阵发电并对负载供电，同时也对蓄电池组供电，存储能量，供无太阳光照射时使用。在系统中，调节控制器实现充、放电自动控制，当充电电压达到蓄电池上限电压时，自动切断充电电路，停止对蓄电池充电；而当蓄电池电压低于下限电压时，自动切断输出电路。这样，调节控制器可保证蓄电池电压保持在一定范围内，以防止因充电电压过高或过低而导致器件受到损伤。阻塞二极管是在太阳能电池方阵不发电或出现短路故障时，起到避免蓄电池通过太阳能电池放电的作用。

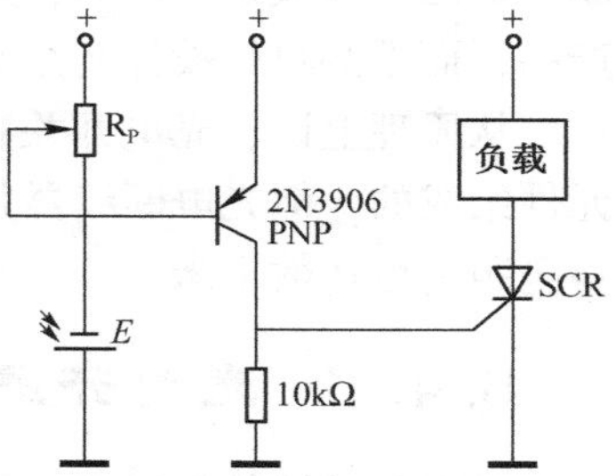

2. 光电报警电路

当太阳光照射光电池时，在如图6.25所示的电路中，SCR有了门极触发电压，此时SCR导通，负载接通。电位器 R_p 调节光电平使报警器发出声响。

图 6.25　光电报警电路

6.3.4　红外测温仪

红外测温仪是利用热辐射体在红外波段的辐射通量来测量温度的。当物体的温度低于1 000℃时，它向外辐射的不再是可见光而是红外光了，故可用红外探测器检测温度。若采用分离出所需波段的滤光片，则可使红外测温仪工作在任意红外波段。

图6.26所示为目前常见的红外测温仪方框图。它是一个光机电一体化的红外测温系统，图中的光学系统是一个固定焦距的投射系统，滤光片一般采用只允许 $8 \sim 14 \mu m$ 的红外辐射能通过的材料。步进电机带动调制盘转动，将被测的红外辐射调制成交变的红外辐射。红外探测器一般为（钽酸锂）热释电探测器，透镜的焦点落在其光敏面上。被测目标的红外辐射通过透镜聚焦在红外探测器上，红外探测器将红外辐射转换为电信号输出。

红外测温仪电路比较复杂，包括前置放大、选频放大、温度补偿、线性化、发射率（ε）调节等。目前已有带单片机的智能红外测温仪面市，利用单片机与软件的功能，大大简化了硬件电路，提高了仪表的稳定性、可靠性和准确性。

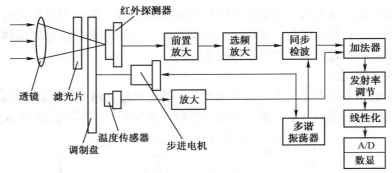

图 6.26 红外测温仪方框图

红外测温仪的光学系统可以是透射式，也可以是反射式。反射式光学系统多采用凹面玻璃反射镜，并在镜的表面镀金、铝、镍或铬等对红外辐射反射率极高的金属材料。

6.4 光电开关和光电断续器

光电开关和光电断续器是光电式传感器中用于数字量检测的常用器件，它们可用于检测物体的靠近、通过等状态。近年来，随着生产自动化、机电一体化的发展，光电开关及光电断续器已发展成系列产品，其品种及产量日益增加。用户可根据生产需要，选用适当规格的产品，而不必自行设计光路及电路。

从原理上讲，光电开关和光电断续器没有太大的差别，都是由红外发射元件与光敏接收元件组成的，但光电断续器是整体结构，其检测距离只有几毫米至几十毫米，而光电开关的检测距离可达数十米。

6.4.1 光电开关

光电开关器件是以光电元件、三极管为核心，配以继电器组成的一种电子开关。当开关中的光敏元件受到一定强度的光照射时就会产生开关动作。图 6.27 所示为基本光电开关电路。图 6.27（a）中的光电元件 VD 与图 6.27（b）中的 VT_1 在无光照时处于截止状态，图 6.27（a）中的 VT 与图 6.27（b）中的 VT_2 也处于截止状态，继电器 K 不得电，开关不动作；有光照时，图 6.27（a）中的光电元件 VD、VT 和图 6.27（b）中的 VT_1、VT_2 导通，继电器得电后动作，实现光电开关控制。图 6.27（c）中，VT_1 在无光照时截止，直流电源经过电阻 R_1、R_2 给 VT_2 提供一个合适的基极电流使它导通，继电器动作；一旦有光照时，VT_1 导通，VT_2 截止，继电器断电，实现了光电开光控制。

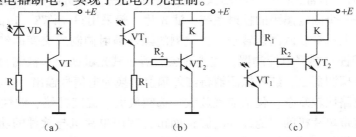

图 6.27 基本光电开关电路

光电开关可分为两类：遮断型和反射型，如图6.28所示。图6.28（a）中，发射器与接收器相对安放，轴线严格对准。当有物体从两者中间通过时，红外光束被遮断，接收器接收不到红外线而产生一个电脉冲信号。反射型分为两种情况：反射镜反射型和被测物体反射型（简称散射型），如图6.28（b）、（c）所示。反射镜反射型传感器单侧安装，需要调整反射镜的角度以取得最佳的反射效果，它的检测距离不如遮断型。散射型安装最为方便，并且可以根据被测物体上的黑白标记来检测，但散射型的检测距离较小，只有几百毫米。

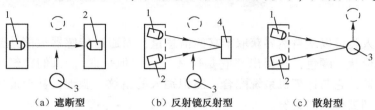

(a) 遮断型　　　　　（b) 反射镜反射型　　　　　（c) 散射型

1—发射器；2—接收器；3—被测物；4—反射镜

图6.28　光电开关类型及应用

光电开关中的红外光发射器一般采用功率较大的红外发光二极管（红外LED），而接收器可采用光敏三极管、光敏达林顿三极管或光电池。为了防止日光灯的干扰，首先可在光敏元件表面加红外滤光透镜。其次，LED可用高频（40kHz左右）脉冲电流驱动，从而发射调制光脉冲。相应地，接收光电元件的输出信号经选频交流放大器及解调器处理，可以有效地防止太阳光的干扰。

光电开关可用于统计生产流水线上的产量，检测装备件是否到位及装配质量是否合格，如瓶盖是否压上，标签是否漏贴等，并且可以根据被测物的特定标记给出自动控制信号。目前，光电开关已广泛地应用于自动包装机、自动灌装机、装配流水线等自动化机械装置中。

6.4.2　光电断续器

光电断续器的工作原理与光电开关的相同，但其光电发射器、接收器放置于一个体积很小的塑料壳体中，所以两者能可靠地对准，其外形如图6.29所示。光电断续器也可分为遮断型和反射型两种。遮断型（也称槽型）的槽宽、槽深及光敏元件各不相同，并已形成系列化产品，可供用户选择。反射型的检测距离较小，多用于安装空间较小的场合。由于检测范围小，因此光电断续器的红外LED可以直接用直流电驱动，其正向压降为1.2~1.5V，驱动电流控制在几十毫安。

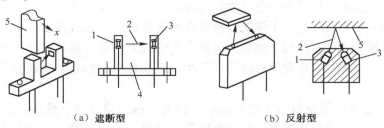

(a) 遮断型　　　　　　　　　（b) 反射型

1—发光二极管；2—红外光；3—光电元件；4—槽；5—被测物

图6.29　光电断续器

光电断续器是价格便宜、结构简单、性能可靠的光电器件，被广泛应用于自动控制系统、生产流水线、机电一体化设备、办公设备和家用电器中。例如，在复印机中，它被用于检测复印纸的有无；在流水线上可用于检测细小物体的暗色标记；还可用于检测物体是否靠近接近开关、行程开关等。

6.5 CCD 图像传感器及应用

通过视觉，人类可以从自然界获取丰富的信息量，而通过传感器也能达到与人眼类似的视觉，也能判断形状、颜色，并得出"它是什么"或"他是谁"。人们已经研制出了各种高质量的图像传感器，它与计算机系统配合，能识别人的指纹、脸形，甚至能根据视网膜的毛细血管分布，识别被检人的身份。

电耦合器件（Charge Coupled Device，CCD）是20世纪70年代在MOS集成电路技术基础上发展起来的新型半导体器件。它具有光电转换、信息存储和传输等功能，具有集成度高、功耗小、分辨力高、动态范围大等优点。CCD图像传感器被广泛应用于生活、天文、医疗、电视、传真、通信以及工业检测和自动控制系统。本节简单介绍CCD图像传感器的原理及其应用。

6.5.1 CCD 图像传感器的工作原理

一个完整的CCD器件由光敏元、转移栅、移位寄存器及一些辅助输入、输出电路组成。CCD的光敏元实质上是一个MOS电容器，能存储电荷。CCD工作时，在设定的积分时间内，光敏元对光信号进行取样，将光的强弱转化为各光敏元的电荷量。取样结束后，各光敏元的电荷在转移栅信号的驱动下，转移到CCD内部的移位寄存器相应单元中。移位寄存器在驱动时钟的作用下，将信号电荷顺次转移到输出端。输出信号可接到示波器、图像显示器或其他信号存储、处理设备中，并对信号再现或进行存储处理。

1. CCD 的光敏元结构及存储电荷的原理

MOS电容器组成的光敏元如图6.30所示。先在P型硅衬底上通过氧化工艺，在其表面形成SiO_2薄层，然后在SiO_2上沉积一层金属作为电极（栅极），就形成一种"金属—氧化物—半导体"的MOS单元，可以把其看成一个以氧化物为介质的MOS电容器。当在金属电极上施加一正偏压时、在没有光照的情况下，光敏元中的电子数目很少。光敏元受到从衬底方向射来的光照后，产生光生电子—空穴对。电子被栅极上的正电压所吸引，存储在光敏元中，称为"电子包"。光照越强，光敏元收集到的电子越多，所俘获的电子数目与入射到势阱附近的光强成正比，从而实现了光与电子之间的转换。

人们称这样一个光敏元为一个像素，通常在半导体硅片上制有几百万个相互独立、排列规则的光敏元，称为光敏元阵列。如果照射到这个阵列上的是一幅明暗起伏的图像，那么这些光敏元就会产生一幅与光照强度对应的"光生电荷图像"，这就是CCD摄像器件的光电转换原理。

由于CCD光敏元可做得很小（约$10\mu m$），因此它的图像分辨率很高。在CCD的每个像素点表面，还制作了用于将光线聚焦于这个像素点感光区的微透镜，这个微透镜大大增加了信号的响应值。

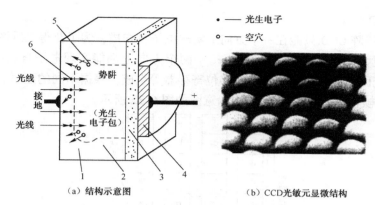

（a）结构示意图　　　　　　　　（b）CCD光敏元显微结构

1—P型硅衬底；2—耗尽层边界；3—SiO$_2$；4—金属电极；5—空穴；6—光生电子

图6.30　MOS电容器组成的光敏元

2. CCD光敏元信号的读出

CCD的光敏元获得的光生电荷图像必须逐位读取，才能分辨每一个像素获取的光强，所以CCD内部制作了与像素数目同一数量级的"读出移位寄存器"，该移位寄存器转移的是模拟信号，有别于数字电路中的数码移位寄存器。读出移位寄存器中的电荷是在两相或三相时钟驱动下实现转移及传输的。读出移位寄存器输出串行视频信号。

6.5.2　CCD图像传感器的分类

CCD图像传感器有线阵和面阵之分。所谓线阵，是指在一块硅芯片上制造了紧密排列的许多光敏元，它们排列成了一条直线，感受一维方向的光强变化；所谓面阵，是指光敏元排列成二维平面矩阵，感受二维图像的光强变化；可用于数码照相机。线阵的光敏元件数目为256～4 096个或更多；而在面阵中，光敏元的数目可以是600×500个（30万个），甚至4 096×4 096个（约1 660万个）以上。CCD图像传感器还有单色和彩色之分，彩色CCD可拍摄色彩逼真的图像。下面简单介绍几种不同的图像传感器。

1. 线阵CCD

线阵CCD由排列成直线的MOS光敏元阵列、转移栅、读出移位寄存器、视频信号电路和时钟电路等组成，线阵CCD外形及内部原理框图如图6.31所示。转移栅的作用是将光敏元中的电子包"并行"地转移到奇、偶对应的读出移位寄存器中，然后再合二为一，恢复光生信号在线阵CCD上的原有顺序。

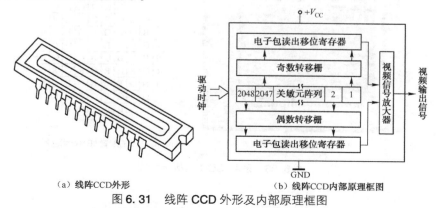

（a）线阵CCD外形　　　　　　　（b）线阵CCD内部原理框图

图6.31　线阵CCD外形及内部原理框图

2. 面阵 CCD

上面介绍的线阵 CCD 只能在一个方向上实现电子自扫描，为了获得二维图像，人们在1/2in（英寸）或更大尺寸上研制出了能在 x、y 两个方向上都能实现电子自扫描的面阵 CCD。面阵 CCD 由感光区、信号存储区和输出移位寄存器等组成，根据不同的型号，有多种结构形式的面阵 CCD，帧转移面阵 CCD 的结构示意图如图 6.32 所示。

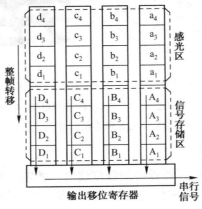

图 6.32 帧转移面阵 CCD 的结构示意图

为了对这种结构的面阵工作原理叙述简单起见，假定它只是一个 4×4 的面阵。在光敏元曝光（或叫光积分）期间，整个感光区的所有光敏元的金属电极上都施加正电压，使光敏元俘获受光照衬底附近的光生电子。曝光结束时刻，在极短的时间内，将感光区中整帧的光电图像电子信号迅速转移到不受光照的对应编号存储区中。此后，感光区中的光敏元开始第二次光积分，而存储阵列则将它里面存储的电荷信息一位一位地转移到输出移位寄存器。在高速时钟的驱动下，输出移位寄存器将它们按顺序输出，形成时频信号。

3. 彩色 CCD

单色 CCD 只能得到具有灰度信号的图像，为了得到彩色图像信号，可将 3 个像素一组，排列成等边三角形或其他方式，如图 6.33 所示。每一个像素表面分别制作红、绿、蓝（即 R、G、B）三种滤色器，形如三色跳棋盘。每个像素点只能记录一种颜色的信息，即红色、绿色或蓝色。在图像还原时，必须通过插值运算处理来生成全色图像。

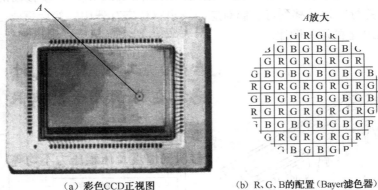

（a）彩色CCD正视图　　　　　　　（b）R、G、B的配置（Bayer滤色器）

图 6.33 彩色 CCD 结构示意图

6.5.3 CCD 图像传感器的应用

线阵 CCD 可用于一维尺寸的测量，增加机械扫描系统后，也可以用于大面积物体（如钢板、地面等）尺寸的测量和图像扫描，如彩色图片扫描仪、卫星用的地形地貌测量等，彩色线阵 CCD 还可以用于彩色印刷中的套色工艺的监控等。面阵 CCD 除了可以用于拍照外，还可以用于复杂形状物体的面积测量、图像识别（如指纹识别）等。

1. 线阵 CCD 在钢板宽度测量中的应用

使用线阵 CCD 可以测量带材的边缘位置宽度，它具有数字式测量的特点：准确度高、漂移小等。线阵 CCD 测量钢板宽度的示意图如图 6.34 所示。

光源置于钢板上方，被照亮的钢板经物镜成像在 CCD_1 和 CCD_2 上。用计算机计算两片线阵 CCD 的亮区宽度，再考虑到安装距离、物镜焦距等因素，就可计算出钢板的宽度 L 及钢板的左右位置偏移量。将以上设备略微改动，还可以用于测量工件或线材的直径。若光源和 CCD 在钢板上方平移，则还可以用于测量钢板的面积和形状。

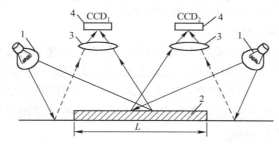

1—泛光源；2—被测带材；3—成像物镜；4—线阵 CCD

图 6.34 线阵 CCD 测量钢板宽度的示意图

2. CCD 数码照相机简介

数码相机（Digital Camera，DC），其实质是一种非胶片相机，它采用 CCD 作为光电转换器件，将被摄物体的图像以数字形式记录在存储器中。

利用数码相机的原理，人们还制造出可以拍摄照片的手机；可以通过网络，进行面对面交流的视频摄像头；利用图像识别技术的指纹扫描"门禁系统"等。在工业中，可利用 CCD 摄像机进行画面监控、水位、火焰、炉膛温度采集、过热报警等操作。

现在市售的视频摄像头多使用有别于 CCD 的 CMOS（互补金属—氧化物—半导体）图像传感器（以下简称 CMOS）作为光电转换器件。虽然目前的 CMOS 成像质量比 CCD 略低，但 CMOS 具有体积小、耗电量小（不到 CCD 的 1/10）、售价便宜的优点。随着硅晶圆加工技术的进步，CMOS 的各项技术指标有望超过 CCD，它在图像传感器中的应用也将日趋广泛。

小　结

本章主要介绍了光电式传感器的基本知识。光电式传感器是将光通量转换为电量的一种传感器，它的基础是光电转换元件的光电效应。光电测量方法一般具有结构简单、非接触、高精度、高分辨率、高可靠性和响应快等优点。光电效应可分为内光电效应、外光电效应和光生电动势效应等。

本章详细介绍了光电管、光敏电阻、光电池等光电元件的工作原理及其基本特性，以及红外传感器的基本原理和红外探测器及光电式传感器的一些典型应用。

思考与练习

1. 什么是光电效应？根据光电效应现象的不同可将光电效应分为哪几类？各举例说明。

2. 光电式传感器可分为哪几类？请分别举出几个例子加以说明。

3. 试简单叙述光敏电阻的结构，用哪些参数和特性来表示它的性能？

4. 光敏二极管和普通二极管有什么区别？如何鉴别光敏二极管的好坏？

5. 如何检测光敏电阻和光敏三极管的好坏？

6. 当光源波长为 $0.8 \sim 0.9 \mu m$ 时，宜采用哪种光敏元件做测量元件？为什么？

7. 总结光电传感器的特点及其可以测量的物理量。

8. 红外探测器有哪些类型？

9. 仔细观察你的身边，说一说在生活中你见过的光电传感器有哪些？

10. 某光敏三极管在强光照时的光电流为 2.5mA，选用的继电器吸合电流为 50mA，直流电阻为 250Ω。现欲设计两个简单的光电开关，其中一个是有强光照时继电器吸合，另一个相反，是有强光照时继电器释放。请分别画出两个光电开关的电路图（采用普通三极管放大），并标出电源极性及选用的电压值。

11. 某光电开关电路如图 6.35 所示，请分析其工作原理，并说明各元件的作用，该电路在无光照的情况下继电器 K 是处于吸合还是释放状态？

12. 某光电池的光照特性如图 6.15 所示，请你设计一个较精密的光电池测量电路。要求电路的输出电压 U_o 与光照度成正比，且当光照度为 1 000lx 时输出电压 $U_o = 4V$。

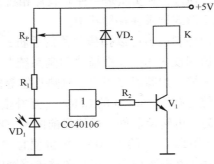

图 6.35　光电开关电路

13. 常用的半导体光电元件有哪些？它们的图形符号如何？

14. 对每种半导体光电元件，画出一种测量电路。

15. 什么是光电元件的光谱特性？

第7章 霍尔传感器

霍尔传感器是利用半导体材料的霍尔效应进行测量的一种传感器。它可以直接测量磁场及微位移量，也可以间接测量液位、压力等工业生产过程参数。本章在介绍霍尔元件的基本工作原理、结构和主要技术指标的基础上，首先讨论测量电路及温度补偿方法，最后介绍霍尔传感器的应用。

7.1 霍尔元件工作原理

霍尔元件是霍尔传感器的敏感元件和转换元件，它是利用某些半导体材料的霍尔效应原理制成的。所谓霍尔效应，是指置于磁场中的导体或半导体中通入电流时，若电流与磁场垂直，则在与磁场和电流都垂直的方向上出现一个电势差。

图7.1所示为一个 N 型半导体薄片。长、宽、厚分别为 L、l、d，在垂直于该半导体薄片平面的方向上，施加磁感应强度为 B 的磁场。在其长度方向的两个面上做两个金属电极，称为控制电极，并外加一电压 U，则在长度方向就有电流 I 流动。而自由电子与电流的运动方向相反。在磁场中自由电子将受到洛伦兹力 F_L 的作用，受力的方向可由左手定则判定，即使磁力线穿过左手掌心，四指方向为电流方向，则拇指方向就是多数载流子所受洛伦兹力的方向。

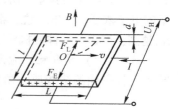

图7.1 霍尔效应原理图

在洛伦兹力的作用下，电子向一侧偏转，使该侧形成负电荷的积累，另一侧则形成正电荷的积累。所以在半导体薄片的宽度方向形成了电场，该电场对自由电子产生电场力 F_E，该电场力 F_E 对电子的作用力与洛伦兹力的方向相反，即阻止自由电子的继续偏转。当电场力与洛伦兹力相等时，自由电子的积累便达到动态平衡，这时在半导体薄片的宽度方向所建立的电场称为霍尔电场，而在此方向的两个端面之间形成一个稳定的电势，称霍尔电势 U_H。上述洛伦兹力 F_L 的大小为

$$F_L = evB$$

式中，F_L 为洛伦兹力（N）；e 为电子电量，等于 1.602×10^{-19}C；v 为电子速度（m/s）；B 为磁感应强度（Wb/m^2）。

电场力的大小为

$$F_E = eE_H = e\frac{U_H}{l}$$

式中，F_E 为电场力（N）；E_H 为霍尔电场强度（V/m）；U_H 为霍尔电势（V）；l 为霍尔元件宽度（m）。

当 $F_L = F_E$ 时，达到动态平衡，则

$$evB = e\frac{U_H}{l}$$

经简化，得

$$U_H = v \cdot B \cdot l \tag{7.1}$$

对于 N 型半导体，通入霍尔元件的电流可表示为

$$I = nevld \tag{7.2}$$

式中，d 为霍尔元件厚度（m）；n 为 N 型半导体的电子浓度（$1/m^3$）；其余符号意义同上。

由式（7.2）得

$$v = \frac{I}{neld} \tag{7.3}$$

将式（7.3）代入式（7.1）得

$$U_H = \frac{IB}{ned} = \frac{R_H IB}{d} = K_H IB \tag{7.4}$$

式中，$K_H = \dfrac{1}{ned}$，为霍尔元件的乘积灵敏度；$R_H = \dfrac{1}{ne}$，为霍尔灵敏系数。

由式（7.4）可知，霍尔电势与 K_H、I、B 有关。当 I、B 大小一定时，K_H 越大，U_H 越大。显然，一般希望 K_H 越大越好。

而乘积灵敏度 K_H 与 n、e、d 成反比关系。若电子浓度 n 较高，使得 K_H 太小；若电子浓度 n 较小，则导电能力就差。所以，希望半导体的电子浓度 n 适中，而且可以通过掺杂来获得所希望的电子浓度。一般来说，都是选择半导体材料来做霍尔元件的。此外，对厚度 d 选择得越小，K_H 越高；但霍尔元件的机械强度下降，且输入/输出电阻增加。因此，霍尔元件不能做得太薄。

式（7.4）是在磁感应强度 B 与霍尔元件成垂直的条件下得出来的。若磁感应强度 B 与霍尔元件平面的法线成一角度 θ，则输出的霍尔电势为

$$U_H = K_H IB\cos\theta \tag{7.5}$$

上面讨论的是 N 型半导体，对于 P 型半导体，其多数载流子是空穴；同样也存在着霍尔效应。用空穴浓度 p 代替电子浓度 n，同样可以导出 P 型霍尔元件的霍尔电势表达式为

$$U_H = K_H IB$$

或

$$U_H = K_H IB\cos\theta$$

式中，$K_H = \dfrac{1}{ped}$。

注意：采用 N 型或 P 型半导体，其多数载流子所受洛伦兹力的方向是一样的，但它们产生的霍尔电势的极性是相反的。所以，可以通过实验判别材料的类型。在霍尔传感器的使用中，若能通过测量电路测出 U_H，那么只要已知 B、I 中的一个参数，就可求出另一个参数。

7.2 霍尔元件的基本结构和主要特性参数

7.2.1 基本结构

用于制造霍尔元件的材料主要有 Ge（锗）、Si（硅）、InAs（砷化铟）和 InSb（锑化铟）

等。采用锗和硅材料制作的霍尔元件，具有霍尔灵敏系数高，加工工艺简单的特点，它们的霍尔灵敏系数分别为 4.25×10^3 和 2.25×10^3（单位 cm^3/C）。采用砷化铟和锑化铟材料的霍尔元件，它们的霍尔系数相对要低一些，分别为 350 和 1 000，但它们的切片工艺好，采用化学腐蚀法，可将其加工到 $10\mu m$，且具有很高的霍尔灵敏系数。

霍尔元件的结构示意图如图 7.2（a）所示。

图 7.2 所示的矩形状霍尔薄片称为基片，在它相互垂直的两组侧面上各装一组电极：电极 1、2 用于输入激励电压或激励电流，称为激励电极；电极 3、4 用于输出霍尔电势，称为霍尔电极。基片长宽比约取 2 左右，即 $L : l = 2 : 1$，霍尔电极宽度应选小于霍尔元件长度且位置应尽可能地置于 $L/2$ 处。将基片用非导磁金属或陶瓷或环氧树脂封装，就制成了霍尔元件。其典型的外形如图 7.2（b）所示，一般激励电流引线端以红色导线标记，霍尔电势输出端以绿色导线标记。霍尔元件的电路符号如图 7.2（c）所示。国内常用的霍尔元件种类很多，表 7.1 列出了部分国产霍尔元件的有关参数，供选用时参考。

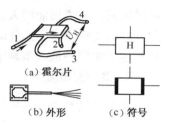

（a）霍尔片

（b）外形　（c）符号

1、2—控制电流引线端；
3、4—霍尔电势输出端

图 7.2　霍尔元件结构图

表 7.1　常用霍尔元件的参数

参数名称	符号	单位	HZ-1 型	HZ-2 型	HZ-3 型	HZ-4 型	HT-1 型	HT-2 型	HS-1 型
			材料（N 型）						
			Ge (111)	Ge (111)	Ge (111)	Ge (100)	InSb	InSb	InAs
电阻率	ρ	$\Omega \cdot cm$	0.8~1.2	0.8~1.2	0.8~1.2	0.4~0.5	0.003~0.01	0.003~0.05	0.01
几何尺寸	$L \times l \times d$	mm	8×4×0.2	4×2×0.2	8×4×0.2	8×4×0.2	6×3×0.2	8×4×0.2	8×4×0.2
输入电阻	R_i	Ω	110±20%	110±20%	110±20%	45±20%	0.8±20%	0.8±20%	1.2±20%
输出电阻	R_o	Ω	100±20%	100±20%	100±20%	40±20%	0.5±20%	0.5±20%	1±20%
灵敏度	K_H	mV/(mA·T)	>12	>12	>12	>4	1.8±20%	1.8±20%	1±20%
不等位电阻	R_M	Ω	<0.07	<0.05	<0.07	<0.02	<0.05	<0.05	<0.03
寄生直流电压	U_0	μV	<150	<200	<150	<100	—	—	—
额定控制电流	I_c	mA	20	15	25	50	250	300	200
霍尔电势温度系数	α	1/℃	0.04%	0.04%	0.04%	0.03%	-1.5%	-1.5%	—
输出电阻温度系数	β	1/℃	0.5%	0.5%	0.5%	0.3%	-0.5%	-0.5%	—
热阻	R_Q	℃/mW	0.4	0.25	0.2	0.1	—	—	—
工作温度		℃	-40~45	-40~45	-40~45	-40~75	0~40	0~40	-40~60

7.2.2　主要特性参数

1. 输入电阻 R_i 和输出电阻 R_o

霍尔元件两激励电流端的直流电阻称为输入电阻 R_i，两个霍尔电势输出端之间的电阻称

为输出电阻 R_o。R_i 和 R_o 是纯电阻，可用直流电桥或欧姆表直接测量。R_i 和 R_o 均随温度改变而改变，一般为几欧姆到几百欧姆。

2. 额定激励电流 I 和最大激励电流 I_M

霍尔元件在空气中产生 10℃ 的温升时所施加的激励电流值称为额定电流 I。由于霍尔电势随激励电流增加而增大，故在应用中，总希望选用较大的激励电流。但激励电流增大，霍尔元件的功耗增大，元件的温度升高，从而引起霍尔电势的温漂增大，因此每种型号的元件均规定了相应的最大激励电流，它的数值从几毫安到几十毫安。

3. 乘积灵敏度 K_H

乘积灵敏度 $K_H = \dfrac{U_H}{IB}$，单位为 mV／（mA·T），它反映了霍尔元件本身所具有的磁电转换能力，一般希望它越大越好。

4. 不等位电势 U_M

在额定激励电流下，当外加磁场为零时，即当 $I \neq 0$ 而 $B = 0$ 时，$U_H = 0$；但由于 4 个电极的几何尺寸不对称，引起了 $I \neq 0$ 且 $B = 0$ 时，$U_H \neq 0$。为此引入 U_M 来表征霍尔元件输出端之间的开路电压，即不等位电势。一般要求霍尔元件的 $U_M < 1\text{mV}$，优质的霍尔元件的 U_M 可以小于 0.1mV。在实际应用中多采用电桥法来补偿不等位电势引起的误差。

5. 霍尔电势温度系数 α

在一定磁感应强度和激励电流的作用下，温度每变化 1℃ 时霍尔电势变化的百分数称为霍尔电势温度系数 α，它与霍尔元件的材料有关，一般约为 0.1%／℃ 左右，在要求较高的场合，应选择低温漂的霍尔元件。

7.3 霍尔元件的测量电路及补偿

7.3.1 基本测量电路

霍尔元件的基本测量电路如图 7.3 所示。在图示电路中，激励电流由电源 E 供给，调节可变电阻可以改变激励电流 I，R_L 为输出的霍尔电势的负载电阻，它一般是显示仪表、记录装置、放大器电路的输入电阻。由于霍尔电势建立所需要的时间极短，为 $10^{-14} \sim 10^{-12}\text{s}$，因此其频率响应范围较宽，可达 10^9Hz 以上。

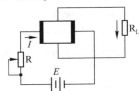

图 7.3 霍尔元件的基本测量电路

7.3.2 温度误差的补偿

霍尔元件属于半导体材料元件，它必然对温度比较敏感，温度的变化对霍尔元件的输入／输出电阻，以及霍尔电势都有明显的影响。

由不同材料制成的霍尔元件的内阻（输入/输出电阻）与温度变化的关系如图7.4所示。由图示关系可知，锑化铟材料的霍尔元件对温度最敏感，其温度系数最大，特别在低温范围内更明显，并且是负的温度系数；其次是硅材料的霍尔元件；再次是锗材料的霍尔元件，其中 Ge（Hz–1.2.3）在80℃左右有个转折点，它从正温度系数转为负温度系数，而Ge（Hz–4）的转折点在120℃左右。而砷化铟的温度系数最小，所以它的温度特性最好。

各种材料的霍尔元件的输出电势与温度变化的关系如图7.5所示。由图示关系可知，锑化铟材料的霍尔元件的输出电势对温度变化的敏感最显著，且是负温度系数；砷化铟材料的霍尔元件比锗材料的霍尔元件受温度变化影响大，但它们都有一个转折点，到了转折点就从正温度系数转变成负温度系数，转折点的温度就是霍尔元件的上限工作温度，考虑到元件工作时的温升，其上限工作温度应适当地降低一些；硅材料的霍尔元件的温度电势特性较好。

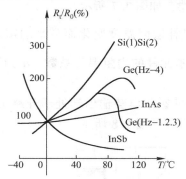

图7.4 内阻与温度关系曲线

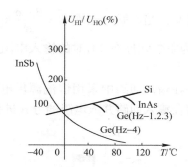

图7.5 输出电势与温度关系曲线

霍尔元件的温度补偿可以采用如下几种方法。

1. 恒流源补偿法

温度的变化会引起内阻的变化，而内阻的变化又使激励电流发生变化以致影响到霍尔电势的输出，采用恒流源可以补偿这种影响，其电路如图7.6所示。

在如图7.6所示电路中，只要三极管 VT 的输入偏置固定，放大倍数 β 固定，则 VT 的集电极电流即霍尔元件的激

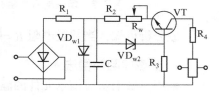

图7.6 恒流源补偿电路

励电流不受集电极电阻变化的影响，即忽略了温度对霍尔元件输入电阻变化的影响。

2. 选择合理的负载电阻进行补偿

在如图7.3所示的电路中，当温度为 T 时，负载电阻 R_L 上的电压为

$$U_L = U_H \frac{R_L}{R_L + R_o}$$

式中，R_o 为霍尔元件的输出电阻。

当温度由 T 变为 $T + \Delta T$ 时，则 R_L 上的电压变为

$$U_L + \Delta U_L = U_H (1 + \alpha \Delta T) \frac{R_L}{R_L + R_o (1 + \beta \Delta T)} \tag{7.6}$$

式中，α 为霍尔电势的温度系数；β 为霍尔元件输出电阻的温度系数。

要使 U_L 不受温度变化的影响，只要合理选择 R_L 使温度为 T 时的 R_L 上的电压 U_L 与温度为 $T + \Delta T$ 时 R_L 上的电压相等，即

$$U_L = U_L + \Delta U_L$$

$$U_H \frac{R_L}{R_L + R_o} = U_H(1 + \alpha\Delta T) \frac{R_L}{R_L + R_o(1 + \beta\Delta T)}$$

将上式进行化简整理后，得

$$R_L = R_o \frac{\beta - \alpha}{\alpha}$$

对一个确定的霍尔元件，可查表7.1得到 α、β 和 R_o 值，再求得 R_L 值，这样就可在输出回路实现对温度误差的补偿了。

3. 利用霍尔元件输入回路的串联电阻或并联电阻进行补偿的方法

霍尔元件在输入回路中采用恒压源供电工作，并使霍尔电势输出端处于开路工作状态。此时可以利用在输入回路串入电阻的方式进行温度补偿，如图7.7所示。

经分析可知，当串联电阻取 $R = \frac{\beta - \alpha}{\alpha}R_{io}$ 时，可以补偿因温度变化而带来的霍尔电势变化，其中 R_{io} 为霍尔元件在0℃时的输入电阻，β 为霍尔元件的内阻温度系数，α 为霍尔电势温度系数。

霍尔元件在输入回路中采用恒流源供电工作，并使霍尔电势输出端处于开路工作状态，此时可以利用在输入回路并入电阻的方式进行温度补偿，如图7.8所示。

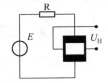

图7.7　串联输入电阻补偿原理

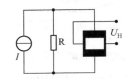

图7.8　并联输入电阻补偿原理

经分析可知，当并联电阻 $R = \frac{\beta - \alpha}{\alpha}R_{io}$ 时，可以补偿因温度变化而带来的霍尔电势变化。

4. 热敏电阻补偿法

采用热敏电阻对霍尔元件的温度特性进行补偿，如图7.9所示。

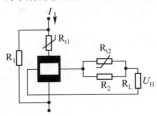

图7.9　热敏电阻温度补偿电路

由图示电路可知，当输出的霍尔电势随温度增加而减小时，R_{t1} 应采用负温度系数的热敏电阻，它随温度的升高而阻值减小，从而增加了激励电流，使输出的霍尔电势增加从而起到补偿作用；而 R_{t2} 也应采用负温度系数的热敏电阻，因它随温升而阻值减小，使负载上的霍尔电势输出增加，同样能起到补偿作用。在使用热敏电阻进行温度补偿时，要求热敏电阻和霍尔元件封装在一起，或者使两者之间的位置靠得很近，这样才能使补偿效果显著。

7.3.3　不等位电势的补偿

在无磁场的情况下，当霍尔元件通过一定的控制电流 I 时，在两输出端产生的电压称为不等位电势，用 U_M 表示。

不等位电势是由于元件输出极焊接不对称，或厚薄不均匀，以及两个输出极接触不良等原因造成的，可以通过桥路平衡的原理加以补偿。如图7.10所示为一种常见的具有温度补偿的不等位

电势补偿电路。该补偿电路本身也接成桥式电路，其工作
电压由霍尔元件的控制电压提供；其中一个桥臂为热敏电
阻 R_t，且 R_t 与霍尔元件的等效电阻的温度特性相同。在该
电桥的负载电阻 R_{P2} 上取出电桥的部分输出电压（称为补偿
电压），与霍尔元件的输出电压反接。在磁感应强度 B 为零
时，调节 R_{P1} 和 R_{P2}，使补偿电压抵消霍尔元件此时输出的
不等位电势，从而使 $B=0$ 时的总输出电压为零。

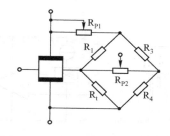

图 7.10 不等位电势的桥式补偿电路

在霍尔元件的工作温度下限 T_1 时，热敏电阻的阻值
为 R_t（T_1）。电位器 R_{P2} 保持在某一确定位置，通过调节电位器 R_{P1} 来调节补偿电桥的工作电
压，使补偿电压抵消此时的不等位电势 U_{ML}，此时的补偿电压称为恒定补偿电压。

当工作温度由 T_1 升高到 $T_1 + \Delta T$ 时，热敏电阻的阻值为 R_t（$T_1 + \Delta T$）。R_{P1} 保持不变，通
过调节 R_{P2}，使补偿电压抵消此时的不等位电势 $U_{ML} + \Delta U_M$。此时的补偿电压实际上包含了两
个分量：一个是抵消工作温度为 T_1 时的不等位电势 U_{ML} 的恒定补偿电压分量，另一个是抵消
工作温度升高 ΔT 时不等位电势的变化量 ΔU_M 的变化补偿电压分量。

根据上述讨论可知，采用桥式补偿电路，可以在霍尔元件的整个工作温度范围内对不等
位电势进行良好的补偿，并且对不等位电势的恒定部分和变化部分的补偿可相互独立地进行
调节，所以可达到相当高的补偿精度。

7.4 霍尔集成电路

随着微电子技术的发展，目前霍尔器件多已集成化。霍尔集成电路有许多优点，如体积
小、灵敏度高、输出幅度大、温漂小、对电源稳定性要求低等。

霍尔集成电路可分为线性和开关型两大类。前者将霍尔元件和恒流源、线性放大器等集成
在一个芯片上，输出电压较高，使用非常方便，目前得到广泛的应用，较典型的线性霍尔
器件有 UGN3501 等。开关型是将霍尔元件、稳压电路、放大器、施密特触发器、OC 门等电
路集成在同一个芯片上。当外加磁场的强度超过规定的工作点时，OC 门由高阻态变为导通状
态，输出变为低电平；当外加磁场的强度低于释放点时，OC 门重新变为高阻态，输出高电
平。这类器件中较典型的有 UGN3020 等。有一些开关型霍尔集成电路内部还包括双稳态电
路，这种器件的特点是必须施加相反极性的磁场，电路的输出才能反转回到高电平，也就是
说，具有"锁键"功能，这类器件又称为锁键霍尔集成电路。

图 7.11 和图 7.13 所示分别为 UGN3501T 和 UGN3020 的外形及内部电路框图，图 7.12 和
图 7.14 所示分别为其输出电压与磁场的关系曲线。

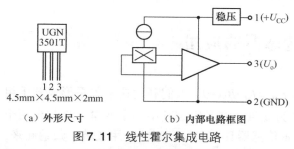

（a）外形尺寸　　　（b）内部电路框图

图 7.11 线性霍尔集成电路

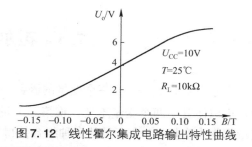

图 7.12 线性霍尔集成电路输出特性曲线

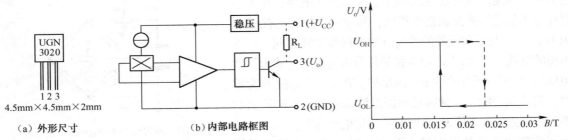

（a）外形尺寸　　　　（b）内部电路框图

图 7.13　开关型霍尔集成电路　　　　图 7.14　开关型霍尔集成电路输出特性曲线

图 7.15 和图 7.16 分别示出了具有双端差动输出特性的线性霍尔器件 UGN3501M 的外形、内部电路框图及其输出特性曲线。当其磁场的磁感应强度为零时，第 1 脚相对于第 8 脚的输出电压等于零；当感应的磁场为正向（磁钢的 S 极对准 3501M 的正面）时，输出为正；当磁场为反向时，输出为负，因此使用起来更加方便。它的第 5、6、7 脚外接一只微调电位器后，就可以微调并消除不等位电势引起的差动输出零点漂移。

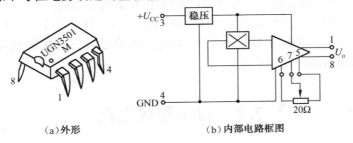

（a）外形　　　　（b）内部电路框图

图 7.15　差动输出线性霍尔集成电路

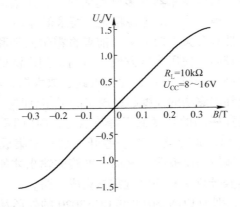

图 7.16　差动输出线性霍尔集成电路输出特性曲线

7.5　霍尔传感器的应用

霍尔电势是 I、B、θ 三个变量的函数，即 $E_H = K_H I B \cos\theta$，人们利用这个关系形成若干组合：可以使其中两个变量不变，将第 3 个量作为变量；或者固定其中一个变量，将其余两个变量都作为变量。3 个变量的多种组合使得霍尔传感器具有非常广阔的应用领域。归纳起来，霍尔传感器主要有下列 3 个用途。

（1）当控制电流保持不变时，使传感器处于非均匀磁场中，则传感器的输出正比于磁感应强度。这方面的应用如测量磁场、测量磁场中的微位移，以及应用在转速表、霍尔测力器等上。

（2）当控制电流与磁感应强度都为变量时，传感器的输出正比于这两个变量的乘积。这方面的应用如乘法器、功率计、混频器、调制器等。

（3）当磁感应强度保持不变时，传感器的输出正比于控制电流。这方面的应用如回转器、隔离器等。

1. 霍尔转速表

图 7.17 所示为霍尔转速表示意图。在被测转速的转轴上安装一个齿盘，也可选取机械系统中的一个齿轮，将线性霍尔器件及磁路系统靠近齿盘，随着齿盘的转动，磁路的磁阻也发生周期性的变化，测量霍尔器件输出的脉动频率，该脉动频率经隔直、放大、整形后，就可以用于确定被测物的转速。

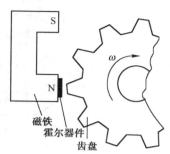

图 7.17　霍尔转速表

2. 霍尔式无触点点火装置

传统的汽车汽缸点火装置使用机械式的分电器，存在着点火时间不准确，触点易磨损等缺点。

采用霍尔开关无触点晶体管点火装置可以克服上述缺点，可提高燃烧效率。四汽缸汽车点火装置如图 7.18 所示，图中的磁轮鼓代替了传统的凸轮及白金触点。发动机主轴带动磁轮鼓转动时，霍尔器件感受到的磁场的极性发生交替改变，它输出一连串与汽缸活塞运动同步的脉动信号去触发晶体管功率开关，点火线圈二次侧产生很高的感应电压，火花塞产生火花放电，完成汽缸的点火过程。

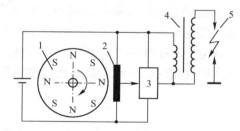

1—磁轮鼓；2—开关型霍尔集成元件；3—晶体管功率开关；4—点火线圈；5—火花塞

图 7.18　四汽缸汽车点火装置示意图

3. 霍尔式功率计

这是一种采用霍尔传感器进行负载功率测量的仪器，其工作原理如图 7.19 所示。

由于负载功率等于负载电压和负载电流之乘积，因此使用霍尔元件时，分别使负载电压与磁感应强度成比例、负载电流与控制电流成比例，显然负载功率就正比于霍尔元件的霍尔电势。由此可见，利用霍尔元件输出的霍尔电势为输入控制电流与驱动磁感应强度的乘积的函数关系，即可测量出负载功率的大小。图 7.19 所示为交流负载功率的测量线路，由图示线路可知，流过霍尔元件的电流 I 是负载电流 I_L 的分流值，R_f 为负载电流 I_L 的取样分流电阻，为使霍尔元件电流 I 能

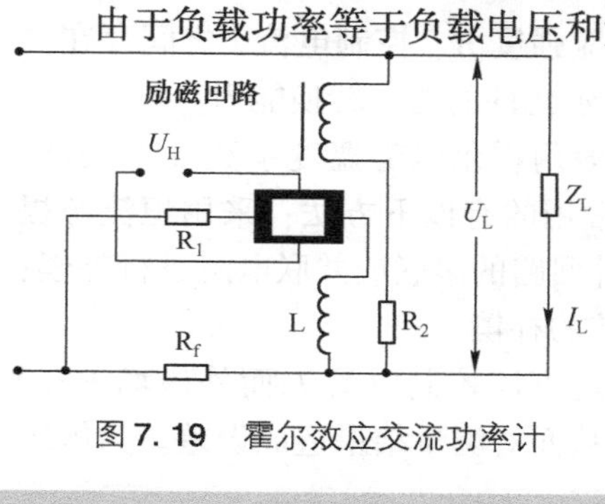

图 7.19　霍尔效应交流功率计

模拟负载电流 I_L，要求 $R_1 \ll Z_L$（负载阻抗），外加磁场的磁感应强度是负载电压 U_L 的分压值，R_2 为负载电压 U_L 的取样分压电阻，为使激磁电压尽量与负载电压同相位，励磁回路中的 R_2 要求取得很大，使励磁回路阻抗接近于电阻性，实际上它总略带一些电感性，因此电感 L 是用于相位补偿的，这样霍尔电势就与负载的交流有效功率成正比了。

4. 霍尔式无刷直流电动机

这是一种采用霍尔传感器驱动的无触点直流电动机，它的基本原理如图 7.20 所示。

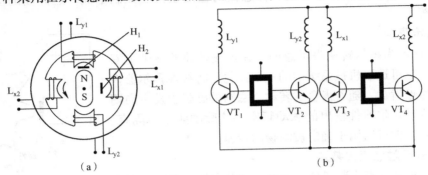

图 7.20　霍尔无刷直流电动机基本原理

由图 7.20 可知，转子是长度为 L 的圆桶形永久磁铁，并且以径向极化，定子线圈分成 4 组，呈环形放入铁芯内侧槽内。当转子处于如图 7.20（a）中所示位置时，霍尔元件 H_1 感应到转子磁场，便有霍尔电势输出，其经 VT_4 管放大后便使 L_{x2} 通电，对应定子铁芯产生一个与转子呈 90° 的超前激励磁场，它吸引转子逆时针旋转；当转子旋转 90° 以后，霍尔元件 H_2 感应到转子磁场，便有霍尔电势输出，其经 VT_2 管放大后便使 L_{y2} 通电，于是产生一个超前 90° 的激励磁场，它再吸引转子逆时针旋转。这样线圈依次通电，由于有一个超前 90° 的逆时针旋转磁场吸引着转子，因此电动机便连续运转起来，其运转顺序如下：N 对 $H_1 \rightarrow VT_4$ 导通 $\rightarrow L_{x2}$ 通电，S 对 $H_2 \rightarrow VT_2$ 导通 $\rightarrow L_{y2}$ 通电，S 对 $H_1 \rightarrow VT_3$ 导通 $\rightarrow L_{x1}$ 通电，N 对 $H_2 \rightarrow VT_1$ 导通 $\rightarrow L_{y1}$ 通电。霍尔式直流无刷电动机在实际使用时，一般需要采用速度负反馈的形式来达到电动机稳定和电动机调速的目的。

小　结

霍尔元件的基本结构是在一个半导体薄片上安装了 2 对电极：一对为对称控制电极，输入控制电流 I_C；另一对为对称输出极，输出霍尔电势。

霍尔元件测量的关键是霍尔效应。霍尔电势 U_H 与磁感应强度 B、控制电流 I 之间存在关系 $U_H = K_H IB$。K_H 称为霍尔元件的乘积灵敏度，它反映了霍尔元件的磁电转换能力。

在实际使用中，霍尔电势会受到温度变化的影响，一般用霍尔电势温度系数 α 来表征。为了减小 α，需要对基本测量电路进行温度补偿的改进，常用的有以下方法：采用恒流源提供控制电流；选择合理的负载电阻进行补偿；利用霍尔元件回路的串联或并联电阻进行补偿；也可以在输入回路或输出回路中加入热敏电阻进行温度误差的补偿。

由于霍尔元件在制造工艺方面的原因，因此当通入额定直流控制电流 I_C 而外磁场 $B = 0$ 时，霍尔电势输出并不为零，而存在一个不等位电势 U_M，从而对测量结果造成误差。为解决这一问题，可采用具有温度补偿的桥式补偿电路。该电路本身也接成桥式电路，且其中一个桥臂采用热敏电阻，可以在霍尔元件的整个工作温度范围内对 U_M 进行良好的补偿。

思考与练习

1. 什么是霍尔效应？

2. 霍尔元件存在不等位电势的主要原因有哪些？如何对其进行补偿？补偿的原理是什么？

3. 为什么要对霍尔元件进行温度补偿？主要有哪些补偿方法？补偿的原理是什么？

4. 为测量某霍尔元件的乘积灵敏度 K_H，构成如图 7.21 所示的实验线路。现施加 $B = 0.1T$ 的外磁场，方向如图 7.21 所示。调节 R 使 $I_C = 60mA$，测量输出电压 $U_H = 30mV$（设表头内阻为无穷大）。试求霍尔元件的乘积灵敏度，并判断其所用材料的类型。

5. 图 7.22 所示为一个霍尔式转速测量仪的结构原理图。调制盘上固定有 $P = 200$ 对永久磁极，N、S 极交替放置，调制盘与被测转轴刚性连接。在非常接近调制盘面的某位置固定一个霍尔元件，调制盘上每有一对磁极从霍尔元件下面转过，霍尔元件就会产生一个方脉冲，并将其发送到频率计。假定在 $t = 5$ 分钟的采样时间内，频率计共接收到 $N = 30$ 万个脉冲，求被测转轴的转速 n 为多少转/分？

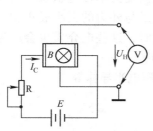

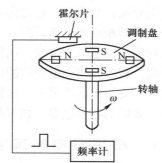

图 7.21 测量霍尔元件乘积灵敏度的实验线路　　图 7.22 霍尔式转速测量仪的结构原理图

6. 图 7.23 所示为一个交直流钳形数字电流表的结构原理图。环形磁集束器的作用是将载流导线中被测电流产生的磁场集中到霍尔元件上，以提高灵敏度。设霍尔元件的乘积灵敏度为 K_H，通入的控制电流为 I_C，作用于霍尔元件的磁感应强度 B 与被测电流 I_x 成正比，比例系数为 K_B，现通过测量电路求得霍尔输出电势为 U_H，求被测电流 I_x，以及霍尔电势的电流灵敏度。

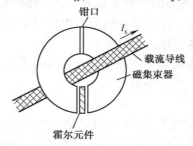

图 7.23 交直流钳形数字电流表的结构原理图

第8章 压电式传感器

压电式传感器是一种电能量型传感器，它的工作原理是基于某些电介质的压电效应。在外力作用下，在电介质的表面上产生电荷，实现力与电荷的转换，所以它能测量最终转换为力的物理量，如压力、加速度等。最常见的压电材料有石英晶体、压电陶瓷等。压电式传感器具有使用频带宽、灵敏度高、信噪比高、结构简单、工作可靠、质量轻、测量范围广等优点。近年来，由于电子技术迅猛发展，随着与之配套的二次仪表，以及低噪声、小电容、高绝缘电阻电缆的出现，使压电式传感器使用更为方便，集成化、智能化的新型压电式传感器也正在被开发出来。

8.1 压电效应

对某些电介质，当沿着一定方向对它施加压力时，内部就产生极化现象，同时在它的两个表面上产生符号相反的电荷；当外力去掉后，它又重新恢复为不带电状态；当作用力方向改变时，电荷的极性也随之改变。晶体受力所产生的电荷量与外力的大小成正比，这种现象称为压电效应。相反，当在电介质的极化方向上施加电场时，这些电介质也会产生变形，当外电场撤离时，变形也随着消失，这种现象称为逆压电效应。

具有压电效应的物质很多，如石英晶体、压电陶瓷、压电半导体等。

8.1.1 石英晶体的压电效应

石英晶体是最常用的压电晶体之一，图 8.1（a）所示为天然结构的石英晶体理想外形，它是一个正六面体，在晶体学中可以用三根相互垂直的轴 x、y、z 来表示它们的坐标，如图 8.1（b）所示。z 轴为光轴（中性轴），是晶体的对称轴，晶体沿光轴 z 方向受力时不产生压电效应；经过正六面体棱线并垂直于光轴的 x 轴为电轴，晶体在沿电轴 x 方向的力作用下产生电荷的压电效应称为纵向压电效应，纵向压电效应最为显著；与 z 轴和 x 轴同时垂直的轴为 y 轴，y 轴垂直于正六面体的棱面，称为机械轴，晶体沿机械轴 y 方向的力作用下产生电荷的压电效应称为横向压电效应，在 y 轴上加力产生的变形最大。从石英晶体上沿轴线切下的一片平行六面体称为压电晶体切片，如图 8.1（c）所示。

若从晶体上沿机械轴 y 轴方向切下一块晶片，当在电轴 x 方向施加作用力 f_x 时，在与 x 轴垂直的平面上将产生电荷 q_x，其大小为

$$q_x = d_{11} f_x \tag{8.1}$$

式中，d_{11} 为电轴 x 方向受力的压电系数；f_x 为沿电轴 x 方向施加的作用力。

若在同一切片上，沿机械轴 y 轴方向施加作用力 f_y 时，则仍在与 x 轴垂直的平面上将产生电荷 q_y，其大小为

$$q_y = d_{12} \frac{a}{b} f_y \tag{8.2}$$

式中，d_{12} 为机械轴 y 方向受力的压电系数，$d_{12} = -d_{11}$；f_y 为沿机械轴 y 方向施加的作用力；a、b 分别为晶体切片长度和厚度。

电荷 q_x 和 q_y 的符号由所受力的性质决定，当作用力 f_x 和 f_y 的方向相反时，电荷的极性也随之改变。

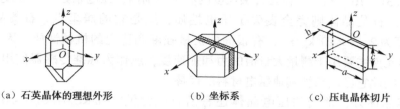

(a) 石英晶体的理想外形　　　　(b) 坐标系　　　　(c) 压电晶体切片

图8.1　石英晶体

石英晶体受压力或拉力时，电荷的极性如图8.2所示。

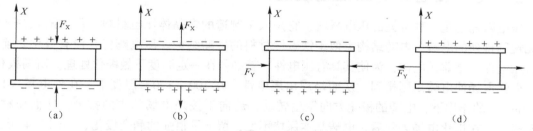

(a)　　　　　(b)　　　　　(c)　　　　　(d)

图8.2　晶片受力方向与电荷极性的关系

石英晶体在机械力的作用下为什么会在其表面产生电荷呢？可以解释如下。

石英晶体的每一个晶体单元中，有3个硅离子和6个氧离子，正负离子分布在正六边形的顶角上，如图8.3（a）所示。当作用力为零时，正负电荷相互平衡，所以外部没有带电现象。

如果在 X 轴方向施加压力，如图8.3（b）所示，则氧离子/挤入硅离子2和6之间，而硅离子4挤入氧离子3和5之间，结果在表面A上出现正电荷，而在表面B上出现负电荷。如果所受的力为拉力时，在表面A和B上的电荷极性就与前面的情况刚好相反。

如果在 Y 轴方向施加压力，则在表面A和B上呈现的极性如图8.3（c）所示，施加拉力时，电荷的极性与它相反。

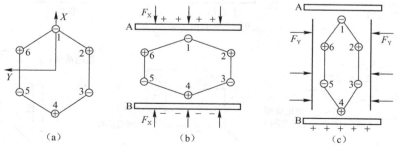

(a)　　　　　　　(b)　　　　　　　(c)

图8.3　石英晶体的压电效应

如果在 Z 轴方向施加力的作用时，由于硅离子和氧离子是对称的平移，故在表面没有电荷出现，因而不产生压电效应。

8.1.2 石英晶体的类型

石英晶体就是二氧化硅（SiO_2），是一种压电晶体，压电效应就是在石英晶体中发现的。它是一种天然晶体，现在已有高化学纯度和结构完善的人工培养的石英晶体。石英晶体的压电系数 $d_{11}=2.31\times10^{-12}C/N$，在几百摄氏度的温度范围内，压电系数不随温度而变；但温度达到 573℃ 时，石英晶体则完全丧失了压电性质，这是它的居里点。石英晶体的熔点为 1750℃，密度为 $2.65\times10^3 kg/m^3$，有很高的机械强度和稳定的机械性质，因而被广泛地应用。石英晶体元件主要用于测量大量值的力和加速度，或作为标准传感器使用。但它的压电系数相当低，因此它已逐渐被其他压电材料所代替。

除了石英晶体外，常用的压电晶体还有酒石酸钾钠（$NaKC_4H_4O_6\cdot4H_2O$），铌酸锂（$LiNbO_2$）等。

8.1.3 压电陶瓷的压电效应

压电陶瓷也是一种常见的压电材料，它是人工制造的多晶体压电材料。压电陶瓷内部具有无规则排列的电畴，电畴结构类似于铁磁性材料的磁畴结构。压电陶瓷在没有极化之前不具有压电性，是非压电体，为使其具有压电性，就必须在一定温度下做极化处理。所谓极化，就是以强电场使电畴规则排列，从而呈现出压电性。在 100～170℃ 温度下，在外电场（1～4kV/mm）的作用下，电畴的极化方向发生转动，趋向于按外电场的方向排列，从而使材料得到极化。在极化电场去除后，电畴基本保持不变，留下了很强的剩余极化，如图 8.4 所示。当极化后的压电陶瓷受到外力作用时，其剩余极化强度将随之发生变化，从而使一定表面分别产生正负电荷，于是压电陶瓷就有了压电效应。压电陶瓷在极化方向上压电效应最明显，把极化方向定义为 z 轴，垂直于 z 轴的平面上的任何直线都可作为 x 轴或 y 轴。压电陶瓷在经过极化处理之后则具有非常高的压电系数，为石英晶体的几百倍；但压电陶瓷的参数会随时间发生变化，即老化，压电陶瓷老化将使压电效应减弱。

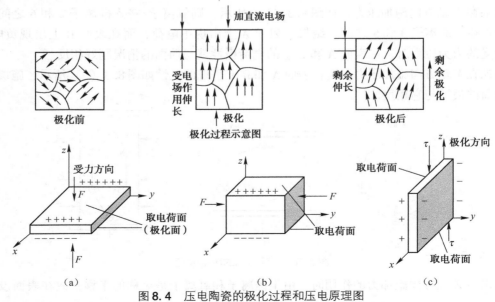

图 8.4　压电陶瓷的极化过程和压电原理图

8.1.4　压电陶瓷的类型

1. 钛酸钡压电陶瓷

钛酸钡（$BaTiO_3$）是由碳酸钡（$BaCO_3$）和氧化钛（TiO_2）在高温下合成的，具有较高的压电系数（107×10^{-12} C/N）和介电常数（$1\,000 \sim 5\,000$），但它的居里点较低（约为120℃）。另外，它的机械强度不及石英晶体，但它的压电系数高，因而在传感器中得到了广泛应用。

2. 锆钛酸铅系压电陶瓷（PZT）

锆钛酸铅是由钛酸铅（$PbTiO_2$）和锆酸铅（$PbZrO_3$）组成的固溶体$Pb(ZrTiO_3)$。在锆钛酸铅的基础上，添加一种或两种微量的其他元素，如镧（La）、铌（Nb）、锑（Sb）、锡（Sn）、锰（Mn）、钨（W）等，可获得不同性能的PZT系列压电材料。PZT系列压电材料均具有较高的压电系数［$d_{33} = (200 \sim 500) \times 10^{-12}$ C/N］和居里点（300℃以上），各项机电参数随温度、时间等外界条件的变化较小，是目前常用的压电材料。

3. 铌酸盐系压电陶瓷

铌酸盐系压电陶瓷是以铌酸钾（$KNbO_3$）和铌酸铅（$PbNbO_2$）为基础制成的。铌酸铅具有较高的居里点（570℃）和较低的介电常数。在铌酸铅中用钡或锶代替一部分铅，可以引起性能的根本变化，从而得到具有较高机械品质因素的铌酸盐压电陶瓷。铌酸钾是通过热压过程制成的，它的居里点也较高（480℃）。近年来，由于铌酸盐系压电陶瓷性能比较稳定，在水声传感器方面得到广泛应用，如用作深海水监听器。

除了以上几种压电材料，近年来，又出现了铌镁酸铅压电陶瓷（PMN），它具有极高的压电常数，居里点为260℃，可承受$700kg/cm^2$的压力。

8.2　压电材料

前文讲过了压电晶体和压电陶瓷两大类，前者是单晶体，后者是多晶体。选用合适的压电材料是设计高性能传感器的关键，一般应考虑以下几个方面。

（1）转换性能：具有较高的耦合系数或较大的压电系数。压电系数是衡量材料压电效应强弱的参数，它直接关系到压电输出的灵敏度。

（2）机械性能：作为受力元件，压电元件应具有较高的机械强度和较大的机械刚度。

（3）电性能：具有较高的电阻率和大的介电常数。

（4）温度和湿度稳定性：具有较高的居里点。

（5）时间稳定性：压电特性不随时间蜕变。

8.3　压电式传感器测量电路

8.3.1　压电器件的串联与并联

在压电式传感器中，常将两片或多片压电器件组合在一起使用。由于压电材料是有极性的，因此接法也有两种，如图8.5所示。图8.5（a）所示为串联接法，其输出电容 C' 为单片电容 C 的 $1/n$，即 $C' = C/n$，输出电荷量 Q' 与单片电荷量 Q 相等，即 $Q' = Q$，输出电压 U' 为单片电压 U 的 n 倍，即 $U' = nU$；图8.5（b）所示为并联接法，其输出电容 C' 为单片电容 C 的 n 倍，即 $C' = nC$，输出电荷量 Q' 是单片电荷量 Q 的 n 倍，即 $Q' = nQ$，输出电压 U' 与单片电压 U 相等，即 $U' = U$。

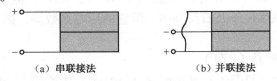

（a）串联接法　　　　（b）并联接法

图8.5　压电器件的串联和并联接法

在以上两种连接方式中，串联接法输出电压高，本身电容小，适用于以电压为输出量及测量电路输入阻抗很高的场合；并联接法输出电荷量大，本身电容大，因此时间常数也大，适用于测量缓变信号，并以电荷量作为输出的场合。

压电器件在压电式传感器中必须有一定的预应力，这样可以保证在作用力变化时，压电片始终受到压力，同时也保证了压电片的输出与作用力的线性关系。

8.3.2　压电式传感器的等效电路

当压电式传感器的压电器件受到外力作用时，就会在受力纵向或横向表面上出现电荷。

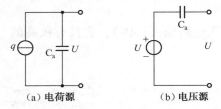

（a）电荷源　　　（b）电压源

图8.6　压电传感器的等效电路

在一个极板上聚集正电荷，另一个极板上聚集负电荷。因此压电式传感器可以看成一个电荷发生器，同时它也是一个电容器。所以可以把压电式传感器等效为一个与电容相并联的电荷源，等效电路如图8.6（a）所示。电容器上的电压 U、电荷 q 与电容 C_a 三者之间的关系为：$U = \dfrac{q}{C_a}$。同时，压电式传感器也可以等效为一个电压源和一个电容相串联的等效电路，如图8.6（b）所示。

工作时，压电器件与二次仪表配合使用，必定与测量电路相连接，这就要考虑连接电缆电容 C_c、放大器的输入电阻 R_i 和输入电容 C_i。如图8.7所示为压电式传感器测试系统完整的等效电路。

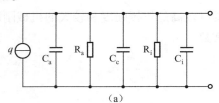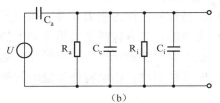

（a）　　　　　　　　　　（b）

图8.7　压电式传感器测试系统完整的等效电路

8.3.3　压电式传感器的测量电路

压电式传感器的内阻抗很高，而输出信号却很微弱，因此一般不能直接显示和记录。压电式传感器要求测量电路的前级输入端要有足够高的阻抗，以防止电荷迅速泄漏而使测量误差减小。压电式传感器的前置放大器有两个作用：一是把传感器的高阻抗输出变换为低阻抗输出；二是把传感器的微弱信号进行放大。压电式传感器的输出可以是电压信号，也可以是电荷信号，所以前置放大器也有两种形式：电压放大器和电荷放大器。

1. 电压放大器（阻抗变换器）

如图 8.8 所示是电压放大器电路原理图及其等效电路。

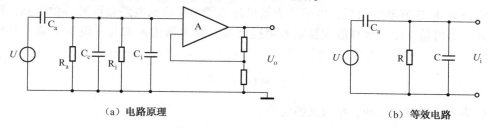

（a）电路原理　　　　　　　　　　　　　　　　（b）等效电路

图 8.8　电压放大器电路原理及其等效电路图

在图 8.8（b）所示电路中，电阻 $R = R_a R_i / (R_a + R_i)$，电容 $C = C_a + C_c + C_i$，而 $u_a = q/C_a$，若压电元件受正弦力 $f = F_m \sin\omega t$ 的作用，则其电压为

$$u_a = \frac{dF_m}{C_a}\sin\omega t = U_m\sin\omega t \tag{8.3}$$

式中，U_m 为压电元件输出电压的幅值，$U_m = dF_m/C_a$；d 为压电系数。

由此可得放大器输入端电压 u_i，其复数形式为

$$\dot{u}_i = \frac{\dfrac{R \cdot \dfrac{1}{j\omega C}}{R + \dfrac{1}{j\omega C}}}{\dfrac{1}{j\omega C} + \dfrac{R \cdot \dfrac{1}{j\omega C}}{R + \dfrac{1}{j\omega C}}} \cdot \dot{u}_a = dF_m\frac{j\omega R}{1 + j\omega R(C + C_a)} \tag{8.4}$$

$\dot{u}_i$ 的幅值 U_{im} 为

$$U_{im} = \frac{dF_m\omega R}{\sqrt{1 + \omega^2 R(C_a + C_c + C_i)}} \tag{8.5}$$

输入电压与作用力之间的相位差为

$$\phi = \frac{\pi}{2} - \arctan[\omega(C_a + C_c + C_i)R] \tag{8.6}$$

在理想情况下，传感器的 R_a 值与前置放大器输入电阻 R_i 都为无限大，即 $\omega(C_a + C_c + C_i)R \gg 1$，那么由式（8.5）可知，理想情况下输入电压的幅值 U_{im} 为

$$U_{im} = \frac{dF_m}{C_a + C_c + C_i} \tag{8.7}$$

式（8.7）表明，前置放大器输入电压 U_{im} 与频率无关。一般认为 $\omega/\omega_0 > 3$ 时就可以认为 U_{im} 与 ω 无关。ω_0 表示测量电路时间常数的倒数，即 $\omega_0 = 1/[R(C_a + C_c + C_i)]$。这表明压电传感器有很好的高频响应性能，但是当作用于压电元件的力为静态力（$\omega = 0$）时，则前置放大器的输入电压为 0，因为电荷会通过放大器输入电阻和传感器本身漏电阻漏掉，所以压电传感器不能用于静态力测量。

当 $\omega^2 R^2 (C_a + C_c + C_i) \gg 1$ 时，放大器输入电压 U_{im} 如式（8.7）所示。式中，C_c 为连接电缆电容，当电缆长度改变时，C_c 也将改变，因而 U_{im} 也随之改变。因此，压电式传感器与前置放大器之间的连接电缆不能随意更换，否则将引入测量误差。

2. 电荷放大器

电荷放大器常作为压电式传感器的输入电路，由一个反馈电容 C_f 和高增益运算放大器构成，当略去 R_a 和 R_i 并联电阻后，电荷放大器可用如图 8.9 所示电路表示其等效电路，图中 A 为运算放大器增益。由于运算放大器输入阻抗极高，放大器输入端几乎没有电流，其输出电压 U_o 为

$$U_o \approx U_{cf} = \frac{-q}{C_f} \tag{8.8}$$

式中，U_o 为放大器输出电压；C_f 为反馈电容。

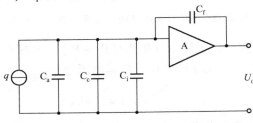

图 8.9　电荷放大器等效电路

由运算放大器基本特性，可求出电荷放大器的输出电压为

$$U_o = \frac{-Aq}{C_a + C_c + C_i + (1 + A)C_f} \tag{8.9}$$

通常 $A = 10^4 \sim 10^6$，因此若满足 $(1 + A)C_f \gg C_a + C_c + C_i$ 时，则

$$U_o \approx \frac{-q}{C_f} \tag{8.10}$$

由式（8.10）可见，电荷放大器的输出电压 U_o 与电缆电容 C_c 无关，且与 q 成正比，这是电荷放大器的最大特点。

8.4　压电式传感器应用举例

1. 压电式压力传感器

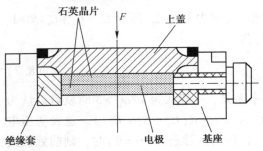

图 8.10　单向压电石英力传感器的结构

（1）单向力传感器。如图 8.10 所示为一个单向压电石英力传感器的结构。两片压电晶片沿电轴方向叠在一起，采用并联接法，中间为片形电极（负极），它收集负电荷。基座与上盖形成正极，绝缘套使正、负极隔离。

被测力 F 通过上盖使压电晶片沿电轴方向受压力作用，便使晶片产生电荷，负电荷由片形电极（负极）输出，正电荷与上盖和基座连接。这种压力传感器有以下特点。

① 体积小，质量轻（仅 10g）。

② 固有频率高（为 50～60kHz）。

③ 可检测高达 5 000N（变化频率小于 20kHz）的动态力。

④ 分辨率高（可达 10^{-3}N）。

除了以上介绍的单向力传感器外，还有双向力传感器和三向力传感器。双向力传感器基本上有两种组合：一是测量垂直分力和切向分力，即 F_z 与 F_x（或 F_y）；二是测量互相垂直的两个切向分力，即 F_x 与 F_y。无论哪一种组合，传感器的结构形式都相似。三向力传感器可以对空间任一个或三个力同时进行测量。

（2）压电式压力传感器测量冲床压力。如图 8.11 所示为冲床压力测量示意图。当测量大的力时，可用两个传感器支承，或将几个传感器沿圆周均布支承，而后将分别测得的力值相加求出总力值 F（属平行行力时）。因有时力的分布不均匀，各个传感器测得的力值有大有小，所以分别测力可以测得更准确些，有时也可通过各点的力值来了解力的分布情况。

（3）压电式压力传感器测量金属加工切削力。如图 8.12 所示为利用压电式陶瓷传感器测量刀具切削力的示意图。由于压电陶瓷元件的自振频率高，故特别适合测量变化剧烈的载荷。图中压电传感器位于车刀前部的下方，当进行切削加工时，切削力通过刀具传给压电传感器，压电传感器将切削力转换为电信号输出，记录下电信号的变化便测得切削力的变化。

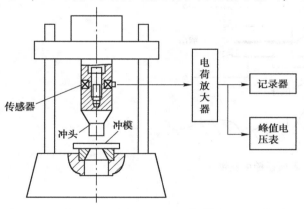

图 8.11 冲床压力测量示意图

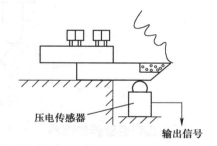

图 8.12 压电式刀具切削力测量示意图

2. 压电式加速度传感器

如图 8.13 所示为一种压电式加速度传感器的结构图。它主要由压电元件、质量块、预压弹簧、基座以及外壳等组成。整个部件装在外壳内，并用螺栓加以固定。

当加速度传感器与被测物一起受到冲击振动时，压电元件受质量块惯性力的作用，根据牛顿第二运动定律，此惯性力是加速度的函数，即

$$F = ma$$

式中，F 为质量块产生的惯性力；m 为质量块的质量；a 为加速度。

此时，惯性力 F 作用于压电元件上，因而产生电荷 q，当传感器选定后，m 为常数，则传感器输出电荷为

$$q = d_{11}F = d_{11}ma$$

与加速度 a 成正比。因此，测得加速度传感器输出的电荷便可知加速度的大小。

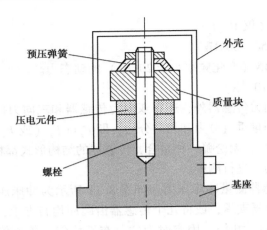

图 8.13　压电式加速度传感器结构图

3. 用压电式传感器测表面粗糙度

如图 8.14 所示，由驱动器拖动传感器触针在工件表面以恒速滑行，工件表面的起伏不平使触针上下移动，使压电晶片产生变形，压电晶片表面就会出现电荷，由引线输出的电信号与触针上下移动量成正比。

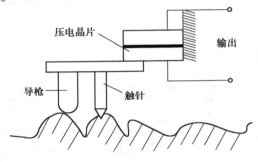

图 8.14　表面粗糙度测量

4. 压电式玻璃破碎传感器

BS – D₂压电式传感器是专门用于检测玻璃破碎的一种传感器，它利用压电元件对振动敏感的特性来感知玻璃受撞击时产生的振动波。传感器把振动波转换成电压输出，输出电压经放大、滤波、比较等处理后提供给报警系统。

BS – D₂压电式玻璃破碎传感器的外形及内部电路如图 8.15 所示。传感器的最小输出电压为 100mV，最大输出电压为 100V，内阻抗为 15 ~ 20kΩ。

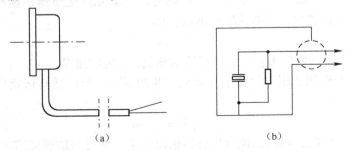

　　　　　（a）　　　　　　　　　　　　　　　（b）

图 8.15　BS – D₂压电式玻璃破碎传感器

BS－D_2压电式玻璃破碎传感器的电路框图如图8.16所示。使用时，传感器用胶粘贴在玻璃上，然后通过电缆与报警电路相连。为了提高报警器的灵敏度，信号经放大后，须经带通滤波器进行滤波，要求它对选定的频谱带通的衰减要小，而带外衰减要尽量大。由于玻璃振动的波长在音频和超声波的范围内，这就使滤波器成为电路中的关键。当传感器输出信号高于设定的阈值时，才会输出报警信号，驱动报警执行机构工作。

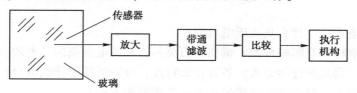

图8.16　BS－D_2压电式玻璃破碎传感器电路框图

玻璃破碎传感器可广泛应用于文物、贵重商品保管及其他商品柜台等场合。

5. 压电式煤气灶电子点火装置

图8.17所示为压电式煤气灶电子点火装置的原理图。

当使用者将开关往下压时，打开气阀，再旋转开关，使弹簧往左压，这时弹簧有一个很大的力，撞击压电晶体，使压电晶体产生电荷，电荷经高压线引至燃烧盘从而产生高压放电，产生电火花，导致燃烧盘的煤气点火燃烧。

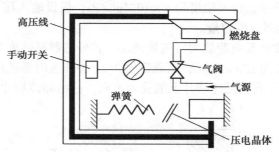

图8.17　压电式煤气灶电子点火装置原理

小　　结

本章主要介绍了压电式传感器的基本知识。压电式传感器是一种电能量型传感器，它的工作原理是基于某些电介质的压电效应。

对某些电介质，当沿着一定方向对它施加压力时，内部就产生极化现象，同时在它的两个表面上产生相反的电荷；当外力去掉后，电介质又重新恢复为不带电状态；当作用力方向改变时，电荷的极性也随着改变；晶体受力所产生的电荷量与外力的大小成正比，这种现象被称为压电效应。

压电式传感器的内阻抗很高，而输出的信号却很微弱，因此一般不能直接显示和记录。所以，压电式传感器要求测量电路的前级输入端要有足够高的阻抗，以防止电荷迅速泄漏而使测量误差减小。压电式传感器的前置放大器有两个作用：一是把传感器的高阻抗输出转换为低阻抗输出；二是把传感器的微弱信号进行放大。压电式传感器的输出可以是电压信号，也可以是电荷信号，所以前置放大器也有两种形式：电压放大器和电荷放大器。

最后，本章介绍了压电式传感器在实际生产生活中的一些应用实例。

思考与练习

1. 什么是压电效应？什么是逆压电效应？

2. 常用的压电材料有哪些种类？试比较石英晶体和压电陶瓷的压电效应。

3. 压电晶片有哪几种连接方式？各有什么特点？分别适用于什么场合？

4. 选择合适的压电材料做压电式传感器应考虑哪些方面？

5. 压电式传感器主要可用于测量哪些物理量？

6. 能否用压电式传感器测量变化比较缓慢的力信号？试说明其理由。

7. 为什么说压电式传感器只适用于动态测量而不能用于静态测量？

8. 压电式传感器测量电路的作用是什么？其核心是解决什么问题？

9. 一压电式传感器的灵敏度 $k_1 = 10\text{pC/MPa}$，连接灵敏度 $k_2 = 0.008\text{V/pC}$ 的电荷放大器，所用的笔式记录仪的灵敏度 $k_3 = 25\text{mm/V}$。当压力变化 $\Delta p = 8\text{MPa}$，记录笔在记录纸上的偏移为多少？

10. 某压电式压力传感器的灵敏度为 $8 \times 10^{-4}\text{pC/Pa}$，假设输入压力为 $3 \times 10^5\text{Pa}$ 时的输出电压式 1V，试确定传感器总电容量。

11. 用压电式加速度计及电荷放大器测量振动，若传感器灵敏度为 7pC/g（g 为重力加速度），电荷放大器灵敏度为 100mV/pC，试确定输入 3g 加速度时系统的输出电压。

12. 根据图 8.18 所示石英晶体切片上的受力方向，标出晶体切片上产生电荷的符号。

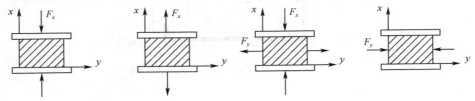

图 8.18　石英晶片的受力示意图

13. 压电式传感器测量电路的作用是什么？其核心是解决什么问题？

第9章　光纤传感器

光纤传感器是 20 世纪 70 年代中期迅速发展起来的一种新型传感器，它是光纤和光通信技术迅速发展的产物。它以光学测量为基础，把被测量的变量状态转换为可测的光信号；但与常规传感器把被测量的变量状态转变为可测的电信号不同。光纤传感器作为一个新的技术领域，将不断改变传感器的面貌，并在各个领域获得广泛应用。

光纤传感器与常规的传感器相比，具有如下的优点。

（1）抗电磁干扰能力强。由于光纤传感器利用光传输信息，而光纤是电绝缘、耐腐蚀的，因此它不易受周围电磁场的干扰；而且电磁干扰噪声的频率与光波频率相比较低，对光波无干扰；此外，光波易于屏蔽，所以外界的干扰也很难进入光纤中。

（2）灵敏度高。很多光纤传感器都优于同类常规传感器，有的甚至高出几个数量级。

（3）电绝缘性能好。光纤一般是用石英玻璃制作的，具有 $80kV/20cm$ 耐高压特性。

（4）质量轻，体积小，光纤直径仅有几十微米至几百微米，即使加上各种防护材料制成的光缆，也比普通电缆细而轻。所以，光纤柔软、可绕性好，可深入机器内部或人体弯曲的内脏进行检测，也能使光沿需要的途径传输。

（5）适于遥控。可利用现有的光能技术组成遥测网。

（6）耐腐蚀，耐高温。

因此，光纤传感器可广泛应用于位移、速度、加速度、压力、温度、液位、流量、水声、电声、磁场、放射性射线等物理量的测量。

光纤传感器种类繁多，应用范围极广，发展极为迅速。到目前为止，已相继研制出六七十种不同类型的光纤传感器。本章选择其中典型的几种加以简要的介绍。

9.1　光纤传感器的原理、结构及种类

9.1.1　光纤传感器的原理

光纤传感器的构成示意图如图 9.1 所示。它由光发送器、敏感元件、光接收器、信号处理系统及光纤等主要部分所组成。由光发送器发出的光，经光纤引导到调制区，被测参数通过敏感元件的作用，使光学性质（如光强、波长、频率、相位、偏振态等）发生变化，成为被调制光，再经光纤送到光接收器，经过信号处理系统处理而获得测量结果。在检测过程中，用光作为敏感信息的载体，用光纤作为传输

图 9.1　光纤传感器构成示意图

光信息的媒质。

由图9.1可知，光纤传感器的基本原理是：光纤中光波参数（如光强、频率、波长、相位以及偏振态等）随外界被测参数的变化而变化，所以，可通过检测光纤中光波参数的变化以达到检测外界被测物理量的目的。

9.1.2 光纤的结构

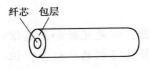

图9.2　光纤的基本结构

光纤是一种传输光信息的导光纤维，主要由高强度石英玻璃、常规玻璃和塑料制成。它的结构很简单，如图9.2所示，由导光的芯体玻璃（简称纤芯）和包层组成，纤芯位于光纤的中心部位，其直径为 $5 \sim 100 \mu m$，包层可用玻璃或塑料制成，两层之间形成良好的光学界面。包层外面常有塑料或橡胶外套，可保护纤芯和包层并使光纤具有一定的机械强度。

光主要在纤芯中传输，光纤的导光能力主要取决于纤芯和包层的性质，即它们的折射率。纤芯的折射率 n_1 稍大于包层的折射率 n_2，典型的数量值是 $n_1 = 1.46 \sim 1.51$，$n_2 = 1.44 \sim 1.50$；而且纤芯和包层构成一个同心圆双层结构。所以，可以保证入射到光纤内的光波集中在纤芯内传输。

9.1.3 光纤的种类

光纤按纤芯和包层的材料性质分类，有玻璃光纤和塑料光纤两大类；按折射率分布分类，有阶跃型光纤和梯度型光纤两种。

1. 阶跃型光纤（折射率固定不变）

阶跃型多模光纤如图9.3（a）所示。纤芯的折射率 n_1 分布均匀，不随半径变化，而包层内的折射率 n_2 分布也大体均匀；但纤芯与包层之间折射率的变化呈阶梯状。在纤芯内，中心光线沿光纤轴线传播，通过轴线平面的不同方向入射的光线（子午光线）呈锯齿形轨迹传播。

2. 梯度型光纤（纤芯折射率近似呈平方分布）

梯度型多模光纤如图9.3（b）所示。纤芯内的折射率不是常数，从中心轴线开始沿径向大致按抛物线规律逐渐减小。因此，采用这种光纤时，当光射入光纤后，光线在传播中连续不断地折射，自动地从折射率小的包层面向轴心处会聚，使光线（或光束）能集中在中心轴线附近传输，故也称自聚焦光纤。

此外，光纤还可按传输模式分类，有单模光纤和多模光纤两类。

先介绍模的概念。所谓光波，在本质上是一种电磁波。在纤芯内传播的光波，可以分解为沿轴向和沿截面传输的两种平面波成分。沿截面传输的平面波将会在纤芯与包层的界面处产生反射。如果此波的每一个往复传输（入射和反射）的相位变化是 2π 的整数倍时，就可以在截面内形成驻波，这样的驻波光线组又称为"模"。只有能形成驻波的那些以特定角度射入光纤的光，才能在光纤内传播。在光纤内只能传输一定数量的模。当纤芯直径很小（一般为 $5 \sim 10 \mu m$）、只能传播一个模时，这样的光纤被称为单模光纤，如图9.3（c）所示。当纤芯直径较大（通常为几十微米以上）、能传播几百个以上的模时，这样的光纤被称为多模光纤。单模光纤和多模光纤都是当前光纤通信技术上最常用的光纤类型，因此它们被统称为普通光纤。

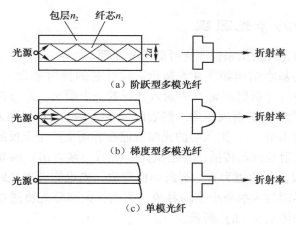

（a）阶跃型多模光纤

（b）梯度型多模光纤

（c）单模光纤

图 9.3　光纤的种类和光传播形式

9.2　光的传输原理

9.2.1　光的全反射定律

光的全反射现象是研究光纤传光原理的基础。在几何光学中，大家知道，当光线以较小的入射角 φ_1（$\varphi_1 < \varphi_c$，φ_c 为临界角），由光密媒质（折射率为 n_1）射入光疏媒质（折射率为 n_2）时，一部分光线被反射，另一部分光线折射入光疏媒质，如图 9.4（a）所示。折射角满足斯乃尔法则，即

$$n_1 \sin\varphi_1 = n_2 \sin\varphi_2 \qquad (9.1)$$

根据能量守恒定律，反射光与折射光的能量之和等于入射光的能量。

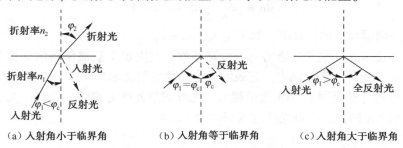

（a）入射角小于临界角　　（b）入射角等于临界角　　（c）入射角大于临界角

图 9.4　光线在临界面上发生的内反射示意图

当逐渐加大入射角 φ_1，一直到 φ_c 时，折射光就会沿着界面传播，此时折射角 $\varphi_2 = 90°$，如图 9.4（b）所示，这时的入射角 $\varphi_1 = \varphi_c$，称为临界角，由下式决定：

$$\sin\varphi_c = \frac{n_2}{n_1} \qquad (9.2)$$

当继续加大入射角 φ_1（即 $\varphi_1 > \varphi_c$）时，光不再产生折射，只有反射，形成光的全反射现象，如图 9.4（c）所示。

9.2.2　光纤的传光原理

下面以阶跃型多模光纤为例来说明光纤的传光原理。

阶跃型多模光纤的基本结构如图 9.5 所示。设纤芯的折射率为 n_1，包层的折射率为 n_2（$n_1 > n_2$）。当光线从空气（折射率 n_0）中射入光纤的一个端面，并与其轴线的夹角为 θ_0，如图 9.5（a）所示，在光纤内折射成 θ_1 角。然后以 φ_1（$\varphi_1 = 90° - \theta_1$）角入射到纤芯与包层的界面上。若入射角 φ_1 大于界角 φ_c，则入射的光线就能在界面上产生全反射，并在光纤内部以同样的角度反复逐次全反射地向前传播，直至从光纤的另一端射出。因光纤两端都处于同一媒质（空气）之中，所以出射角也为 θ_0。光纤即便弯曲，光也能沿着光纤传播。但是光纤过分弯曲，以致使光射至界面的入射角小于临界角，那么，大部分光将透过包层损失掉，从而不能在纤芯内部传播，如图 9.5（b）所示。

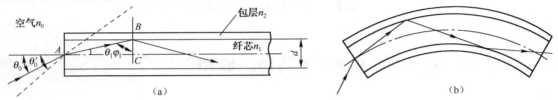

图 9.5　阶跃型多模光纤中子午光线的传播

从空气中射入光纤的光并不一定都在光纤中产生全反射。图 9.5（a）中所示的虚线表示入射角 θ_0' 过大，光线不能满足临界角要求（即 $\varphi_1 < \varphi_c$），这部分光线将穿透包层而逸出，称为漏光。即使有少量光被反射回光纤内部，但经过多次这样的反射后，能量已基本上损耗掉，以致几乎没有光通过光纤传播出去。因此，只有在光纤端面一定入射角范围内的光线才能在光纤内部产生全反射而传播出去。能产生全反射的最大入射角可以通过临界角定义求得。

引入光纤的数值孔径（NA）这个概念，则

$$\sin \theta_c = \frac{1}{n_0}\sqrt{n_1^2 - n_2^2} = NA \tag{9.3}$$

式中，n_0 为光纤周围媒质的折射率。对于空气，$n_0 = 1$。

数值孔径是衡量光纤集光性能的一个主要参数，它决定了能被传播的光束的半孔径角的最大值 θ_c，反映了光纤的集光能力。它表示无论光源发射功率多大，只有 $2\theta_c$ 传角的光，才能被光纤接收、传播（全反射）。NA 数值越大，光纤的集光能力越强。光纤产品通常不给出折射率，而只给出 NA 的值。石英光纤的 $NA = 0.2 \sim 0.4$。

9.3　光纤传感器的类型

9.3.1　光纤传感器的分类

从广义上讲，凡是采用光导纤维的传感器均可称为光纤传感器，它是 20 世纪 70 年代末发展起来的一项新型传感技术，迄今为止已经开发出来的光纤传感器可应用于位移、振动、转速、温度、压力、流量、浓度、pH 等 70 多个参量的检测，具有广泛的应用潜力。

光纤传感器通常有 3 种分类方法。

1. 按测量对象分类

按测量对象的不同，光纤传感器可以分为光纤温度传感器、光纤浓度传感器、光纤电流传感器、光纤流速传感器等。

2. 按光纤中光波调制的原理分类

光波在光纤中传输光信息，把被测物理量的变化转变为调制的光波，即可检测出被测物理量的变化。光波在本质上是一种电磁波，因此它具有光的强度、频率、相位、波长和偏振态4个参数。相应地，根据被调制参数的不同，光纤传感器可以分为5类，即强度调制型光纤传感器、相位调制型光纤传感器、偏振调制型光纤传感器、频率调制型光纤传感器、波长调制型光纤传感器。

3. 按光纤在传感器中的作用分类

光纤传感器按光纤在传感器中所起的作用不同，可分为功能型光纤传感器即 FF 型（Function Fiber）和非功能型光纤传感器即 NFF 型（Non Function Fider）。这种分类方法应用甚广。

9.3.2　功能型和非功能型光纤传感器

1. 功能型光纤传感器

功能型光纤传感器主要使用单模光纤，它是利用对外界信息具有敏感能力和检测功能的光纤，构成"传"和"感"合为一体的传感器，其原理结构如图 9.6 所示。在这类传感器中，光纤一方面起传光的作用，另一方面又是敏感元件。它是靠被测物理量调制或影响光纤的传输特性，把被测物理量的变化转变为调制的光信号的。因此，这一类光纤传感器又可分为光强调制型、相位调制型、偏振态调制型和波长调制型。功能型光纤传感器的典型例子有利用光纤在高电场下的泡克耳斯效应的光纤电压传感器、利用光纤法拉第效应的光纤电流传感器、利用光纤微弯效应的光纤位移（压力）传感器。光纤的输出端采用光敏元件，它所接收的光信号便是被测量调制后的信号，并使之转变为电信号。

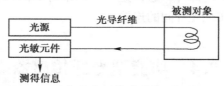

图 9.6　功能型光纤传感器的原理结构图

由于光纤本身也是敏感元件，因此加长光纤的长度，可以提高传感器的灵敏度。这类光纤传感器在技术上难度较大，结构比较复杂，调整也较困难。

2. 非功能型光纤传感器

在非功能型光纤传感器中，光纤不是敏感元件，它只起到传递信号的作用。传感器信号的感受是利用光纤的端面或在两根光纤中间放置光学材料、机械式或光学式的敏感元件，感受被测物理量的变化。非功能型光纤传感器又可分为两种：一种是把敏感元件置于发送、接收的光纤中间，如图 9.7 所示，在被测对象参数作用下，或使敏感元件遮断光路，或使敏感元件的光穿透率发生某种变化。于是，受光的光敏元件所接收的光量，便成为被测对象参数调制后的信号；另一种是在光纤终端设置"敏感元件 + 发光元件"组合体，如图 9.8 所示，敏感元件感知被测对象参数的变化，并将其转变为电信号，输出给发光元件（如 LED），最后光敏元件以发光二极管 LED 的发光强度作为测量所得的信息。

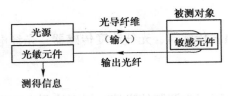

图9.7　非功能型光纤传感器
敏感元件在中间原理结构图

图9.8　非功能型光纤"敏感元件＋
发光元件"组合体原理结构图

由于要求非功能型传感器能传输尽量多的光量，因此应采用多模光纤。NFF型传感器结构简单、可靠，且在技术上容易实现，便于推广应用。但其灵敏度比功能型传感器的低，测量精度也差些。

9.3.3　光纤传感器的主要部件

1. 光源

光源一般采用半导体光源或半导体激光器，如砷化镓发光二极管和激光器。激光器是一种新型光源，由于它具有许多突出的优点而被广泛地用于国防、科研、医疗及工业等许多领域中。

2. 耦合器

耦合器的作用是使光源发出的光通量尽可能进入光纤。若用直接耦合（不用耦合器），则光的损耗会很大。

3. 探测器

它通过耦合器接收光信号并将其转换为电信号，再使电信号经信号处理电路处理而输出。通常要求探测器具有灵敏度高、响应快、噪声低的特点。应注意光源、传输光纤和光电探测器三者之间的光谱匹配，因为这对系统的工作特性有很大的影响。

4. 连接器

它是用于光纤间对接的专门部件，通常是一个三维可调的精密机械机构，其目的是在尽可能减少光损失的条件下，实现光纤间的连接。

9.4　功能型光纤传感器

9.4.1　相位调制型光纤传感器

1. 相位调制的原理

根据光纤中传导光的理论分析可知，当一束波长为 λ 的相干光在光纤中传播时，光波的相位角 ϕ 与光纤的长度 L、纤芯折射率 n_1 和纤芯直径 d 有关。若光纤受物理量的作用，将会使这3个参数发生不同程度的变化，从而引起光相移。一般来说，光纤长度和折射率对光相位的影响大大超过光纤直径的影响，因此可忽略光纤直径引起的相位变化。由普通物理学知识可知，在一段长为 L 的单模光纤（纤芯折射率为 n_1）中，波长为 λ 的输出光相对于输入端来说，其相位角 ϕ 为

$$\phi = \frac{2\pi n_1 L}{\lambda} \tag{9.4}$$

当光纤受到外界物理量的作用时，则光波的相位角变化为

$$\Delta\phi = \frac{2\pi}{\lambda}(n_1\Delta L + L\Delta n_1) = \frac{2\pi L}{\lambda}(n_1\varepsilon_L + \Delta n_1) \tag{9.5}$$

式中，$\Delta\phi$ 为光波相位角的变化量；λ 为光波波长；L 为光纤长度；n_1 为光纤纤芯折射率；ΔL 为光纤长度的变化量；Δn_1 为光纤纤芯折射率的变化量；ε_L 为光纤轴向应变，$\varepsilon_L = \frac{\Delta L}{L}$。这样，就可以应用光的相位检测技术测量出温度、压力、加速度、电流等物理量。

由于光的频率很高（约为 $10^{14}\,\mathrm{Hz}$），光电探测器无法对这么高的频率做出响应，也就是说，光电探测器不能跟踪以这么高的频率进行变化的瞬时值。因此，光波的相位变化是不能够直接被检测到的。为了能检测光波的相位变化，就必须应用光学干涉测量技术将相位调制转换成振幅（强度）调制。通常，在光纤传感器中常采用干涉测量仪。

干涉测量仪的基本原理：光源的输出光都被分束器（棱镜或低损耗光纤耦合器）分成光功率相等的两束光（也有的分成几束光），并分别耦合到两根或几根光纤中去。在光纤的输出端再将这些分离光束汇合起来，输到一个光电探测器，这样在干涉仪中就可以检测出相位调制信号。因此，相位调制型光纤传感器实际上为一光纤干涉仪，故又称为干涉型光纤传感器。

2. 应用举例

下面将以干涉测量仪在压力及温度测量中的应用为例，介绍相位检测的原理。

图 9.9 所示为利用干涉仪测量压力或温度的相位调制型光纤传感器原理图。激光器发出的一束相干光经过扩束以后，被分束棱镜分成两束光，并分别耦合到传感光纤和参考光纤中。传感光纤被置于被测对象的环境中，感受压力（或温度）的信号；参考光纤不感受被测物理量。这两根光纤（单模光纤）构成干涉仪的两个臂。当两臂的光程长大致相等（在光源相干长度内），那么来自两根光纤的光束经过准直和合成后将会产生干涉，并形成一系列明暗相间的干涉条纹。

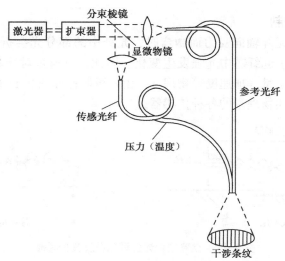

图 9.9 测量压力或温度的相位调制型光纤传感器原理图

若传感光纤受物理量的作用，则光纤的长度、直径和折射率将会发生变化，但直径变化对光的相位变化影响不大。当传感光纤感受的温度变化时，光纤的折射率会发生变化，而且

光纤的长度也会因热胀冷缩而发生改变。

由式（9.5）可知，光纤的长度和折射率发生变化，将会引起传播光的相位角也发生变化。这样，传感光纤和参考光纤的两束输出光的相位也发生了变化。从而使合成光强随着相位的变化而变化（增强或减弱）。

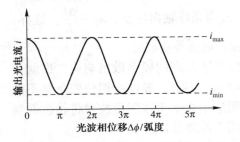

图9.10 输出光电流与光相位变化的关系

如果在传感光纤和参考光纤的汇合端放置一个光电探测器，就可以将合成光强的强弱变化转换成电信号大小的变化，如图9.10所示。

由图9.10可以看出，在初始状态，传感光纤中的传播光与参考光纤中的传播光同相时，输出光电流最大。随着相位增加，光电流渐渐减小。相位移增加π弧度时，光电流达到最小值。相位移继续增加到2π弧度时，光电流又上升到最大值。这样，光的相位调制便转换成电信号的幅值调制。对应相位变化2π弧度，移动一根干涉条纹。如果在两光纤的输出端用光电元件来扫描干涉条纹的移动，并转换成电信号，再经放大后输入记录仪，则从记录的移动条纹数就可以检测出温度（或压力）信号。试验表明，检测温度的灵敏度要比检测压力的高得多。例如，1m长的石英光纤，温度变化1℃时，干涉条纹移动17条，而压力需变化154kPa，才移动一根干涉条纹。然而，加长光纤长度可以提高灵敏度。

9.4.2 光强调制型光纤传感器

光强调制型光纤传感器的工作原理是利用外界因素改变光纤中光的强度，通过检测光纤中光强的变化来测量外界的被测参数，即强度调制。强度调制的特点是简单、可靠而经济。强度调制方式有多种，大致可分为以下几种：由光传播方向的改变引起的强度调制、由透射率改变引起的强度调制、由光纤中光的模式改变引起的强度调制、由吸收系数和折射率改变引起的强度调制。

1. 微弯损耗光强调制

根据模态理论，当光纤轴向受力而微弯时，光纤中的部分光会折射到纤芯的包层中去，不产生全反射，这样将引起纤芯中光强发生变化。因此，可通过对纤芯或包层的能量变化来测量外界力，如应力、重量、加速度等物理量。由此可制作如图9.11所示的微弯损耗光强调制器，从而得到测量上述物理量的各种传感器。

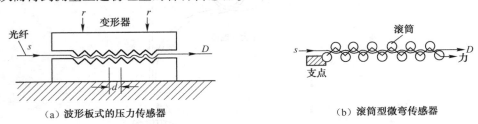

（a）波形板式的压力传感器　　　　（b）滚筒型微弯传感器

图9.11 微弯损耗光强调制器及其传感器

微弯光纤压力传感器由两块波形板或其他形状的变形器构成，其中一块活动，另一块固定。变形器一般采用有机合成材料（如尼龙、有机玻璃等）制成。一根光纤从一对变形器之间通过，当变形器的活动部分受到外界力的作用时，光纤将发生周期性微变曲，引起传播光的散射损耗，使光在芯模中重新分配：一部分从纤芯耦合到包层，另一部分光反射回纤芯。当外界力增大时，泄漏到包层的散射光随之增大；相反，光纤纤芯的输出光强度减小。它们之间呈线性关系，如图9.12所示。由于光强度受到调制，因此通过检测泄漏到包层的散射光强或光纤纤芯透射光强度的变化能测出压力或位移的变化。

2. 临界角光纤压力传感器

临界角光纤传感器也是一种光强调制型传感器。如图9.13所示，在一根单模光纤的端部切割（直接抛光）出一个反射面。切割角刚小于临界角。临界角 φ_c 由纤芯折射率 n_1 和光纤端部介质的折射率 n_3 决定，即

$$\varphi_c = \arcsin \frac{n_2}{n_1} \tag{9.6}$$

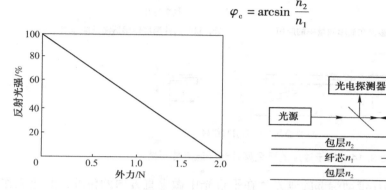

图9.12 纤芯透射光强度与外力的关系　　　图9.13 临界角光强调制型光纤传感器

如果临界角不接近45°（要求周围介质是气体），那么就需要在端面再切割一个反射面。

入射光线在界面上的入射角是一定的。由于入射角小于临界角，一部分光折射入周围介质中；另一部分光则返回光纤。返回的反射光被分束器偏转到光电探测器而输出。

当被测介质压力（或温度）变化时，将使纤芯的折射率 n_1 和介质的折射率 n_3 发生不同程度的变化，引起临界角发生改变，返回纤芯的反射光强度也随之发生变化。

基于这一原理，有可能设计出一种微小探针型压力传感器。这种传感器的缺点是灵敏度较低；然而频率响应高、尺寸小却是它的独特优点。

9.5 非功能型光纤传感器

非功能型光纤传感器主要是光强调制型。按照敏感元件对光强调制的原理，又可以分为传输光强调制型和反射光强调制型，这里主要介绍前者。

传输光强调制型光纤传感器一般在两根光纤（输入光纤和输出光纤）之间配置有机械式或光电式的敏感元件，它在物理量作用下调制传输光强，其方式有遮断光路和吸收光能量等。

9.5.1 遮断光路的光强调制型光纤传感器

如图9.14（a）所示为用双金属片光纤温度传感器测量油库温度的结构示意图。将双金属片固定在油库的壁上，用长光纤传输被温度调制的光信号，光信号经光电探测器转换成电信号，再经放大后输出。在两根光纤束之间的平行光位置上放置一个双金属片，便可进行温度检测，如图9.14（b）所示。双金属片是温度敏感元件，它由两种不同热膨胀系数的金属

片（如膨胀系数极小的铁镍合金与黄铜或铁）贴合在一起，如图9.14（c）所示，当双金属片受热变形时，其端部将产生位移，位移量 x 由下式给出：

$$x = \frac{kL^2 \Delta t}{n} \qquad (9.7)$$

式中，Δt 为温度变化量；L 为双金属片长度；k 为由两种金属热膨胀系数之差、弹性系数之比和厚宽比所确定的常数。式（9.7）表明，温度与位移量之间呈线性关系。

(a) 双金属片光纤传感器在油库测量中的应用　　(b) 双金属片温度传感器测试原理图

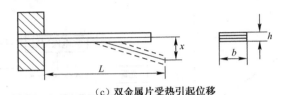

(c) 双金属片受热引起位移

图9.14　用于油库的双金属片光纤温度传感器

当温度变化时，双金属片带动端部的遮光片在平行光中做垂直方向的位移，起遮光作用并使透过的光强度发生变化。光束的透射率为

$$T = \frac{I_T}{I_0} \times 100\% \qquad (9.8)$$

式中，T 为光透射率；I_T 为局部遮光时透射的光强；I_0 为不遮光时透射的光强。

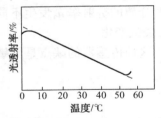

图9.15　光透射率与温度的关系

局部遮光时，透射到输出光纤中的光强与遮光的多少（即双多属片的位移量）有关。双金属片的位移量又随温度的增加而呈线性增加，因此，当温度增加时，光的透射率将近似地呈线性降低，如图9.15所示。

光电探测器的作用是将透射到输出光纤中的光信号转换成电信号，这样便能检测出温度。

由于光纤温度传感器的传感头不带电，因此在诸如油库等易燃、易爆场合进行温度检测是特别适合的。

具有双金属片的光纤温度传感器，可以在 $10 \sim 50$℃ 温度范围内进行较为精确的温度测量，光纤的传输距离可达 5 000m。

9.5.2　改变光纤相对位置的光强调制型光纤传感器

受抑全内反射光纤压力传感器是利用改变光纤轴向相对位置对光强进行调制的一个典型例子。传感器有两根多模光纤：一根固定；另一根在压力作用下可以垂直位移，如图9.16所示。这两根光纤相对的端面被抛光，并与光纤轴线成一足够大的角度 θ，以便使光纤中传播的所有模式的光产生全内反射。当两根光纤充分靠近（中间约有几个波长距离的薄层空气）时，一部分光将透射入空气层并进入输出光纤。这种现象称为受抑全内反射现象，它类似于量子力学中的"隧道效应"或"势垒穿透"。当一根光纤相对另一根固定的光纤垂直移位距离 x 时，则两根光纤端面之间的距离变化 $x\sin\theta$。透射光强率便随距离发生变化。图 9.17 所示为光源波长 $\lambda = 0.63\mu m$，纤芯折射率 $n_1 = 1.48$，数值孔径 $N_A = 0.2$，θ 角分别为 52°、64° 和 76° 时光纤相对透射光强率与光纤间隙之间的关系。由曲线可知，光强变化与间隙距离的变化呈非线性关系。

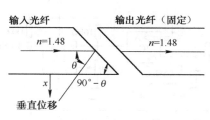

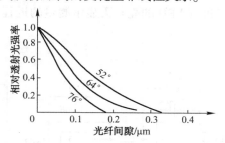

图 9.16 受抑全内反射光纤压力传感器原理图　　图 9.17 相对透射光强率与光纤间隙距离的关系

因此，在实际使用中应限制光纤的位移距离，使传感器工作在变化距离较小的一段线性范围内。从曲线还可以看出，θ 角越大，曲线的线性段斜率越大。所以为了使传感器获得较高的灵敏度，光纤端面的倾斜角（$90° - \theta$）要切割得较小。

图 9.18 所示为基于受抑全内反射原理的光纤压力传感器原理图。一根光纤固定在支架上，另一根光纤通过支架安装在铁青铜弹簧片上。支架上端与膜片相连。当膜片受压力而挠曲并使可动光纤做垂直位移时，透射入输出光纤的光强被调制，经光电探测器转换成电信号，便能够检测出压力信号。

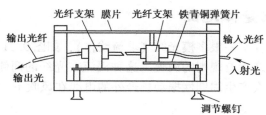

图 9.18 基于受抑全内反射光纤压力传感器原理图

9.6 光纤传感器的应用

9.6.1 光纤微位移测量传感器

图 9.19 所示为测量微位移的 Y 形光纤传感器的原理示意图，其中一根光纤表示传输入射光线，另一根表示传输反射光线。传感器与被测物的反射面的距离在 0～4.0mm 之间变化时，可以通过测量显示电路将距离显示出来，测量显示电路如图 9.20 所示。注意在测量时，光纤应与被测面垂直，图 9.19 中的光电二极管将光纤的光强信号（即被测的距离）转换成电流信号。在图 9.20 中，IC_1 实现 I/U 转换，将反射光转换成电压输出，由于信号微弱，再经 IC_2 的电压

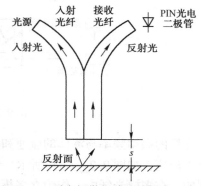

图 9.19 Y 形光纤微位移传感器原理示意图

放大，结果送入 A/D 转换器 MC14433，A/D 转换后的数字量经显示器输出。由 IC_2 放大的结果送入由 IC_3 和 IC_4 组成的峰值保持器（因为传感器的电流输出不是单值函数，故达最大值时应予以报警），当 IC_2 达到最大输出电压时，电容 C_M 被充电，经比较器 IC_5 输出报警信号。发光二极管 LED 的亮与灭显示测量的近程与远程。

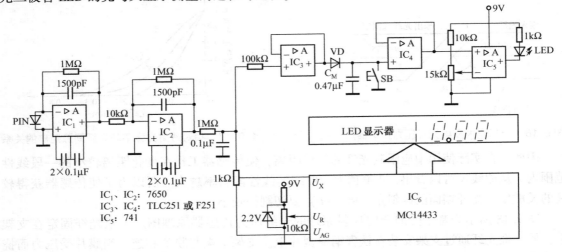

图 9.20　光纤微位移传感器测量显示电路

9.6.2　光纤流量传感器

在液体流动的管道中横贯一根多模光纤（非流线体），如图 9.21（a）所示，当液体流过光纤时，在液流的下游会产生有规则的涡流。这种涡流在光纤的两侧交替地离开，使光纤受到交变的作用力，光纤就会产生周期性振动。野外的电线在风吹下"嗡嗡"作响就是这种现象作用的结果。

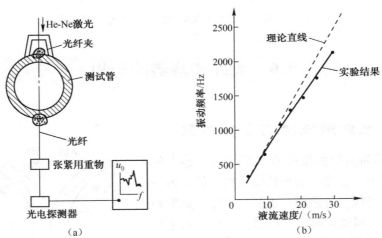

图 9.21　光纤流量传感器原理图

光纤的振动频率与流体的流速和光纤的直径有关。在光纤直径一定时，其振动频率近似正比于流速，如图 9.21（b）所示。光纤中的相干光是通过外界扰动（如振动）来进行相位调制的。在多模光纤中，作为众多模式干涉的结果，在光纤出射端可以观察到"亮"、"暗"

无规则相间的斑图。当光纤受到外界干扰时，亮区和暗区的亮度将不断变化。如果用一个小型光电探测器接收斑图中的亮区，便可接收到光纤振动的信号，经过频谱仪分析便可检测出振动频率，由此可计算出液体的流速及流量。

光纤流量传感器最突出的优点是能在易爆、易燃的环境中安全可靠地工作。测量范围比较大，但在小流速情况下因不产生涡流，会使测量下限受到限制。此外，由于光纤的直径很细，使液体受到的流阻小，所以流量几乎不受影响。它不但能测透明液体的流速，而且能测不透明液体的流速。

9.6.3 光纤图像传感器

光纤图像传感器是靠光纤传像来实现图像传输的，传像束由玻璃光纤按阵列排列而成。一根传像束一般由数万到几十万条直径为 $10 \sim 20\mu m$ 的光纤组成，每条光纤传输一个像素信息，用传像束可以对图像进行传递、分解、合成和修正。传像束式的光纤图像传感器在医疗、工业、军事部门有着广泛的应用。

1. 工业用内窥镜

在工业生产的某些过程中，经常需要检查系统内部结构状况，而这种结构由于各种原因不能打开或靠近观察，采用光纤图像传感器可解决这一难题。将探头事先放入系统内部，通过传像束的传输可以在系统外部观察、监视系统内部情况，其工作原理如图 9.22 所示。该传感器主要由物镜、传像束、传光束、目镜或图像显示器等组成，光源发出的光通过传光束照射到待测物体上，照明视场，再由物镜成像，经传像束把待测物体的各像素传送到目镜或图像显示设备上，观察者便可对该图像进行分析处理。

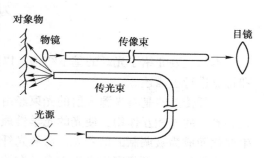

图 9.22 工业用内窥镜原理图

另一种结构形式如图 9.23 所示。被测物体内部结构的图像通过传像束送到 CCD 器件，这样把图像信号转换成电信号，送入微机进行处理，微机输出可以控制伺服装置，实现跟踪扫描，其结果也可以在屏幕上显示和打印。

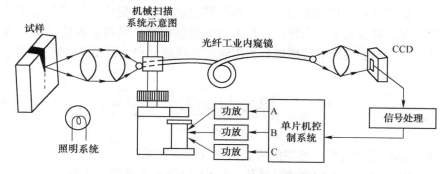

图 9.23 微机控制的工业用内窥镜

2. 医用内窥镜

医用内窥镜的示意图如图 9.24 所示。它由末端的物镜、光纤图像导管、顶端的目镜和控制手柄组成。照明光是通过图像导管外层光纤照射到被观察物体上，反射光通过传像束输出。

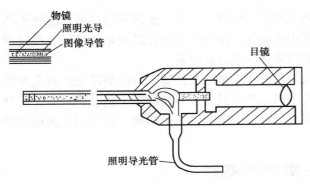

图 9.24　医用内窥镜示意图

由于光纤柔软，自由度大，末端通过手柄控制能偏转，传输图像失真小，因此，它是检查和诊断人体内各部位疾病和进行某些外科手术的重要仪器。

小　　结

本章主要介绍了光纤的基本结构，以及光纤的传光原理和特性，并对光纤传感器的分类和特点进行了描述。

光纤传感器是将光源入射的光束经由光纤送入调制区，在调制区内，外界被测参数与进入调制区的光相互作用，使光的光学性质（如光的强度、波长、频率、相位、偏振态等）发生变化而成为被调制的信号光，再经光纤送入光敏器件、解调器而获得被测参数。光纤传感器分为两类：一类是利用光纤本身具有的某种敏感功能的 FF 型，简称功能型传感器；另一类是光纤仅起传输光的作用，必须在光纤端面加装其他敏感元件才能构成传感器的 NFF 型，简称非功能型传感器。

功能型光纤传感器主要使用单模光纤，此时光纤不仅起传光作用，而且还是敏感元件。功能型光纤传感器分为相位调制型、光强调制型和偏振态调制型三种类型。

非功能型光纤传感器中光纤不是敏感元件，它是利用在光纤的端面或在两根光纤中间放置光学材料、机械式或光学式的敏感元件，感受被测物理量的变化，使透射光或反射光强度随之发生变化。在这种情况下，光纤只是作为光的传输回路，所以这种传感器也称为传输回路型光纤传感器。非功能型光纤传感器分为传输光强调制型和反射光强调制型两类。

思考与练习

1. 说明光纤的组成和光纤传感器的分类，并分析传光原理。

2. 光纤的数值孔径 NA 的物理意义是什么？NA 取值大小有什么作用？

3. 试计算 $n_1 = 1.46$、$n_2 = 1.45$ 的阶跃折射率光纤的数值孔径值？如果外部媒质为空气（$n_0 = 1$），求该种光纤的最大入射角。

4. 说明光纤传感器的结构特点。

5. 试分析和比较 FF 型和 NFF 型光纤传感器。

第10章 过程参数的控制

在工业生产过程中，经常需要对过程控制的参数，如压力、温度、流量、液位进行检测和控制。本章较详细地阐述了这些过程控制参数检测技术。例如，石油企业的石油输送的压力和流量的检测，化工企业各种气体的传输和控制，各种流体的液位检测。通过检测与控制，可以完善和加强企业管理，保证生产装置和设备的安全、经济运行。并为工程技术控制提供翔实的资料和数据。因此，对过程参数的检测是研究和控制生产过程的重要手段。

10.1 压力测量

在过程控制生产中，压力、流量、温度、液位是重要的工艺参数。一些生产过程必须在一定的压力下进行，压力的变化既影响物料平衡又影响化学反应速度，进而影响产品的质量和产量，所以必须严格遵守工艺操作规程，保持一定的压力，才能保证产品的质量，使生产正常运行。

压力的测量方法很多，主要有以下几类。

1. 利用弹性变形原理

利用各种形式的弹性敏感元件在受压后产生弹性变形的特性进行压力检测。目前应用最广的弹性元件，包括单圈弹簧管、多圈螺旋弹簧管、膜片、膜盒、波纹管等，它们是依据弹性元件变形原理制成的。在被测介质的压力作用下，引起弹性变形，而产生相应的位移，如弹簧管压力表。

弹性元件测压范围较宽，尤其是单圈弹簧管，可以从高真空到几百兆帕。膜片、膜盒和波纹管则适宜于测微压和低压。各种不同类型的弹性敏感元件如图10.1所示。

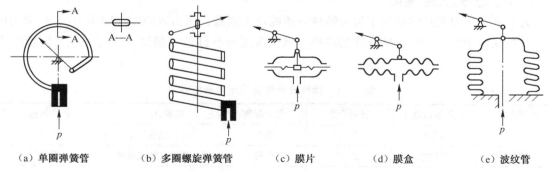

| （a）单圈弹簧管 | （b）多圈螺旋弹簧管 | （c）膜片 | （d）膜盒 | （e）波纹管 |

图10.1 各种不同类型弹性元件

2. 利用某些物质的某一物理效应与压力的关系来检测压力

应变片式压力传感器、霍尔式压力传感器、电容式压力（差压）变送器、扩散硅式压力

（差压）变送器等仪表在弹性元件受压后产生弹性变形特性的基础上，利用某些物质的某一物理效应来检测压力，通过转换装置，可将位移转换成相应的电、气信号，以供远传、报警或控制用。

10.1.1 弹簧管压力表

1. 弹簧管压力表的结构及动作原理

单圈弹簧管压力表主要由弹簧管、齿轮传动机构（俗称机芯，包括拉杆、扇形齿轮、中心齿轮等）、示数装置（指针和分度盘）以及外壳等几部分组成，如图10.2所示。

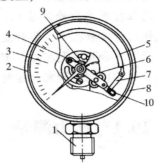

1—接头；2—衬圈；3—刻度盘；4—指针；5—弹簧管；
6—传动机构（机芯）；7—拉杆；8—表壳；9—游丝；10—调整螺钉
图 10.2　单圈弹簧管压力表

被测压力由接头1，即弹簧管的固定端通入，迫使弹簧管5与拉杆7的连接处（即弹簧管的自由端）向右上方扩张，自由端的弹性变形位移通过拉杆7使传动机构6做逆时针偏转，进而带动中心齿轮做顺时针偏转，于是固定在中心齿轮上的指针4也做顺时针偏移，从而在刻度盘3的刻度标尺上显示出被测压力 p 的数值。由于自由端的位移量与被测压力之间具有比例关系，因此弹簧管压力表的刻度标尺是均匀的。弹簧管的材料根据被测介质的性质和被测压力高低决定。当 $p < 20\mathrm{MPa}$ 时采用磷青铜；$p > 20\mathrm{MPa}$ 时则采用不锈钢或合金钢。测量氨气压力时必须采用能耐腐蚀的不锈钢弹簧管；测量乙炔压力时不得用铜质弹簧管；测量氧气压力时则严禁粘有油脂，否则将有爆炸危险。

2. 弹簧管压力表的使用

为了表明压力表具体适用于何种特殊介质的压力测量，压力表的外壳用表10.1规定的色标，并在仪表面板上注明特殊介质的名称。氧气表还标有红色"禁油"字样，使用时应予以注意。

表 10.1　特殊介质弹簧管压力表色标

被测介质	色标颜色	被测介质	色标颜色	被测介质	色标颜色
氧气	天蓝色	氯气	褐色	其他可燃性气体	红色
氢气	深绿色	乙炔	白色	其他惰性气体或液体	黑色
氨气	黄色				

一般而言，仪表的上限应为被测工艺变量的 4/3 倍或 3/2 倍，若工艺变量波动较大，如测量泵的出口压力，则相应取为 3/2 倍或 2 倍。为了保证测量值的准确度，通常被测工艺变

量的值以不低于仪表全量程的 1/3 为宜。工业用弹簧管压力表的精度为 0.5 ~ 1.5 级。

3. 压力表的安装

安装压力表的方法如下。

（1）压力表应安装在能满足仪表使用环境条件和易观察、易检修的地方。

（2）安装地点应尽量避免振动和高温影响，对于蒸汽和其他可凝性热气体，以及当介质温度超过 60℃ 时，就地安装的压力表选用带冷凝管的安装方式，如图 10.3（a）所示。

（3）测量有腐蚀性、黏度较大、易结晶、有沉淀物的介质时，应选取带隔离膜片的压力表及远传膜片密封变送器，如图 10.3（b）所示。

（4）压力表的连接处应加装密封垫片，一般低于 80℃ 及 2MPa 以下时，用石棉纸板或铝片；温度及压力更高时（50MPa 以下）用退火紫铜或铅垫。选用垫片材质时，还要考虑介质的影响。例如，测量氧气压力时，不能使用浸油垫片、有机化合物垫片；测量乙炔压力时，不得使用铜质垫片。否则它们均有发生爆炸的危险。

（5）仪表必须垂直安装，若装在室外时，还应加装保护箱。

（6）当被测压力不高，而压力表与取压口又不在同一高度时，如图 10.3（c）所示，对由此高度差所引起的测量误差按 $\Delta p = \pm Hpg$ 进行修正。

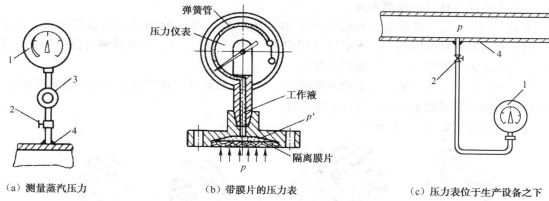

（a）测量蒸汽压力   （b）带膜片的压力表   （c）压力表位于生产设备之下

1—压力表；2—切断阀；3—回转冷凝器或隔离装置；4—生产设备

图 10.3 压力表安装示意图

10.1.2 压力、差压变送器的基本原理

凡能直接感受非电的被测变量并将其转换成标准信号输出的传感转换装置，可称为变送器。变送器是基于负反馈原理工作的，包括测量（输入转换）、放大和反馈三个部分。其构成方框图如图 10.4（a）所示。

测量部分作用是检测被测参数 X，并将其转换成电压（或电流、位移、力矩、作用力等）信号 Z_i 送到放大器输入端。反馈部分作用是将变送器的输出信号 Y 转换成反馈信号送回放大器输入端。Z_i 与调零信号 Z_0 的代数和与反馈信号 Z_f 进行比较，其差值 ε 送入放大器进行放大并转换成标准输出信号。

根据图 10.4（a）可以求得变送器输出与输入之间的关系为

$$Y = \frac{K}{1 + KF}(CX + Z_0) \qquad (10.1)$$

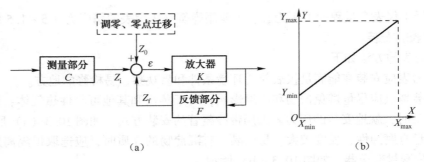

图 10.4　变送器原理图和输入/输出特性

式中，K 为放大器的放大系数；F 为反馈部分的反馈系数；C 为测量部分的转换系数。

当 $KF \geq 1$ 时，上式可写为

$$Y = \frac{1}{F}(CX + Z_0) \tag{10.2}$$

式（10.2）表明，在 $KF \geq 1$ 的条件下，变送器输出与输入之间的关系取决于测量部分和反馈部分的特性，而与放大器的特性几乎无关。如果转换系统的反馈系数 F 是常数，则变送器的输出与输入将保持良好的线性关系。

图 10.4（b）是变送器输出与输入关系示意图。X_{max}，X_{min} 分别是被测参数的上、下限值，也即变送器测量范围的上、下限值（图中 $X_{min} = 0$）；Y_{max}、Y_{min} 分别是输出信号的上、下限值，与标准统一信号的上、下限值相对应。

变送器的信号输出、输入关系除应该准确、可靠、稳定外，还要使变送器动态响应迅速。一般变送器的时间常数都很小，可以忽略不计。

变送器的外形如图 10.5 所示。

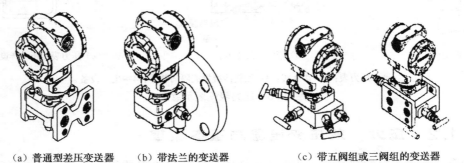

（a）普通型差压变送器　　　（b）带法兰的变送器　　　（c）带五阀组或三阀组的变送器

图 10.5　变送器的外形图

10.2　液位测量

在工程应用中，液位测量包括对液位、液位差、相界面的连接检测，定点信号报警、控制等。例如，火力发电厂中锅炉汽包水位的测量和控制；低温领域如液氦、液氢等液体在各种低温容器或储槽中液面位置的监测和报警；内燃机中根据液面的变化情况来测定燃油消耗量或油泵压力；石化工业生产中，通过液位检测来确定容器之中原料或产品的数量，判断并调节容器中物料的流入量、流出量，以保证生产过程中各环节液位受到有效的监督和控制，

生产过程正常进行及设备的安全运行，得到预先计划好的原料用量或进行经济核算等。在现代化大生产中，对液位的监视和控制是极其重要的。

液位测量主要基于相界面两侧物质的物性差异或液位改变时引起的有关物理参数的变化。如电阻、电容、电感、差压，以及声速和光能等，液位测量可以分为以下几类。

（1）根据连通器原理工作的直读式液位仪表。它直接使用与被测容器连通的玻璃管（板）在容器上直接开窗口的方式来显示液位的高低，如玻璃管液位计、玻璃板液位计等。

（2）根据静压平衡原理工作的静压式液位仪表，如压力式、差压式液位变送器等。

（3）利用浮力原理进行工作的浮力式液位仪表，如浮筒式液位变送器等。

（4）将液位的变化转化为某些电量参数的变化而进行检测的仪表，即电气式液位计，如电极式、电容式、电感式、电磁式等液位测量仪表。

（5）通过将液位的变化转换为辐射能量的变化来测量液位的高低，如核辐射式液位计、超声波液位计。

10.2.1 浮力式液位仪表

利用液体浮力原理来测量液位的方法应用广泛。通常可分为两种类型：通过浮子随液位升降的位移反映液位变化的，属于恒浮力式液位仪表；通过液面升降对浮筒所受浮力的改变反映液位的，属于变浮力式液位仪表。

1. 恒浮力式液位计

典型的恒浮力式液位计为浮子式液位计，如图10.6所示。

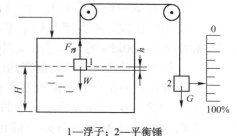

1—浮子；2—平衡锤

图10.6 恒浮力式液位计工作原理

设浮子重 W，平衡锤重 G，浮子的截面为 A，浸没于液体中高度为 h，液体密度 ρ。当液位高度为 H 时，测量系统达到平衡状态，作用在浮子上的合力为零，力平衡关系为

$$W - F_{浮} = G \qquad (10.3)$$

其中

$$F_{浮} = hA\rho g$$

当液位升高后，浮子被浸没的高度增加 Δh，使浮子所受浮力增加 $\Delta F_{浮}$

$$\Delta F_{浮} = \Delta hA\rho g$$

系统的稳定平衡状态被破坏，出现

$$W - (F_{浮} + \Delta F_{浮}) < G \qquad (10.4)$$

浮子由于向上浮力作用的增加，在平衡锤的牵引下，向上做相应的位移，直到系统达到新的平衡状态。此时，作用在浮子上的合力关系式又恢复为 $W - F_{浮} = G$。

比较式（10.3）和式（10.4）可知，为了满足系统受力平衡的要求，浮子上升的位移量 ΔH 与液位的增量是完全相同的。浮子的位移可以直接反映液位的变化量。同时由式（10.3）可知，系统受力平横关系与液位的高度无关，液位稳定不变时，浮子所受的浮力是一个恒定值。由此称这种液位检测仪表为恒浮力式液位仪表。

2. 浮筒式液位计

浮筒式液位计用于对生产过程中容器内的液位进行连续测量、远传，配合调节仪表还可构成液位控制系统。浮筒式液位计是变浮力式液位计。

（1）测量原理。图10.7所示为浮筒式液位计测量原理图。将一封闭的中空金属筒悬挂在容器中，筒的质量大于同体积的液体质量，筒的重心低于其几何中心，使筒总是保持直立而不受液体高度的影响。设筒重为 W，浮力为 $F_浮$，则悬挂点受到的作用力 F 为

$$F = W - F_浮 \tag{10.5}$$

其中

$$F_浮 = AH\rho g$$

式中，A 为浮筒截面积；H 为从浮筒底部算起的液位高度；ρ 为液体密度。

所以

$$F = W - AH\rho g \tag{10.6}$$

当液位 $H = 0$ 时，悬挂点所受到的作用力 $F = W = F_{max}$ 最大。随着液位 H 的升高，悬挂点所受作用力 F 逐渐减小，当液位 $H = H_{max}$ 时，作用力 $F = F_0$ 为最小。根据式（10.6）可知，W、A、ρ、g 均为常数，所以作用力 F 与液位 H 呈反向的比例关系。

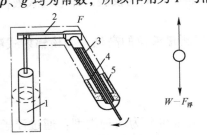

1—浮筒；2—杠杆；3—扭力管；4—芯轴；5—外壳

图 10.7　浮筒式液位计测量原理

由式（10.6）及图 10.7 可以知道，浮筒式液位计的测量范围由浮筒的长度决定。从仪表的结构及测量稳定的角度出发，测量范围 H_{max} 为 300～2 000mm。

应当注意，浮筒式液位计的输出信号不仅与液位高度有关，而且还与被测介质的密度有关，因此在密度发生变化时，必须进行密度修正。浮筒式液位计还可以用于测量两种密度不同的液体分界面。

（2）浮筒式液位计的应用。浮筒式液位计按传输信号的种类分成两大类：气动和电动。

气动浮筒液位计的典型系列是 UTQ 型。它由检测环节、变送环节和调节环节三部分构成，输出 20～100kPa 的气动液位变送信号，属于就地式检测调节仪表，主要优势在于安全防爆性，在炼油厂及相关危险场所得到广泛应用。

电动浮筒式液位计主要由检测环节和变送环节构成。典型的有输出 0～10mA 标准信号的 UTD 系列和输出 4～20mA 标准信号的 SBUT 系列。

浮筒式液位计的安装分外浮筒顶底式、内浮筒侧置式和内浮筒顶置式几种类型，如图 10.8～图 10.10 所示。

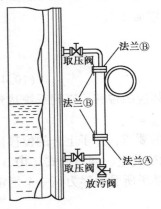

图 10.8　外浮筒顶底式

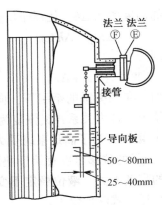

图 10.9　内浮筒侧置式

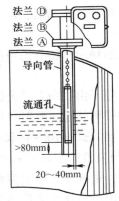

图 10.10　内浮筒顶置式

10.2.2　光纤液位计

随着光纤传感技术的不断发展，其应用范围日益广泛。在液位测量中，光纤传感技术的

有效应用，一方面缘于其高超的灵敏度，另一方面是由于它还具有优异的电磁绝缘性能和防爆性能，从而为易燃易爆介质的液位测量提供了安全的检测手段。

1. 全反射型光纤液位计

全反射型光纤液位计由液位敏感元件、传输光信号的光纤、光源和光电检测单元等组成。图10.11所示为全反射型光纤液位计部分结构原理图。这两根光纤中的一根光纤与光源耦合，称为发射光纤；另一根光纤与光电元件耦合，称为接收光纤。其中，棱镜的角度设计必须满足以下条件。

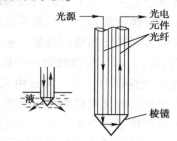

图10.11　全反射型光纤液位计部分结构原理图

当棱镜位于气体（如空气）中时，由光源经发射光纤传到棱镜与气体界面上的光线满足全反射条件，即入射光线被全部反射到接收光纤上，并经接收光纤传送到光电检测单元中；而当棱镜位于液体中时，由于液体的折射率比空气大，因此入射光线在棱镜中的全反射条件被破坏，其中的一部分光线将透过界面而泄漏到液体中去，致使光电检测单元接收到的光强减弱。通常，上述因介质折射率变化引起的光强变化量很大。例如，当棱镜（材料折射率为1.46）由空气（折射率为1.01）中转移到水（折射率为1.33）中时，光强的相对变化量为1：0.11；由空气中转移到汽油（折射率为1.41）中时，光强的相对变化量为1：0.03。这样的信号变化相当于一个开关量变化，只要棱镜触及液体，传感器的输出光强马上变弱。因此，根据传感器的光强信号即可判断液位的高度。

由上述工作原理可以看出，这是一种定点式的光纤液位传感器，适用于液位的测量与报警，也可用于不同折射率介质（如水和油）之间分界面的测定；另外，根据溶液折射率随浓度变化的性质，还可能用来测量溶液的浓度或液体中小气泡的含量等。由于这种传感器还具有绝缘性能好、抗电磁干扰和耐腐蚀等优点，故可用于易燃、易爆或具有腐蚀性介质的测量。但应注意，如果被测液体对敏感元件（玻璃）材料具有黏附性，则不宜采用这类光纤液位传感器，否则敏感元件露出液面后，由于液体黏附层的存在，将出现虚假液位，从而造成明显的测量误差。

2. 浮沉式光纤液位计

浮沉式光纤液位计是一种复合型液位测量仪表，它由普通的浮沉式液位传感器和光信号检测系统组成，主要包括机械转换部分、光纤光路部分和电子表电路部分，其工作原理及测量系统如图10.12所示。

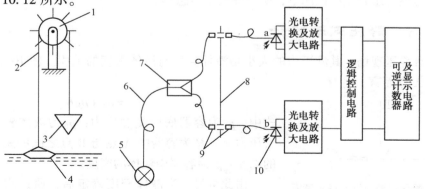

1—计数齿盘；2—钢索；3—重锤；4—浮子；5—光源；6—光纤；7—分束器；8—齿盘；9—透镜；10—光电元件

图10.12　浮沉式光纤液位计工作原理图

（1）机械转换部分。这一部分由浮子4、重锤3、钢索2及计数齿盘1组成（图10.12），其作用是将浮子随液位上下变动的位移转换成计数齿盘的转动齿数。当液位上升时，浮子上升而重锤下降，经钢索带动计数齿盘顺时针方向转动相应的齿数；反之，若液位下降，则计数齿盘逆时针方向转动相应的齿数。通常，总是将这种对应关系设计成液位变化一个单位高度（1cm或1mm）时，齿盘转过一个齿。

（2）光纤光路部分。这一部分由光源（激光器或发光二极管）、等强度分束器、两组光纤光路和两个相应的光电检测单元（光电二极管）等组成。两组光纤分别安装在齿盘上、下两边，每当齿盘转过一个齿，上、下光纤光路就被切数据一次，各自产生一个相应的光脉冲信号。由于对两组光纤的相对位置做了特别的安排，从而使得两组光纤光路产生的光脉冲信号在时间上有一很小的相位差。通常，相位超前的脉冲信号用做可逆计数器的加、减指令信号，而另一光纤光路的脉冲信号用做计数信号。

在图10.12中，当液位上升时，齿盘顺时针转动，假设是上一组光纤光路先导通，即该光路上的光电元件先接收到一个光脉冲信号，那么该信号经放大和逻辑电路判断后，就提供给可逆计数器作为加法指令（高电位）。紧接着导通的下一组光纤光路也输出一个脉冲信号，该信号同样以放大和逻辑电路判断后提供给可逆计数器做计数运算，使计数器加1。相反，当液位下降后，齿盘逆时针转动，这时先导通的是下一组光纤光路，该光路输出的脉冲信号经放大和逻辑电路判断后提供给可逆计数器作为减法指令（低电位），而另一光路的脉冲信号作为计数信号，使计数器减1，这样，每当计数齿盘顺时针转动一个齿，计数器就加1；计数齿盘逆时针转动一个齿，计数器就减1，从而实现了计数齿盘转动齿数与光电脉冲信号之间的转换。

（3）电子电路部分。这一部分由光电转换及放大电路、逻辑控制电路、可逆计数器及显示电路等组成。光电转换及放大电路主要是将光脉冲信号转换为电脉冲信号，再对信号加以放大。逻辑控制电路的功能是对两路脉冲信号进行判别，将先输入的一路脉冲信号转换成相应的"高电位"或"低电位"，并输出至可逆计数器的加减法控制端，同时将另一路脉冲信号转换成计数器的计数脉冲。每当可逆计数器加1（或减1）时，显示电路则显示液位升高（或降低）1个单位（1cm或1mm）高度。

以上简要地介绍了浮沉式光纤液位传感器的基本工作原理和系统组成，从中可见，这种液位传感器可用于液位的连续测量，而且能够做到液体存储现场无电源、无信号传送，因而特别适用于易燃易爆介质液位测量，属于安全型传感器。

10.2.3 静压式液位计

液体具有静压现场，其静压力的大小是液柱高度与液体重度的乘积。图10.13所示，对于液体底部A点而言，将有

$$p_A = p_B + \rho g H \qquad (10.7)$$

式中，p_A为容器底所受静压力；p_B为液体表面所受的大气压力p_0；H为容器中A点与B点之间的距离，即液体的高度；ρ为容器中液体的密度。

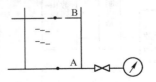

图10.13 静压式液位计原理示意图

由此可见，当液体密度确定后，通过测出容器底部所受的静压力p_A，就可求出容器中液体的高度H。

如前所示，压力表指示的是相对于大气压力的表压力，因此就有

$$p_表 = p_A - p_B = p_A - p_0 = \rho gH \tag{10.8}$$

所以，根据这一静压原理，就可制成普通压力式液位计。

1. 差压式液位计工作原理

当封闭容器中液面上方的静压力 p_B 不等于大气压力时，则必须考虑 p_B 的影响。此时有

$$\Delta p = p_A - p_B = \rho gH \tag{10.9}$$

即

$$H = \Delta p / \rho g$$

这就是说，测量仪表应为差压式测量仪表。差压式液位变送器正压室接容器底部，感受静压力 p_A，负压室接容器的上部，感受液面上方的静压力 p_B，则在介质密度确定后，即可得知容器中的液面高度，且测量结果与容器中液体上方的静压力 p_B 的大小无关，如图 10.14 （a）所示。

当液位由 $H=0$ 变化到 $H=H_{max}$ （最高液位）时，差压式液位变送器输入信号 Δp 由 0 变化到最大值 $\Delta p_{max} = H_{max}\rho g$，相应的差压式液位变送器的输出 I_0 由 4mA 变化到 20mA。

$$I_0 = (20-4)\,\mathrm{mA}/(\Delta p_{max}-0) \times \Delta p + 4\mathrm{mA} = 16\Delta p/\Delta p_{max} + 4\mathrm{mA} \tag{10.10}$$

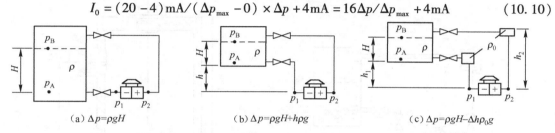

（a）$\Delta p = \rho gH$ （b）$\Delta p = \rho gH + h\rho g$ （c）$\Delta p = \rho gH - \Delta h\rho_0 g$

图 10.14　差压式液位变送器的应用

图 10.14 （a）变送器的正取压口、液位零点在同一水平位置，不需要零点迁移。

图 10.14 （b）变送器低于液位零点，需零点正迁移。

图 10.14 （c）变送器低于液位零点，且导压管内有隔离液或冷凝液，需零点迁移。

2. 差压式液位变送器的零点迁移

在实际使用中，由于周围环境的影响，差压仪表不一定正好与容器底部 A 点在同一水平面上，如图 10.14 （b）所示。另一方面，由于被测介质是强腐蚀性的液体，因而必须在引压管上加装隔离装置，通过隔离液来传递压力信号，如图 10.14 （c）所示。在这种情况下，差压式液位变送器接收到的差压信号 Δp 不仅与被测液位 H 的高低有关，还受到一个与液位高度无关的固定差压的影响，从而产生测量误差。

为了使差压式液位变送器能够正确地指示液位高度，变送器必须进行零点迁移。

（1）如图 10.14 （b）所示：

$$\Delta p = p_1 - p_2 = H\rho g - h\rho g \tag{10.11}$$

将式（10.11）代入式（10.10）可见，当液位 H 由 0 变换到最高液位 H_{max} 时，变送器输出的最小值 $I_0 > 4\mathrm{mA}$，变送器输出的最大值 $I_0 > 20\mathrm{mA}$。因此，需要进行零点正迁移。迁移量为 $h\rho g$；变送器的量程是 $H_{max}\rho g$；变送器的测量范围是 $h\rho g \sim (h\rho g + H_{max}\rho g)$。

（2）如图 10.14 （c）所示：

$$\Delta p = p_1 - p_2 = H\rho g + \rho_0 g\,(h_2 - h_1)$$

因 $h_1 < h_2$，并设 $\Delta h = h_2 - h_1$，则

$$\Delta p = H\rho g - \Delta h\rho_0 g \tag{10.12}$$

将式（10.12）代入式（10.10）可见，当液位 H 由 0 变换到最高液位 H_{max} 时，变送器输出的最小值 $I_0 < 4\text{mA}$，变送器输出的最大值 $I_0 < 20\text{mA}$。因此，需要进行零点负迁移。迁移量为 $\Delta h\rho_0 g$；变送器的测量范围是 $-\Delta h\rho_0 g \sim (H_{max}\rho_0 g - \Delta h\rho_0 g)$。

（3）当 $H = 0$ 时，若变送器感受到的 $\Delta p = 0$，则变送器不需要迁移；若变送器感受到的 $\Delta p > 0$，则变送器需要正迁移；若变送器感受到的 $\Delta p < 0$，则变送器需要负迁移。

3. 平衡容器的使用

平衡容器是非法兰式差压变送器用于测量液位时的附件。从结构上分单层和双层两种。

（1）单层平衡容器用于测量低压容器的液位，当容器内外温差较大，或气相容易凝结成液体时，将有冷凝液进入负引压管线至负压室，造成变送器感受到的 Δp 信号不是容器液位的单值函数而产生测量误差。

在负引压管线上安装单层平衡容器（有时又称为冷凝器）后，能保持 Δp 的稳定，从而使变送器的输入 Δp 仅为液位的单值函数。图 10.15 所示为单层平衡容器系统连接图及结构图（设正、负压室内液体密度 ρ 一致）。

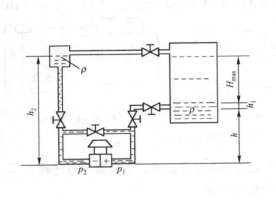

（a）单层平衡容器系统连接图

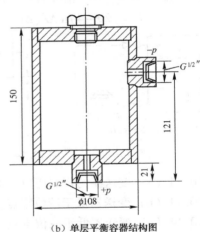

（b）单层平衡容器结构图

图 10.15　单层平衡容器

（2）双层平衡容器用于测量锅炉汽包水位的高度。其系统连接图与结构图如图 10.16 所示。

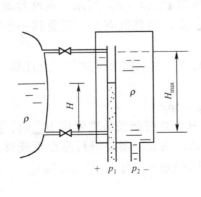

（a）双层平衡容器系统连接图

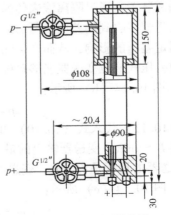

（b）双层平衡容器结构图

图 10.16　双层平衡容器

双层平衡容器与锅炉汽包内蒸汽部分相通，并保持水位恒定在 H_{max} 上。水位管与汽包内水的部分相连。其水位高度与汽包内水位一致（设相同），在蒸汽压力和温度恒定时，变送器输入 $\Delta p = p_1 - p_2 = Hpg - H_{max}pg$；当 $H = 0$ 时，$\Delta p = -p_2 = -H_{max}pg$，当 $H = H_{max}$ 时，$\Delta p = 0$。此时，变送器应进行负迁移，且相应的迁移量为100%（迁移量/量程）。

实际上，双层平衡容器内液体的温度与汽包内温度不完全相同，会出现测量误差。因此，实际应用时，需采用电气压力校正系统对液位测量进行校正，以显示出正确的 H。

10.2.4 电阻式液位计

电阻式液位计分为两类，一类是根据液体与其蒸汽之间导电特性（电阻值）的差异进行液位测量的。相应的仪表称为电接点液位计。另一类是利用液体与其蒸汽之间的不同传热特性，从而引起热敏材料电阻值变化这种现象进行液位测量的相应的仪表称为热电阻液位计。

1. 电极式水位计

电极式水位计是电阻式水位计中的一种。在360℃以下，纯水的电阻率小于 $10^4\Omega \cdot cm$，蒸汽的电阻率大于 $10^4\Omega \cdot cm$。由于工业用水含盐，因此电阻率较纯水更低，水与蒸汽的电阻率相差就更大了。利用这一特性，就可制成电极式水位计来测量的液位高低。电极式水位计由检测部分和显示部分组成。如图10.17所示。

检测部分由一密封连通管（测量管）和电极组成。根据测量的需要，在连通管上装多个电极（从十几个到几十个）。各电极均用氧化铝等绝缘材料与管道绝缘，并用电缆线引出，测量管作为一个公共电极与电缆相连。当水位达到某一电极时，因为此时的导电性使容器和该电极接通，于是该回路就有电流通过，显示部分中相应的氖灯被燃亮。因此，根据显示仪表中氖灯燃亮多少，就能非常形象地反映液位的高低。当相邻的两个电极靠得越近，其示值误差就越小。

2. 热电阻液位计

这种液位计使用通电的金属丝（以下简称热丝），利用与液、汽之间传热系数的不同及其电阻值随温度变化的特点进行液位测量。一般情况下，液体的传热系数要比其蒸汽的传热系数大 $1\sim2$ 个数量级，例如，压力为 $0.101MPa$、温度为 $77K$ 的气态氮和相同压力下的饱和液氮，它们与直径为 $0.25mm$ 的金属丝之间的传热系数之比约为 $1/24$。因此，对于通以恒定电流的热丝而言，其在液体和蒸汽环境中所受到的冷却效果是不同的，即浸于液体时的温度要比暴露于蒸汽中的温度低。如果该热丝（如钨丝）的电阻值还是温度的敏感函数，那么传热条件变化所致的热丝温度变化，将引起热丝电阻值的改变。所以，通过测定热丝电阻值的变化可以判断液位的高低。图10.18所示热电阻液位计就是利用热丝的电阻值与热丝浸没液体深度之间的关系来测量液位的。

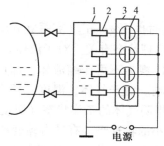

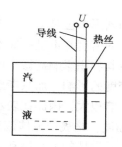

1—连通器（测量筒）；2—电极；3—显示器；4—氖灯

图10.17　电极式水位计测量系统图　　　　图10.18　热电阻液位计

10.3　流量测量

1. 流量

通常所讲的流量，是指单位时间内流过管道横截面的流体的数量，也称为瞬时流量。流量又有体积流量和质量流量之分。体积流量是指单位时间内流过管道横截面的流体的体积，用 q_V 表示，常用单位有 m³/s（立方米每秒）、m³/h（立方米每小时）、l/h（升每小时）等；质量流量是指单位时间内流过管道横截面的流体的质量，用 q_m 表示，常用单位有 kg/s（千克每秒）、kg/h（千克每小时）、t/h（吨每小时）等。

设流体的密度为 ρ，质量流量与体积流量之间的关系为

$$q_m = q_V \rho \qquad \text{或} \qquad q_V = \frac{q_m}{\rho} \tag{10.13}$$

当流体通过管道横截面各处的流速相等时，体积流量 q_V 还可以用下式计算：

$$q_V = vA \tag{10.14}$$

式中，A 为管道的横截面积；v 为流体流速。实际上，流体在管道中流动时，同一截面上各处的速度并不相等，所以流速实际上是平均流速。

由于流体的密度受流体工作状态的影响，因此使用体积流量时，必须同时给出流体的压力和温度。对于液体，由于压力的变化对其密度影响较小，故一般可以忽略不计，只考虑温度对其密度的影响；而气体的密度受温度、压力的影响均较大，故经常需要将在工作状态下测得的体积流量换算成标准状态下（温度为20℃、压力为 1.013 2×10⁵Pa）的体积流量，用符号 q_{VN} 表示，单位为 Nm³/s（标准立方米每秒）。

累计流量是指一段时间内流体的总流量，即瞬时流量对时间的累积。累计流量的单位常用 m³ 或 kg 表示。在一些贸易往来、成本核算中更多地是使用累计流量。

2. 流量检测中常用的物理量

在流量检测和计算中，经常要使用一些反映流体属性的物理量（物性参数），这里简单介绍一些物性参数的基本概念和公式。

（1）密度 ρ：表示单位体积中物质的量，其数学表达式为

$$\rho = \frac{m}{V} \tag{10.15}$$

式中，m 为物体的质量；V 为物体的体积。实际使用时，流体密度 ρ 可查有关图表或计算得到。

密度的国际单位是 kg/m³（千克每立方米），有时也用 g/cm³（克每立方厘米）。

各物质的密度并不是一成不变的，而是与它的物理状态有关。对于液体，在常温常压下，压力变化对其容积影响甚微，所以工程上通常将液体视为不可压缩流体，即可不考虑压力变化对液体密度的影响，而只考虑温度对其密度的影响。对于气体，温度、压力对单位质量气体的体积影响很大，因此在表示气体密度时，必须指明气体的工作状态（温度和压力）。

（2）黏度：是表征流体流动时内摩擦黏滞力大小的物理量，有动力黏度和运动黏度。

流体介质黏性的大小用动力黏度（又称为黏滞系数）η 表示，SI 单位为 Pa·s（帕斯卡秒）或 N·s/m²（牛顿秒每平方米）；运动黏度 v 的 SI 单位为 m²/s（平方米每秒）。二者之

间的关系为：

$$v = \eta / \rho$$

流体介质的黏度随流体温度和压力的变化而变化。液体的动力黏度主要与温度有关，而气体的黏度与压力、温度的关系十分密切。通常温度上升时，液体的黏度下降，而气体的黏度却上升。

流体的黏度对流量的测量影响很大，主要表现为阻力对流动的影响。在考虑黏度对流体的影响时，采用雷诺数 Re 这一特征数作为流动情况的判据。

（3）雷诺数 Re：是表征流体情况的特征数，具体讲是流体惯性力与黏性力之比的无量纲数。其计算公式为

$$Re = \frac{Dv\rho}{\eta} = \frac{Dv}{v} \tag{10.16}$$

式中，D 为管径；v 为流速；ρ 为流体密度；η 为动力黏度；v 为运动黏度。

若 $Re < 2\ 300$ 时，黏性力占主要地位，流动属于层流流动状态；若 $Re > 13\ 800$ 时，则惯性力是主要的，流动完全进入湍流状态；当 $2\ 300 < Re < 13\ 800$ 时，属于层流向湍流过渡的不稳定区域。

（4）温度体积膨胀系数：当流体的温度升高时，流体所占有的体积将会增加。温度体积膨胀系数是指流体温度每变化1℃时其体积的相对变化率。

（5）压缩系数：当作用在流体上的压力增加时，流体所占有的体积将会缩小。压缩系数是指当流体温度不变、所受压力变化时其体积的变化率。

10.3.1　容积式流量传感器

容积法测流量具有悠久的历史，其工作原理与日常生活中用容器计量体积的方法类似，即根据一定时间内排出的体积确定流体的体积流量或总流量。常见的有椭圆齿轮流量传感器、腰轮（罗茨式）流量传感器、刮板式流量传感器、活塞式流量传感器、湿式流量传感器及皮囊式流量传感器。其中腰轮（罗茨式）、湿式及皮囊式流量传感器可以测量气体流量。下面重点介绍椭圆齿轮流量传感器、腰轮（罗茨式）流量传感器和刮板式流量传感器。

1. 椭圆齿轮流量传感器

椭圆齿轮流量传感器的工作原理如图 10.19 所示。传感器的活动壁是一对互相啮合的椭圆齿轮，它们在被测流体压差的推动下产生旋转运动。图 10.19（a）所示为流体从入口侧流过时，入口侧压力 p_1 大于出口侧压力 p_2，齿轮 A 在流体的进出口差压作用下，顺时针旋转并把其与外壳之间的初月形空腔内的介质排至出口，同时带动齿轮 B 做逆时针旋转。此时齿轮 A 是主动轮，齿轮 B 是从动轮。在图 10.19（b）所示位置时，由于两个齿轮同时受到进出口差压作用而产生转矩，使它们继续沿原来方向转动。在图 10.19（c）所示位置时，齿轮 B 是主动轮，带动齿轮 A 一起转动，同时又把齿轮 B 与外壳之间初月形空腔内的介质排出。这样，两个齿轮交替或同时受差压作用并保持不断地旋转，被测介质以初月形空腔为单位一次又一次地经过椭圆齿轮被排至出口。显然，椭圆齿轮每转动一周，排出 4 个初月形空腔体积的流量，所以体积流量 q_V 为

$$q_V = 4nV_0 \tag{10.17}$$

式中，V_0 为初月形空腔的容积；n 为椭圆齿轮转动次数。只要测出齿轮的转速，就可知道累计总流量。

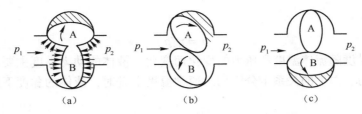

图 10.19　椭圆齿轮流量传感器的工作原理图

被测流量黏度越大，齿轮间的泄漏量越小，测量误差也越小，因此椭圆齿轮流量传感器特别适用于高黏度介质的流量测量，主要适用于油品的流量计量，有的也可用于气体测量。它的测量精确度高，一般可达 0.2 ~ 1 级。但应注意被测介质应清洁，其中不能含有固体颗粒，以免齿轮被卡死。

2. 腰轮流量传感器

腰轮流量传感器又称为罗茨式流量传感器，其测量原理与椭圆齿轮流量传感器相同，区别仅在于它的运动部件是一对表面无齿而光滑的腰轮，如图 10.20 所示。两个腰轮的相互啮合是靠安装在壳体外与腰轮同轴的驱动齿轮实现的。

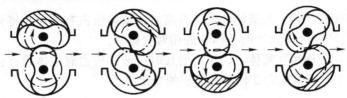

图 10.20　腰轮流量传感器的工作原理图

由于两个腰轮实现了无齿啮合，大大减小了轮间及轮与外壳间的泄漏，测量精度提高，可做标准传感器使用。腰轮流量传感器不仅可测量液体介质，还可测量气体介质。

3. 刮板式流量传感器

刮板式流量传感器的运动部件是两对刮板，分为凸轮式和凹线式两种，这里以凸轮式流量传感器为例加以分析。

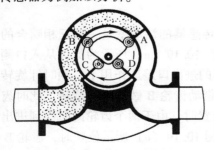

图 10.21　凸轮式流量传感器工作原理图

如图 10.21 所示，刮板式流量传感器的壳体内腔是圆形空筒，转子是一个空心圆筒，筒边开有相互成 90°角的 4 个槽，4 个刮板分别放置在槽中，并由在空间交叉互成 90°角的两根连杆连接，在每个刮板的一端有一小滚子分别在一个固定的凸轮上滚动，刮板在与转子一起运动的过程中，始终按照凸轮外廓曲线形状从转子中时而伸出、时而缩进。计量空间是由相邻的两块刮板和壳体内壁、圆筒外壁所形成的空间。与椭圆齿轮流量传感器一样，转子每转动一周，便排出 4 个计量室容积的流体，只要测量转子的转动次数，就可以得到通过流量传感器的流体总量。

容积式流量传感器一般用于要求测量精度高的场合；它的测量范围较宽，典型的流量范围为 5:1 ~ 10:1，特殊的可达 30:1；它安装方便，流量传感器前不需要直管段；它一般不受流动状态的影响，也不受雷诺数大小的限制，可测量高黏度、洁净、单相流体的流量。但应注意测量含有颗粒、脏污物的流体时，需在传感器前安装过滤器，以防止被卡或损坏；在测量过程中有时会产生较大噪声，甚至使管道产生振动；机械结构较复杂，体积庞大笨重，一般只适用于中小口径管道的流量测量。

10.3.2 差压式流量传感器

差压式流量传感器又称为节流式流量传感器，它是利用流体流经节流装置时产生压力差的原理来实现流量测量的，它的使用量大概占全部流量仪表的60% ~ 70%。

差压式流量传感器主要由节流装置和差压计（或差压变送器）组成。节流装置的作用是把被测流体的流量转换成差压信号；差压计则用于测量节流元件前后的静压差并显示测量值；差压变送器能把差压信号转换为与流量对应的标准电信号或气压信号，以供显示、记录或控制用。

1. 测量原理与流量方程

（1）测量原理。当连续流动的流体遇到安装在管道中的节流装置时，由于流体流通面积突然缩小而形成流束收缩，导致流体速度加快；在挤过节流孔后，流速又由于流通面积变大和流束扩大而降低。由能量守恒定律可知，动压能和静压能在一定条件下可以互相转换，流速加快必然导致静压力降低，于是在节流件前后产生静压差 $\Delta p = p_1 - p_2$，且 $p_1 > p_2$，此即节流现象。静压差的大小与流过的流体流量之间有一定的函数关系，因此通过测量节流件前后的静压差即可求得流量。

图10.22所示是流体流经节流件时的流束、压力及速度的分布情况示意图，在截面1处流体未受节流件的影响，流束充满管道，流体平均流速为 v_1，流体静压力为 p_1；流体流经节流件前就已经开始收缩，由于惯性的作用，流束通过节流件后还将继续收缩，直到在节流件后的某一距离处达到最小流束截面2处，流体的平均流速 v_2 达到最大，流束中心压力 p_1 降至最小；流体流经截面2后流束又逐渐扩大到充满整个圆管，流体的速度也恢复到孔板前稳定流动时的速度，截面3是流速刚恢复正常时的截面，平均流速为 v_3，流体静压力为 p_3。

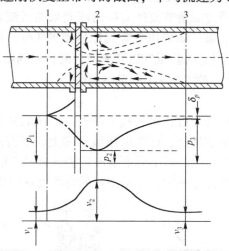

图10.22 流体流经节流件（孔板）时的流束、压力及流速分布情况

图10.22所示压力分布曲线中的点画线代表管道中心处静压力，实线代表管壁处静压力。流体的静压力和流速在节流件前后的变化情况，充分地反映了能量形式的转换。由于节流现象，故首先使流体在节流件前后的动能发生改变，从而引起了压力能的相应变化，即在节流件前，流体向中心加速，管壁处静压力增加，管道中心处静压力均降低；至截面2时，流束截面收缩

到最小，管壁和中心处静压力降至最低；然后随着流束扩张，流体平均速度减小，静压力升高，直到截面 3 处。由于涡流区的存在，导致流体能量损失，因此在流束充分恢复后，截面 3 处的静压力 p_3 不能恢复到原先的静压力 p_1，而产生了压力损失 δ_p，显然 $\delta_p = p_1 - p_2$。

（2）流量方程。以伯努利方程和流体流动的连续性方程为依据，对节流现象进行定量分析后可导出流体的流量方程式，即首先假设流体为不可压缩的理想流体，求出理想流体的流量方程式；然后再考虑到实际流体与理想流体的差异性，引入一个校正系数，从而获得实际流体的流量方程式。

体积流量基本方程式

$$q_V = a\varepsilon F_0 \sqrt{\frac{2}{\rho}\Delta p} = a\varepsilon F_0 \sqrt{\frac{2}{\rho}(p_1 - p_2)} \tag{10.18}$$

质量流量基本方程式

$$q_m = a\varepsilon F_0 \sqrt{2\rho\Delta p} = a\varepsilon F_0 \sqrt{2\rho(p_1 - p_2)} \tag{10.19}$$

式（10.18）、式（10.19）中各参数的意义和单位规定如下。

① q_V 为体积流量（m^3/s）；q_m 为质量流量（kg/s）。

② a 为流量系数，可由实验确定。通常根据节流件形式、管道情况、雷诺数、流体性质、取压方式等查表得到。

③ ε 为流体膨胀的校正系数，通常在 $0.9 \sim 1.0$ 之间。不可压缩流体时 $\varepsilon = 1$，可压缩性流体时 $\varepsilon < 1$。

④ F_0 为节流件开孔面积（m^2）。当已知节流件开孔直径 d（m）时，$F_0 = \frac{\pi}{4}d^2$。

⑤ ρ 为流体密度（kg/m^3）。

⑥ $\Delta p = p_1 - p_2$，为节流件前后的压力差（Pa）。

流体方程式表明，可以通过测量节流件前后的压差来测量流量。流体流量与节流件前后的压力差是非线性的平方根关系，如果压差降到原压差的 1/9，则流量将减小到原流量值的 1/3。这样对于一个差压上限固定的差压变送器来说，测量精确度就会下降。这就是差压式流量传感器的量程比一般为 3:1、最大为 4:1 的基本原因。

2. 标准节流装置

人们对节流装置进行大量研究后，对一些节流件、取压装置进行了标准化，即标准节流装置。标准节流装置是由标准节流件、标准取压装置和上、下游侧阻力件，以及它们之间的直管段所组成的，如图 10.23 所示。对于标准节流装置，只要严格按照规定的技术要求设计、加工、安装和使用即可，不必经过标定，流量测量的精确度就能得到保证。

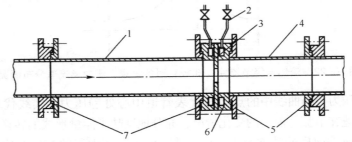

1—上游直管段；2—导压管；3—孔板；4—下游直管段；5、7—连接法兰；6—取压环室

图 10.23　标准节流装置

1）标准节流件

依据国际标准化组织（ISO）的 ISO 5167 标准，我国于 1993 年出版了流量测量节流装置的国家标准 GB/T 2624—1993，主要规定了标准孔板、标准喷嘴、长径喷嘴和文丘里管等标准件。

（1）标准孔板。标准孔板的结构非常简单，它是一块中间带圆孔的金属圆板，由圆柱形的流入面和圆锥形的流出面所构成，圆形开孔与管道轴线同心，两面平整且平行，开孔边缘非常锐利，且圆筒形柱面与孔板上游侧端面垂直。用于不同管道内径和各种取压方式的标准孔板，其几何形状都是相似的，如图 10.24 所示，其中所标注的尺寸可参阅相关标准规定。标准孔板的开孔直径 d 是一个很重要的参数，在任何情况下，孔径 d 不小于 12.5mm，它不小于均匀分布的 4 个单测值的算术平均值，而任意单测值与平均值之差不得超过 $\pm 0.05\% d$。

（2）标准喷嘴。如图 10.25 所示，标准喷嘴的型线由 5 个部分组成，即进口端面 A、第一圆弧曲面 c_1、第二圆弧曲面 c_2、圆筒形喉部 e 和圆筒形喉部的出口边缘保护槽 H。具体参数请参阅国标规定。

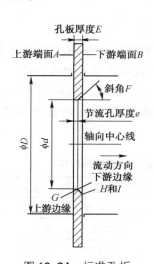

图 10.24　标准孔板

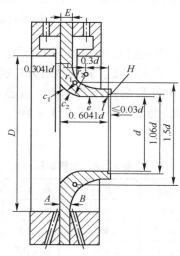

图 10.25　标准喷嘴

2）取压方式

取压方式是指取压口位置和取压口结构。不同的取压方式，即取压口在节流件前后的位置不同，取出的差压值也不同。标准节流装置对每种节流元件的取压方式都有明确规定。

（1）标准孔板的取压方式。标准孔板通常采用两种取压方式，即角接取压和法兰取压，如图 10.26 所示。

① 角接取压。孔板上、下游侧取压孔位于上、下游孔板前后端面处，取压口轴线与孔板各相应端面之间的间距等于取压口直径的一半或取压口环隙宽度的一半。

角接取压又分为环室取压和夹紧环（单独钻孔）取压两种。图 10.26（a）中上半部分采用环室取压，下半部分采用单独钻孔取压。

环室取压的前后两个环室在节流件两边，环室夹在法兰之间，法兰和环室、环室与节流件之间放有垫片并夹紧。节流件前后的压力是从前后环室和节流件前后端面之间所形成的连续环隙或等角距配置的不小于 4 个的断续环隙中取得的。采用环室取压的特点是压力取出口面积比较大，可以取出节流件前后的均衡压差，提高测量精确度。但加工制造和安装均要求较高，否则测量精度难以保证。

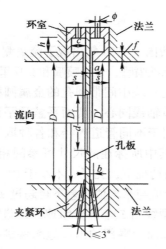 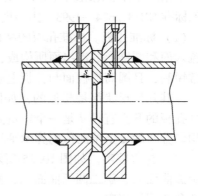

（a）角接取压（上半部为环室角接取压；下半部为单独钻孔角接取压） （b）法兰取压

图 10.26　标准孔板的取压方式

单独钻孔取压是在孔板的夹紧环上打孔，流体上下游压力分别从前后两个夹紧环取出。现场使用时加工、安装方便，特别是对大口径管道常采用单独钻孔取压方式。

角接取压标准孔板的适用范围为：管径 D 为 $50 \sim 1000\text{mm}$，直径比 $\beta = d/D$ 为 $0.220 \sim 0.800$，雷诺数 Re 为 $5.00 \times 10^3 \sim 5 \times 10^7$。国家标准推荐使用的最小雷诺数 $Re_{\min}$ 列于表 10.2 中。

表 10.2　角接取压标准孔板使用的最小雷诺数推荐值

β	$Re_{\min}$	β	$Re_{\min}$	β	$Re_{\min}$	β	$Re_{\min}$
0.220	5.00×10^3	0.375	2.00×10^4	0.525	3.75×10^4	0.675	8.21×10^4
0.250	8.00×10^3	0.400	2.00×10^4	0.550	4.27×10^4	0.700	9.48×10^4
0.275	9.00×10^3	0.425	2.13×10^4	0.575	4.85×10^4	0.725	1.11×10^5
0.300	1.30×10^4	0.450	2.49×10^4	0.600	5.51×10^4	0.750	1.32×10^5
0.325	1.70×10^4	0.475	2.87×10^4	0.625	6.27×10^4	0.775	1.59×10^5
0.350	1.90×10^4	0.500	3.29×10^4	0.650	7.16×10^4	0.800	1.98×10^5

② 法兰取压。如图 10.26（b）所示，标准孔板被夹持在两块特制的法兰中间，其间加两片垫片，上、下游侧取压孔的轴线距孔板前、后端面分别为 $(25.4 \pm 0.8)\text{mm}$。

法兰取压标准孔板可用于管径 D 为 $50 \sim 750\text{mm}$、直径比 β 为 $0.100 \sim 0.750$、雷诺数 Re 为 $2 \times 10^3 \sim 2 \times 10^7$ 的范围。国家标准推荐使用的最小雷诺数 $Re_{\min}$ 列于表 10.3 中。

表 10.3　法兰取压标准孔板使用的最小雷诺数推荐值

β	D（mm）															
	50		75		100		150		200		250		375		750	
	min	max	min	max	min	max	min	max	min	max	min	max	min	max	min	max
0.100	8 000	10^6	12 000	10^6	16 000	10^6	24 000	10^7	32 000	10^7	40 000	10^7	60 000	10^7	120 000	10^7
0.150	8 000	10^6	12 000	10^6	16 000	10^6	24 000	10^7	32 000	10^7	40 000	10^7	60 000	10^7	120 000	10^7

续表

| β | D (mm) | | | | | | | | | | | | | | |
| | 50 | | 75 | | 100 | | 150 | | 200 | | 250 | | 375 | | 750 | |
	min	max	min	max	min	max	min	max	min	max	min	max	min	max	min	max
0.200	8 000	10^6	12 000	10^6	16 000	10^6	24 000	10^7	32 000	10^7	40 000	10^7	60 000	10^7	120 000	10^7
0.250	8 000	10^6	12 000	10^6	16 000	10^6	24 000	10^7	32 000	10^7	40 000	10^7	60 000	10^7	120 000	10^7
0.300	8 000	10^6	12 000	10^6	16 000	10^6	24 000	10^7	32 000	10^7	40 000	10^7	60 000	10^7	120 000	10^7
0.350	8 000	10^6	12 000	10^6	16 000	10^6	24 000	10^7	32 000	10^7	40 000	10^7	60 000	10^7	120 000	10^7
0.400	8 000	10^6	12 000	10^6	16 000	10^6	30 000	10^7	40 000	10^7	40 000	10^7	60 000	10^7	120 000	10^7
0.450	8 000	10^6	15 000	10^6	20 000	10^6	30 000	10^7	50 000	10^7	40 000	10^7	75 000	10^7	150 000	10^7
0.500	8 000	10^6	20 000	10^6	30 000	10^6	50 000	10^7	75 000	10^7	75 000	10^7	100 000	10^7	200 000	10^7
0.550	10 000	10^6	20 000	10^6	30 000	10^6	50 000	10^7	75 000	10^7	75 000	10^7	100 000	10^7	200 000	10^7
0.600	20 000	10^6	30 000	10^6	40 000	10^6	50 000	10^7	75 000	10^7	100 000	10^7	200 000	10^7	300 000	10^7
0.625	20 000	10^6	30 000	10^6	40 000	10^6	100 000	10^7	100 000	10^7	100 000	10^7	200 000	10^7	300 000	10^7
0.650	30 000	10^6	30 000	10^6	50 000	10^6	100 000	10^7	100 000	10^7	100 000	10^7	200 000	10^7	300 000	10^7
0.675	30 000	10^6	40 000	10^6	50 000	10^6	100 000	10^7	100 000	10^7	100 000	10^7	200 000	10^7	300 000	10^7
0.700	50 000	10^6	40 000	10^6	50 000	10^6	100 000	10^7	100 000	10^7	200 000	10^7	200 000	10^7	400 000	10^7
0.725				10^6	50 000	10^6	100 000	10^7	200 000	10^7	200 000	10^7	500 000	10^7	400 000	10^7
0.750				10^6	50 000	10^6	100 000	10^7	500 000	10^7	200 000	10^7	500 000	10^7	400 000	10^7

（2）标准喷嘴的取压方式。标准喷嘴仅采用角接取压方式，其结构形式同标准孔板角接取压结构形式。

角接取压标准喷嘴可用于管径 D 为 $50 \sim 500 \text{mm}$、直径比 β 为 $0.320 \sim 0.800$、雷诺数 Re 为 $2 \times 10^4 \sim 2 \times 10^6$ 的范围。

3）标准节流装置的使用条件与管道条件

标准节流装置的流量系数，都是在一定条件下取得的，因此除对节流件、取压方式有严格的规定外，对管道及其安装和使用条件也有明确规定。

（1）使用条件。

① 被测流体应充满圆管并连续流动。

② 管道内的流束（流动状态）是稳定的，测量时流体流量不随时间变化或变化非常缓慢。

③ 流体必须是牛顿流体，在物理学和热力学上是单相的、均匀的，或者可认为是单相的，且流体流经节流件时不发生相变。

④ 流体在进入节流件之前，其流束必须与管道轴线平行，不得有旋转流。

⑤ 标准节流装置不适用于脉动流和临界流的流量测量。

（2）管道条件。

① 安装节流装置的管道应该是直的圆形管道，管道直度用目测法测量。上下游直管段的圆度按流量测量节流装置的国家标准规定进行检验，管道的圆度要求是在节流件上游至少 $2D$（实际测量）长度范围内，管道应是圆的。在离节流件上游端面至少 $2D$ 范围内的下游直管段上，管道内径与节流件上游的管道平均直径 D 相比，其偏差应在 $\pm 3\%$ 之内。

② 管道内表面上不能有凸出物和明显的粗糙不平现象，至少在节流件上游 $10D$ 和下游 $4D$ 的范围内应清洁、无积垢和其他杂质，并满足有关粗糙度的规定。

（3）节流件前后应有足够长的直管段，在不同局部阻力情况下所需要的最小直管段长度，如表 10.4 所示。

表 10.4　节流件上、下游侧的最小直管段长度

β	节流件上游侧局部阻力件形式和最小直管段长度 l_1						节流件下游侧最小直管段长度 l_2（左面局部阻力件形式）
	一个 90° 弯头或只有一个支管流动的三通	在同一平面内有多个 90° 弯头	空间弯头（在不同平面内有多个 90° 弯头）	异径管（大变小 $3D\to2D$，长度 $\geq3D$；小变大 $1/2D\to D$，长度 $\geq1/2D$）	全开截止阀	全开闸阀	
≤0.20	10 (6)	14 (7)	34 (17)	16 (8)	18 (9)	12 (6)	4 (2)
0.25	10 (6)	14 (7)	34 (17)	16 (8)	18 (9)	12 (6)	4 (2)
0.30	10 (6)	16 (8)	34 (17)	16 (8)	18 (9)	12 (6)	5 (2.5)
0.35	12 (6)	16 (8)	36 (18)	16 (8)	18 (9)	12 (6)	5 (2.5)
0.40	14 (7)	18 (9)	36 (18)	16 (8)	20 (10)	12 (6)	6 (3)
0.45	14 (7)	18 (9)	38 (19)	18 (9)	20 (10)	12 (6)	6 (3)
0.50	14 (7)	20 (10)	40 (20)	20 (10)	22 (11)	12 (6)	6 (3)
0.55	16 (8)	22 (11)	44 (22)	20 (10)	24 (12)	14 (7)	6 (3)
0.60	18 (9)	26 (13)	48 (24)	22 (11)	26 (13)	14 (7)	7 (3.5)
0.65	22 (11)	32 (16)	54 (27)	24 (12)	28 (14)	16 (8)	7 (3.5)
0.70	28 (14)	36 (18)	62 (31)	26 (13)	32 (16)	20 (10)	7 (3.5)
0.75	36 (18)	42 (21)	70 (35)	28 (14)	36 (18)	24 (12)	8 (4)
0.80	46 (23)	50 (25)	80 (40)	30 (15)	44 (22)	30 (15)	8 (4)

在工业生产中的少数特殊场合，由于条件限制而不能满足标准节流装置要求的条件时，需要采用一些非标准型节流装置，即特殊节流装置，如 1/4 圆喷嘴、双重孔板、圆缺孔板等，可以用于测量小流量、低流速、黏度大和脏污介质的流体流量，相关数据可查找有关资料。

3. 差压计

节流装置前后的压差是通过各种差压计或差压变送器测量的。工业上常用的差压计很多，如双波纹管差压计、膜片式差压计、电动差压变送器、气动差压变送器等。

（1）双波纹管差压计。双波纹管差压计是由测量部分和显示部分构成的基地式仪表，主要包括两个波纹管、量程弹簧、扭管及外壳等部分，其结构原理如图 10.27 所示。

当被测流体流经节流装置时，节流元件前、后的压力分别经导压管引入差压计的高、低压室，由于作用在高、低压波纹管上的差压 $\Delta p = p_1 - p_2 > 0$，于是产生向右方向的测量力，高压波纹管被压缩，内部填充的不可压缩液体由于受压，通过中心基座上阻尼阀周围的间隙流向低压波纹管，于是连接轴自左向右位移，一方面使量程弹簧拉伸，另一方面通过推板推动摆杆，从而带动扭管逆时针转动角度 α，直至量程弹簧和扭管在推板上产生一反作用力与测

量力平衡为止，与差压 Δp 成正比的扭管转角 α，则通过主动杆传给显示部分指示差压值。

（2）膜片式差压计。膜片式差压计由差压变送器和显示仪表两部分组成，如图 10.28 所示。差压变送器主要由差压测量室（高压和低压室）、三通阀和差动变压器构成；显示仪表可装在远离生产现场的控制室内，进行流量的指示和记录等。

当节流元件前、后的压力分别引入高、低压室后，膜片在差压作用下产生位移，通过连杆使差动变压器的铁芯在线圈中移动，由于差动变压器的初级线圈与次级线圈的耦合程度随铁芯位置的变动而变化，因此这时次级线圈 a、b 间电压 U_{ab} 大于 c、d 间电压 U_{cd}，于是总输出电压 $U_{ac} = U_{ab} - U_{cb} > 0$，并且与被测差压成正比关系。

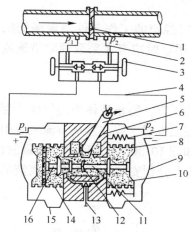

1—节流装置；2、4—导压管；3—阀；5—扭管；
6—中心基座；7—量程弹簧；8—低压波纹管；
9—低压外壳；10—填充液；11—摆杆；12—推板；
13—阻尼阀；14—高压波纹管；15—高压外壳；16—连接轴

图 10.27　双波纹管差压计结构原理图

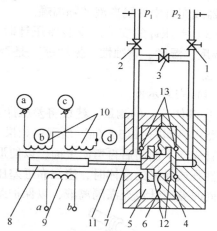

1—高压端切断阀；2—低压端切断阀；3—平衡阀；
4—高压室；5—低压室；6—膜片；7—非磁性杆；8—铁芯；
9、10—差动变压器的初级和次级线圈；11—非磁性材料的密封套管；12—保护用挡板阀；13—保护用密封环

图 10.28　膜片式差压计结构

4. 差压式流量传感器的安装

差压式流量传感器主要由节流装置、传送差压信号的引压管路及差压计组成。各部分是否可靠正确地安装，将直接影响测量精确度，因此必须十分重视安装工作。

（1）节流装置的安装。

① 孔板的圆柱形锐孔和喷嘴的喇叭形曲面部分应对着流体的流向。

② 根据不同的被测介质，节流装置取压口的方位应在所规定的范围内，即在如图 10.29 所示箭头所指的范围内。

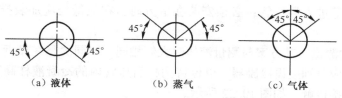

（a）液体　　　　　（b）蒸气　　　　　（c）气体

图 10.29　测量不同介质时取压口方位规定示意图

③ 必须保证节流件中心与管道同心，其端面与管道轴线垂直。节流件上、下游必须配有足够长度的直管段。

④ 在靠近节流装置的引压导管上，必须安装切断阀。

（2）引压导管的安装。

① 引压导管是直径为 10～12mm 的铜、铝或钢管，依据尽量按最短距离敷设的原则，长度在 3～50m 之间。管线弯曲处应是均匀的圆角，曲率半径应大于管外径的 10 倍。

② 引压导管尽可能垂直安装，以避免管路中积聚气体和水分；必须水平安装时，倾斜度不小于 1:10；应加装气体、凝液、微粒的收集器和沉降器，并定期排除。

③ 全部引压导管应保证密闭、无渗漏，注意保温、防冻及防热。

④ 引压管路上应安装必要的切断、冲洗、排污阀等；测量蒸汽或腐蚀性介质时，应加装冷凝器或充有中性隔离液的隔离罐。

（3）差压计的安装。安装差压计时，要注意其使用时规定的工作条件与现场周围条件（如温度、湿度、腐蚀性、振动等）是否相吻合，若差别明显时应考虑采取预防措施或更改安装地点。

（4）安装示例。

① 液体流量的测量。建议将差压计安装在节流装置的下方，防止液体中的气体积存在引压管路内，如图 10.30（a）所示；如果差压计必须安装在上方时，应注意从节流装置引出的导压管先向下面而后再弯向上面，以便形成 U 形液封，如图 10.30（b）所示。测量黏性大、腐蚀性强或易燃的液体时，应在靠近差压计侧的引压管路上分别安装一个充有隔离液的隔离罐，同时差压计也充灌隔离液，以保护差压计。

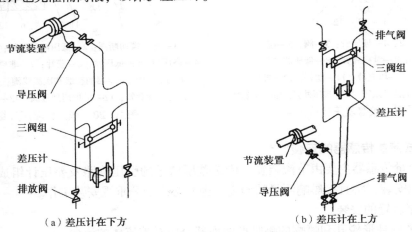

图 10.30　测量液体时差压式流量传感器安装示意图

② 气体流量的测量。建议将差压计安装在节流装置的上方，如图 10.31（a）所示，防止液体污物和灰尘等进入导压管；必须安装在下方时，在最低处应加装排放阀，如图 10.31（b）所示。

③ 蒸汽流量的测量。其方案与测量液体时大体相同，不同的是在靠近节流装置截止阀后面的导压管路上，应分别装设冷凝器，以保持两根引压管内的冷凝液柱高度相等，并防止高温蒸汽与差压计直接接触，如图 10.32 所示。

差压式流量计结构简单、制造方便，工作可靠、使用寿命较长，适应性强，价格较低，几乎可以测量各种工况下的介质的流量，应用非常普遍。但也存在测量精度普遍偏低、现场安装要求高、压力损失大、测量范围窄等缺点。

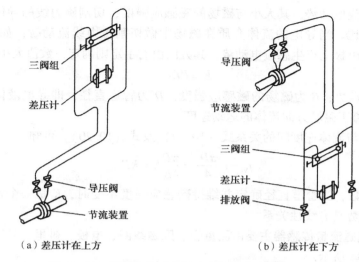

（a）差压计在上方　　　　　　　　　（b）差压计在下方

图10.31　测量气体时差压式流量传感器安装示意图

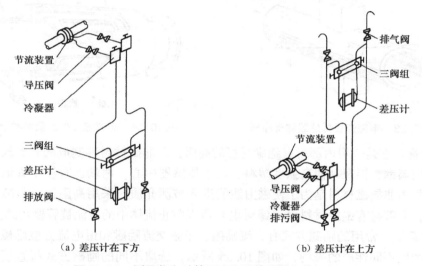

（a）差压计在下方　　　　　　　　　（b）差压计在上方

图10.32　测量蒸汽时差压式流量传感器安装示意图

10.3.3　速度式流量传感器

速度式流量传感器是通过测量管道截面流体的平均流速来进行流量测量的。本节将介绍典型的电磁流量传感器、超声波流量传感器和蜗轮流量传感器。

1. 电磁流量传感器

电磁流量传感器是根据法拉第电磁感应定律工作的，主要用于测量导电液体的体积流量，应用领域涉及工业、农业、医学等多个领域，在市场上的占有率仅次于差压式流量传感器。

1）测量原理与结构

电磁流量传感器由变送器和转换器两部分组成，被测流体的流量经变送器后变换成相应的感应电动势，再由转换器将感应电动势转换成标准的直流电信号，送至调节器或指示器进行控制或显示。

（1）测量原理。根据法拉第电磁感应定律，当导体在磁场中做切割磁力线运动时，在导体两端便会产生感应电动势，其大小与磁场的磁感应强度、切割磁力线的导体有效长度及导体的运动速度成正比。当导电的流体介质在磁场中做切割磁力线流动时，如图 10.33 所示，也会在管道两边的电极上产生感应电动势，其方向由右手定则确定，数值大小为

$$E = BDv \qquad (10.20)$$

式中，E 为感应电动势；B 为磁场的磁感应强度；D 为管道直径，即导电液体垂直切割磁力线的长度；v 为垂直于磁场方向流体的运动速度。

根据体积流量与流体速度间的关系式（10.17）及式（10.20），可知

$$q_{\mathrm{v}} = v \frac{\pi D^2}{4} = \frac{\pi D}{4B} E = KE \qquad (10.21)$$

式中，K 为仪表常数，当管道直径确定并维持磁感应强度不变时，K 是一个常数，即流体的体积流量与感应电势具有线性关系。

（2）结构。电磁流量传感器主要由测量管、励磁线圈、电极、衬里、外壳及转换器等组成，结构如图 10.34 所示。

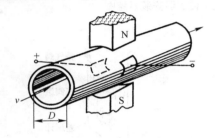

图 10.33　电磁流量传感器测量原理

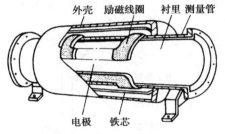

图 10.34　电磁流量传感器结构示意图

① 测量管。它是一根内部衬有绝缘衬里的高阻抗、非磁性材料制成的直管段，一般可选用不锈钢、玻璃钢、铝及其他高强度塑料，位于传感器中心，两端设有便于管道连接用的法兰。测量管采用非导磁材料是为了使磁力线能进入被测介质；采用高阻抗材料减少了电涡流带来的损耗；内部衬有绝缘材料（绝缘衬里）可以防止流体中的电流被管壁短路。

② 励磁系统。常用的励磁方式有直流励磁、正弦交流励磁和恒电流方波励磁三种，不同的励磁系统产生不同性质的磁场，如图 10.35 所示。选取不同的励磁方式将直接影响仪表的抗干扰性能。

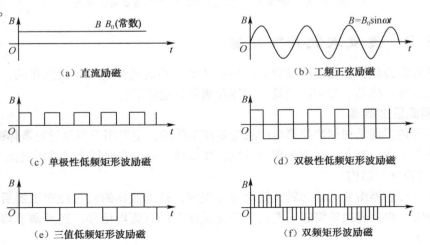

图 10.35　不同励磁方式波形比较

直流励磁是利用永磁体或者直流电源产生恒定磁场，简单可靠，受交流磁场干扰小。但电极上产生的直流电势会引起被测液体的电解，因而在电极上发生极化现象，破坏了原有的测量条件；且管径较大时，所需永久磁铁体积大，笨重而不经济。

正弦交流励磁是利用正弦交流电为电磁流量传感器中的励磁绕组供电，产生正弦交流磁场，能够基本上消除电极表面的极化现象，同时由于输出交流信号，便于后面环节的进一步放大和处理。但会受到与流量信号同相位或成正交的各种干扰的影响；电源电压和频率的波动易造成测量误差。实际应用中采用降低电源频率、电磁屏蔽、线路补偿、使用独立地线等方法，可以减小这些干扰的影响。

低频矩形波励磁是目前采用的主要励磁方式。在半个周期内磁场是一恒稳的直流磁场，从整个时间过程来看，矩形信号又是一个交变信号。低频矩形波励磁技术结合了直流与交流励磁方式的优点，具有功耗小、零点稳定、电极污染影响小、抗干扰能力强等优点，提高了电磁流量传感器的整体性能。

③ 电极。电极一般由非导磁的不锈钢材料制成，把被测介质切割磁力线所产生的感应电势信号引出。电极安装在与磁场垂直的测量管两侧管壁的水平方向上，以防止沉淀物沉积在电极上而影响测量精确度；还要与衬里齐平，以使流体通过时不受阻碍。

④ 衬里。衬里是指在测量管内侧及法兰密封面上的一层完整的电绝缘耐腐蚀材料。绝缘衬里直接接触被测介质，主要是增加测量导管的耐磨性和耐蚀性，防止感应电势被金属测量导管管壁短路。常用的衬里材料有聚氨酯橡胶、陶瓷等。

⑤ 外壳。一般用铁磁材料制成，既起保护传感器的作用（励磁线圈的外罩），又起密封作用。

⑥ 转换器。变送器产生的感应电势信号非常微弱，并且伴有各种干扰信号，转换器的作用是将毫伏级的感应电势信号放大，并将其转换成与被测介质体积流量成正比的标准电流、电压或频率信号输出，同时补偿或消除干扰的影响。

2）电磁流量传感器的特点

（1）动态响应快。可以测量瞬时脉动流量，并具有良好的线性，精度一般为1.5级和1级，可以测量正反两个方向的流量。

（2）传感器结构简单。测量管内没有任何阻碍流体流动的阻力件和可动的部件，不会产生任何附加的压力损失，属于节能型流量传感器。

（3）应用范围广。除了可测量具有一定电导率的酸、碱、盐溶液以外，还可测量泥浆、矿浆、污水、化学纤维等介质的流量。

（4）电磁流量传感器输出的感应电势信号与体积流量成线性关系，且不受被测流体的温度、压力、密度、黏度等参数的影响，不需进行参数补偿。电磁流量传感器只需经水标定后，就可以用于测量其他导电性流体的流量。

（5）电磁流量传感器的量程比一般为10:1，最高可达100:1。测量口径范围为2mm～3m。

电磁流量传感器也有一定的局限性和不足之处：

① 不能测量气体、蒸汽及含有大量气泡的液体的流量，也不能测量电导率很低的液体（如石油制品、有机溶剂等）的流量。

② 受测量管衬里材料和绝缘材料的限制，电磁流量传感器不宜测量高温高压介质的流量，使用温度一般在200℃以下，工作压力一般为0.16～0.25MPa。此外，电磁流量传感器易

受外界电磁干扰的影响。

3）电磁流量传感器的选用与安装

正确选用和安装电磁流量传感器，对提高测量精度和延长传感器的使用寿命都是非常重要的。

（1）选用。应从使用场合、传感器、被测介质等因素综合考虑。

① 使用场合。一般的化工、冶金、污水处理等行业选用通用型电磁流量传感器；有爆炸性危险的场合则应选用防爆型；医药卫生、食品等行业则选用卫生型。

② 传感器。首先根据生产工艺预计的流量最大值确定流量传感器的满量程刻度值，并且在使用中常用流量最好能超过满量程的50%，以获得较高的测量精度。口径通常选取与管道口径相同或略小些；一般需精确测量昂贵介质时，可选用高精度的流量传感器；对于控制调节等具有一般要求的场合，宜选择成本低廉的低精度传感器，避免盲目追求高精度而造成不必要的浪费。衬里材料及电极材料应根据介质的物理化学性质正确选择，具体可查询相关手册。

③ 被测介质。使用该类传感器时，被测介质的压力必须低于规定的工作压力，且其温度不得超过绝缘衬里材料的允许温度。

（2）安装。应考虑安装地点、安装方式及环境条件等因素是否满足要求。

① 避免选择周围有腐蚀性气体、电磁干扰、振动、可能被雨水浸没及阳光直射的场合。

② 最好选择垂直安装，并且介质应自下而上流动，以保证测量管内始终充满流体。水平安装时，应使两电极处于同一水平面上，防止电极被沉淀玷污和被气泡吸附而引起电极短时间绝缘，同时安装位置的标高应低于管道标高。

③ 转换器应安装在环境温度为 −10~45℃ 的场合，空气相对湿度不大于85%，避免强烈振动，周围不含腐蚀性气体。与变送器之间的连接电缆的长度不宜超过30m。

2. 蜗轮流量传感器

蜗轮流量传感器是以动量矩守恒原理为基础，利用置于流体中的蜗轮的旋转速度与流体速度成比例的关系来反映通过管道的体积流量的。它在石油、化工、国防和计量等部门中获得了广泛的应用。

1）测量原理与结构

（1）测量原理。如图10.36所示，流体经过导流体沿着管道的轴线方向冲击蜗轮叶片，由于蜗轮叶片与流体流向之间有一倾角，故流体的冲击力对蜗轮产生转动力矩，使蜗轮克服轴承摩擦阻力、电磁阻力、流体黏性摩擦阻力等阻碍旋转的各种阻力矩开始旋转，当转动力矩与各种阻力矩相平衡时，蜗轮恒速旋转。实践证明，在一定的流体介质黏度和一定的流量范围内，蜗轮的旋转角速度与通过蜗轮的流体流量成正比，通过测量蜗轮的旋转角速度可以确定流体的体积流量。

蜗轮旋转角速度一般是根据磁电感应原理，通过安装在传感器壳体外部的信号放大器来测量转换的。蜗轮转动时，由磁性材料制成的螺旋形叶片轮流接近和离开固定在壳体上方的永久磁钢外部的磁电感应线圈，周期性地改变了感应线圈磁电回路的磁阻，使通过线圈的磁通量形成周期性的变化，从而产生与流量成正比的交流电脉冲信号。此脉冲信号经信号放大器进一步放大整形后，被送至显示仪表或计算机显示流体的瞬时流量或总流量。

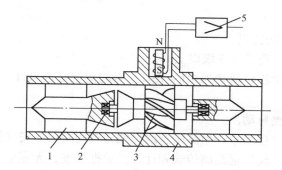

1—导流体；2—轴承；3—蜗轮；4—壳体；5—信号放大器

图10.36 蜗轮流量传感器

当蜗轮处于匀速转动的平衡状态时，忽略机械摩擦等阻力矩，蜗轮的角速度为

$$\omega = \frac{v \tan\beta}{r} \qquad (10.22)$$

式中，ω 为蜗轮旋转的角速度；v 为作用于蜗轮上流体的轴向速度，即流体流速；r 为蜗轮叶片的平均半径；β 为叶片对蜗轮轴线的倾角。

设蜗轮上的叶片数为 z，磁电感应线圈输出的交流电脉冲信号的频率为

$$f = \frac{\omega}{2\pi} z \qquad (10.23)$$

将式（10.22）、式（10.23）代入流体体积流量公式 $q_v = Av$ 中，可得

$$q_v = \frac{2\pi r A}{z \tan\beta} f = \frac{f}{K} \qquad (10.24)$$

式中，K 为蜗轮流量传感器的仪表系数，与传感器的结构有关。在蜗轮流量传感器的使用范围内，仪表系数 K 应为一常数，其数值由实验标定得到。但实际中，由于各种阻力矩的存在，K 并不严格保持常数，特别在流量很小的情况下，由于阻力矩的影响相对比较大，K 值也不稳定，因此蜗轮流量传感器最好在量程上限 5% 以上的测量区域内使用。

（2）结构。蜗轮流量传感器主要由蜗轮及轴承、导流体、磁电转换装置、外壳和信号放大器等部分组成。

① 蜗轮。一般用高导磁性能的不锈钢材料制造，它是传感器的测量部件。蜗轮与壳体同轴，由支架中的轴承支承，叶轮上装有螺旋形叶片，流体作用于叶片上时蜗轮旋转，叶片数视口径大小而定。蜗轮几何形状及尺寸对传感器性能有较大影响，应根据流体性质、流量范围、使用要求等设计。

② 导流体。对流体起导向、整流的作用，以及用于支承蜗轮。安装在传感器进出口处，避免了流体由于自旋而改变流体对蜗轮叶片的作用角度，保证了仪表的测量精度。

③ 磁电转换装置。一般采用变磁阻式，由永久磁钢、导磁棒（铁芯）、磁电感应线圈等组成。蜗轮转动时，线圈上感应出脉动电信号。

④ 轴和轴承。轴和轴承组成一对运动副，支承和保证蜗轮自由旋转。它必须有足够的刚度、强度、硬度、耐磨性及耐腐蚀性等，对传感器的可靠性和使用寿命起决定作用。

⑤ 外壳。一般用非导磁材料制造，用以固定和保护内部各部件，并与流体管道相连。壳体外壁安装有信号放大器。

⑥ 信号放大器。将磁电转换装置输出的微弱脉动电信号进行放大、整形，然后输出幅值

较大的电脉冲信号。

2）蜗轮流量传感器的特点

（1）测量精确度高，可达0.5级以上。

（2）测量范围宽。量程比通常为6:1～10:1，有的甚至可达40:1，适用于流量大幅度变化的场合。

（3）反应迅速，可测脉动流。

（4）重复性好，压力损失小，耐高压、耐腐蚀，结构简单，安装使用方便。

（5）数字信号输出，便于远距离传输和计算机数据处理，无零点漂移，抗干扰能力强。

使用蜗轮流量传感器测量时，必须注意以下几点。

① 对被测介质清洁度要求较高，以减少对轴承的磨损，故应用领域受到一定限制。

② 受液流流速分布畸变和旋转流等影响较大，传感器前后应有较长的直管段。

③ 流体密度、黏度对流量特性的影响较大；传感器仪表系数 K 一般是在常温下用水标定的，所以当流体密度、黏度发生变化时，需要重新标定或者进行补偿。

3）蜗轮流量传感器的安装

（1）蜗轮流量传感器应水平安装，上下游直管段应不小于 $15D$ 和 $5D$。

（2）应安装在不受外界电磁场影响的地方，否则应在磁电转换装置上加屏蔽罩。

（3）应保证良好接地，采用屏蔽电缆连接。

3. 超声波流量传感器

超声波流量传感器是一种非接触式流量测量仪表，它是利用超声波在流体顺流方向与逆流方向中传播速度的差异来测量流量的。按照测量原理的不同，超声波流量测量可分为传播时间法、多普勒效应法、声束偏移法等。下面以应用较多的传播时间法为例加以介绍。

1）测量原理

声波在流体中传播相同距离时，由于声波在顺流方向的传播速度大于在逆流方向的传播速度，因此在顺流与逆流的传播时间就会不同。利用传播时间之差与被测流速之间的关系求取流体流量的方法称为传播时间法。传播时间法又分为时差法、相位差法和频率差法。

（1）时差法。在管道中安装两对声波传播方向相反的超声波换能器，如图10.37（a）所示。设声波在静止流体中的传播速度为 c，流体流速为 v，超声波发射器到接收器之间的距离为 L。当声波的传播方向与流体的流动方向相同时，传播速度为 $(c+v)$；两者方向相反时，传播速度为 $(c-v)$。因此，声波从超声波发射器 T_1、T_2 到接收器 R_1、R_2 所需要的时间分别为

$$t_1 = \frac{L}{c+v} \tag{10.25}$$

$$t_2 = \frac{L}{c-v} \tag{10.26}$$

两束波传播的时间差（考虑到 $c \gg v$）为

$$\Delta t = t_2 - t_1 = \frac{2Lv}{c^2 - v^2} \approx \frac{2Lv}{c^2} \tag{10.27}$$

于是流体的流速 v 为

$$v \approx \frac{c^2}{2L}\Delta t \tag{10.28}$$

当管道直径为 D，超声波传播方向与管道轴线成 θ 角时，如图10.37（b）所示，声波从

超声波发射器 T_1、T_2 到接收器 R_1、R_2 所需要的时间分别为

$$t_1 = \frac{D/\sin\theta}{c + v\cos\theta} \tag{10.29}$$

$$t_2 = \frac{D/\sin\theta}{c - v\cos\theta} \tag{10.30}$$

同理，流速 v 与时差 Δt 之间的关系为

$$v = \frac{c^2\tan\theta}{2D}\Delta t \tag{10.31}$$

流体的体积流量为

$$q_V = \frac{\pi D c^2\tan\theta}{8}\Delta t \tag{10.32}$$

显然，当声速 c 已知时，只需测出时差 Δt 就可以求出流体的体积流量。但由于声速 c 受温度影响比较大，时间差 Δt 的数量级别又很小，一般小于 $1\mu s$，所以超声波流量测量对电子线路要求较高，为测量带来了困难。

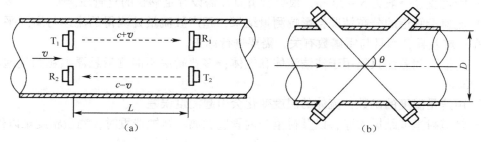

图 **10.37** 时差法测量原理

（2）相位差法。如果换能器发射连续超声波脉冲或者周期较长的脉冲波列，则在顺流和逆流发射时所接收到的信号之间便要产生相位差 $\Delta\varphi = \omega\Delta t$，代入式（10.31）可得流速 v 与相位差 $\Delta\varphi$ 之间的关系为

$$v = \frac{c^2\tan\theta}{2D\omega}\Delta\varphi \tag{10.33}$$

式中，ω 为超声波的角频率。测出相位差即可知道流体流速和流量大小。

与时差法相比，这种测量方法避免了测量微小时差 Δt，取而代之的是测量数值相对较大的相位差 $\Delta\varphi$，有利于提高测量精度。但由于流速仍与声速 c 有关，因此无法克服声速受温度的影响造成的测量误差。

（3）频率差法。它是通过测量顺流和逆流时超声波脉冲的重复频率来测量流量的。超声波发射器向被测介质发射一个超声波脉冲，经过流体后由接收换能器接收此信号，进行放大后再送到发射换能器产生第二个脉冲。这样，顺流和逆流时脉冲信号的循环频率分别为

$$f_1 = \frac{c + v\cos\theta}{D/\sin\theta} \tag{10.34}$$

$$f_2 = \frac{c - v\cos\theta}{D/\sin\theta} \tag{10.35}$$

则频率差为

$$\Delta f = f_1 - f_2 = \frac{\sin 2\theta}{D}v \tag{10.36}$$

自动检测与转换技术（第3版）

由此可得流体的体积流量为

$$q_{v} = \frac{\pi D^2}{4}v = \frac{\pi D^2}{4\sin 2\theta}\Delta f \tag{10.37}$$

因此只需测出频率差 Δf，就可求出流体流量。在式（10.37）中没有包括声速 c，即使超声波换能器斜置在管壁外部，声速变化所产生的误差影响也是很小的。所以，目前的超声波流量传感器多采用频率差法。

2）特点

（1）超声波流量测量属于非接触式测量，夹装式换能器的超声波流量传感器安装时，无须停流截管安装，只要在管道外部安装换能器即可，不会对管内流体的流动带来影响。

（2）适用范围广，可以测量各种流体和中低压气体的流量，包括一般其他流量传感器难以解决的强腐蚀性、非导电性、放射性流体的流量。

（3）管道内无阻流件，无压力损失。

（4）量程范围宽，量程比一般可达1:20。

（5）管道直径一般为 5～20cm，根据管道直径需设置足够长的直管段。

（6）流速沿管道的分布情况会影响测量结果，超声波流量计测得的流速与实际平均流速之间存在一定差异，而且与雷诺数有关，需要进行修正。

（7）传播时间差法只能用于清洁液体和气体；多普勒法不能测量悬浮颗粒和气泡超过某一范围的液体。

（8）声速是温度的函数，流体的温度变化会引起测量误差。

（9）管道衬里或结垢太厚，以及衬里与内管壁剥离、锈蚀严重时，测量精度难以保证。

10.3.4 流体阻力式流量传感器

1. 转子流量传感器

在工业上经常遇到小流量的测量，因其流体流速低，这就要求测量仪表具有较高的灵敏度，才能保证一定的测量精度。转子流量传感器特别适宜于测量管径 50mm 以下管道的微量、小流量的测量。

1）工作原理

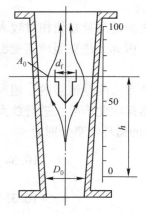

图 10.38 转子流量传感器

转子流量传感器是以转子在垂直锥形管中随着流体流量变化而升降，从而改变流体的流通面积来测量体积流量的，又称为浮子流量传感器或变面积流量传感器。如图 10.38 所示，它由两个部分组成：一个是由下往上逐渐扩大的锥形管；另一个是放置在锥形管内随被测介质流量大小变化而上下自由浮动的转子（又称为浮子）。当被测流体自下向上流过锥形管时，由于受到转子的阻挡，在转子上、下端产生差压并对转子形成上升的作用力；同时转子在流体中受到向上的浮力。当转子所受的上升力大于流体中转子重量时，转子便向上运动，转子与锥形管间的环形流通面积也随之增大，于是流体流速减小，转子上、下端差压降低，作用于转子的上升力也随着减少，直到上升力与浸在流体中的转子的重量相平衡时，转子就停浮在一定的高度上。在稳定工况下，转子在锥管中的平衡位置的高低与被测介质的流量大小相对应。因此，锥形管外设置标尺并

190

沿着高度方向以流量刻度时，根据转子最高边缘所处的位置便可以知道流量的大小。

转子在锥形管中所受到的力有 3 个，即

（1）转子本身垂直向下的重力 f_1。

$$f_1 = V_f \rho_f g \tag{10.38}$$

（2）流体对转子垂直向上的浮力 f_2。

$$f_2 = V_f \rho g \tag{10.39}$$

（3）由于节流作用使流体作用于转子向上的压差阻力 f_3。

$$f_3 = \xi A_f \frac{\rho v^2}{2} \tag{10.40}$$

式中，V_f 为转子体积；ρ_f 为转子材料密度；ρ 为被测流体密度；ξ 为阻力系数；A_f 为转子工作直径（最大直径）处的横截面积；v 为流体流经环形面积时的平均流速；g 为当地重力加速度。

转子在某一高度平衡时，有

$$f_1 - f_2 - f_3 = 0 \tag{10.41}$$

将式（10.38）、式（10.39）、式（10.40）代入式（10.41）中，可得流体通过环形流通面积的流速为

$$v = \sqrt{\frac{2gV_f(\rho_f - \rho)}{\xi A_f \rho}} \tag{10.42}$$

由式（10.42）可以看出，无论转子停留在什么高度位置，流体流过环形面积的平均流速 v 是一个常数。

设环形流通面积为 A_0，环形流通面积 A_0 与锥形管中转子的高度 h 的关系为

$$A_0 = \frac{\pi}{4}\left[(D_0 + 2h\tan\varphi)^2 - d_f^2\right] \tag{10.43}$$

式中，D_0 为标尺零处的锥形管直径；d_f 为转子最大直径（一般制造时 $D_0 \approx d_f$）；φ 为锥形管锥半角，一般很小，故 $h^2\tan^2\varphi$ 忽略不计，则有

$$A_0 = \pi h D_0 \tan\varphi \tag{10.44}$$

设传感器的流量系数为 $a = \sqrt{1/\xi}$，则流体的体积流量为

$$q_V = A_0 v = a A_0 \sqrt{\frac{2gV_f(\rho_f - \rho)}{A_f \rho}} \tag{10.45}$$

将式（10.44）代入式（10.45）中，整理后得

$$q_V = \pi a D_0 \tan\varphi \sqrt{\frac{2gV_f(\rho_f - \rho)}{A_f \rho}} h \approx Kh \tag{10.46}$$

由此可见，当圆锥角很小时，体积流量与转子在锥形管中的高度近似成线性关系，流量越大，则转子所处的平衡位置越高。

同时应注意，式（10.46）中包含有流体的密度 ρ，这就说明流体改变时，体积流量与转子高度之间的比例系数也在变化。根据国家规定，转子流量传感器的流量刻度是在标准状态（20℃，$1.013\,2 \times 10^5 \text{Pa}$）下用水（对液体）或空气（对气体）介质进行标定的。当被测介质或工况改变时，对流量指示值应加以修正，采用的修正公式为

$$q'_V = q_V \sqrt{\frac{(\rho_f - \rho')\rho}{(\rho_f - \rho)\rho'}} \tag{10.47}$$

式中，q'_V为被测介质的实际流量；q_V为流量传感器的指示值；ρ'为被测介质的实际密度。

2）转子流量传感器的分类及使用

（1）分类。转子流量传感器分为两大类，即直接指示型转子流量传感器和电远传型转子流量传感器。

直接指示型转子流量传感器的锥形管一般是由高硼硬质玻璃或有机玻璃等制成的，在锥形管外壁上标有流量刻度，可直接根据转子在锥形管内的位置高度进行读数。转子材料视被测介质的性质和所测流量大小而定，有铜、铝、不锈钢、硬橡胶、胶木、有机玻璃等，其形状根据流体的性质不同而不同。

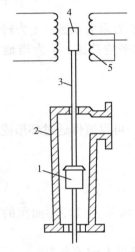

1—转子；2—锥管；3—连动杆；
4—铁芯；5—差动线圈

图10.39　电远传转子流量传感器原理

电远传转子流量传感器的锥形管一般用不锈钢制造，它可用于测量有较高温度和压力的流体流量，先由锥形管和转子把被测流量的大小转换成转子的位移，再由铁芯和差动变压器进一步将转子的位移转换成电信号输出，如图10.39所示。

（2）特点。

① 转子流量传感器主要适用于中小管径、低流速和较低雷诺数的单相液体或气体的中小流量测量。

② 流量测量范围较宽，量程比可达10∶1。

③ 结构简单，工作可靠，价格低廉，反应快，使用、维护方便。

④ 流量测量元件的输出接近于线性，压力损失小且恒定，对上游直管段要求不高。

⑤ 基本误差约为传感器量程的±1%～±2%，测量精确度易受被测介质密度、黏度、温度、压力、纯净度、安装质量等因素的影响。

⑥ 被测介质要求清洁，当与厂家标定介质不同时，须进行示值修正。

（3）安装与使用。

① 转子流量传感器必须垂直安装，且应保证传感器中心线与铅垂线的夹角不超过5°，并有正确的支承。安装时流体进口总是与锥管的最小段连接，并位于下部。

② 被测流体的工作压力必须低于传感器最大允许压力；应避免流体温度的急剧变化，当流体温度高于70℃时，要加装保护罩以防冷水溅至传感器而引起炸裂。

③ 传感器应安装在无振动、便于维修的地方，必要时应考虑加装旁路，以便处理故障和吹洗。

④ 当被测流体含有较大颗粒、脏物或磁性杂质时，在传感器前应加装过滤器或磁过滤器。

⑤ 传感器上游应安装阀门，在下游5～10倍公称通径处应安装调节流量的节流阀。为防止管路中的回流或水锤作用而损坏传感器，在下游节流阀后边应安装单向逆止阀。

⑥ 被测流量应选择在传感器上限刻度的1/3～2/3范围内，以保证测量精确度。

⑦ 测量开始时，应缓慢开启上游阀门至全开，然后使用下游的调节阀调节流量；停止工作时，应先缓慢关闭上游阀门，然后再关闭下游的流量调节阀。

⑧ 传感器长时间使用或锥管和转子被玷污后，应及时清洗，清洗时注意避免碰损转子和

连动杆。

⑨ 当被测流体的状态（密度、温度、压力和黏度）与标定时的流体和状态不同时，必须进行示值修正。

2. 靶式流量传感器

靶式流量传感器是基于力平衡原理工作的。它的测量元件是一个放置于管道中心的圆形靶，流体流过时受到靶的阻力而对靶产生一个作用力，通过杠杆将该作用力转换为与流速对应的电信号。

1）工作原理

靶式流量传感器的工作原理如图 10.40 所示，流体流动时对靶产生的作用力主要有：流体对靶的冲击力；由于节流作用，靶前后压差所形成的作用力，以及流体流经圆形靶和管道内壁形成的环形截面时，对靶周产生的黏滞摩擦力。

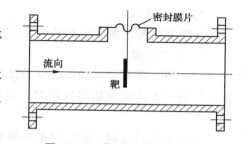

图 10.40　靶式流量传感器

当流量较大时，黏滞摩擦力可忽略不计，这时靶受到的总的作用力可表示为

$$F = k \frac{\rho}{2} v^2 A \tag{10.48}$$

式中，F 为流体作用在靶上的力；k 为阻力系数；ρ 为流体密度；v 为靶和管壁间环形截面处流体的平均速度；A 为靶的迎流面积。

于是，靶和管壁间环形截面处流体的平均流速为

$$v = \sqrt{\frac{2}{kA} \cdot \frac{F}{\rho}} \tag{10.49}$$

当管道直径为 D、靶的直径为 d 时，靶和管壁间环形面积为

$$A_0 = \frac{\pi}{4}(D^2 - d^2) \tag{10.50}$$

于是流体的体积流量为

$$q_v = A_0 v = 4.5119 aD \left(\frac{1}{\beta} - \beta\right) \sqrt{\frac{F}{\rho}} \tag{10.51}$$

式中，$a = \sqrt{\frac{1}{K}}$，为流量系数，由实验确定；$\beta = \frac{d}{D}$，为直径比。

显然，当圆形靶一定时，β 为一定值。如果被测流体密度 ρ 和流量系数 a 为常数，那么作用于靶上的力 F 与被测体积流量的平方成正比。只要测量靶所受到的力，就可以测定被测流体的流量。

作用于靶上的作用力可以通过力平衡转换器转换成 4～20mA 标准电信号输出。

2）特点

（1）结构简单，安装维护方便，不易堵塞。

（2）流量系数与传感器结构、被测介质的黏度和密度有关，使用时应根据流体的实际温度和压力，对被测介质的流量系数进行标定。

（3）靶式流量传感器静压损失小，适用于压力为 6.3MPa 和温度为 120℃ 以下的流体，在电厂常用于测量给水、凝结水和燃油的流量。

靶式流量传感器主要用于测量管道中的高黏度、低雷诺数的流体和有适量固体颗粒的浆液的流量。此外，还可用于测量一般液体、气体和蒸汽的流量。

小 结

本章叙述了过程控制参数压力、液位、流量的检测。

1. 压力测量

方法有三种：液体压力平衡法、弹性变形原理平衡法、电测式转换法。

2. 液位测量

（1）在大型储罐的液位连续测量及容积计量中，常采用浮子式液位表；而对某些设备里的液位进行连续测量功能控制时，应用浮筒式液位计则十分方便。它们是根据浮力原理工作的。

（2）利用静压法测液位是液位测量功能最主要的方法之一。它测量原理简单，和差压变送器等配套使用可构成通用型的液位显示，控制系统。

（3）光纤式液位传感器属于非接触式液位测量功能仪表，适用于易燃易爆场合，但不能探测污浊液体及会粘在测头表面的黏稠介质的液位。

3. 流量测量

流量的测量方法很多，有容积法、节流差压法、速度法、流体阻力法、流体振动法和质量流量测量法等。

差压式流量传感器是目前使用最多的一种流量测量仪表，可以测量各种性质及状态的液体、气体与蒸汽的流量，性能稳定、结构牢固，但测量精度较低；电磁流量传感器属于非接触式测量，主要用于导电液体的体积流量测量，因其具有反应速度快、测量范围宽等优点，故应用也比较广泛。转子流量传感器和靶式流量传感器可用于测量高黏度、腐蚀性介质的流量，其输出信号可远传和自动调节；计量部门一般选择精度较高的流量传感器，如椭圆齿轮（腰轮）流量传感器、蜗轮流量传感器等。

思考与练习

1. 现有一标高为1.5m的弹簧管压力表测某标高为7.5m的蒸汽管道的压力，仪表指示0.7MPa，已知蒸汽冷凝水的密度为$\rho = 966 \text{kg/m}^3$，重力加速为$g = 9.8 \text{m/s}^2$，试求蒸汽管道内压力值为多少兆帕？

2. 利用差压变送器测液位时，为什么要进行零点迁移？如何实现迁移？其实质是什么。请举例说明。

3. 平衡容器在液位测量中起到什么作用？

4. 恒浮力式液位计与变浮力式液位计测量原理的异同点？

5. 电极式水位计的使用有何特点？光纤式液位传感器是如何工作的？

6. 什么叫流量？流量有哪几种表示方法？它们之间有什么关系？

7. 试分析椭圆齿轮流量传感器的工作原理。它适合在什么场合使用？

8. 什么是标准节流装置？使用标准节流装置进行流量测量时，流体需满足什么条件？

9. 用节流装置测流量，配接一差压变送器，设其测量范围为 0 ~ 10 000Pa，对应的输出信号为 4 ~ 20mA DC，相应的流量为 0 ~ 320m³/h，求输出信号为 16mA DC 时差压是多少？相应的流量是多少？

10. 简述电磁流量传感器的工作原理和使用特点。

11. 从蜗轮流量传感器的基本原理分析其结构特点和使用要求。

12. 超声波流量传感器是如何检测流量的？它有哪些特点？

13. 简述转子流量传感器的工作原理。其安装时应注意什么？

14. 简述靶式流量传感器的工作原理。

第 11 章　检测装置的信号处理及接口技术

在检测系统中，被测的非电量信号经传感器转变后成为电信号，如电压、电流等。但传感器输出的电信号一般是很微弱的，并与输入的被测量呈非线性关系，而且易受外界环境的影响，易被噪声所污染。因此检测装置的信号处理技术是比较重要的，它包括微弱信号放大、滤波、隔离、A/D 转换、标准化输出、线性化处理、误差修正、量程切换等技术。随着微型计算机，特别是单片机技术的发展，检测装置输出信号可以通过各种接口电路与微机相连，形成了智能化检测装置，在自诊断、数据处理、远距离通信等应用方面体现出强大的优势。

11.1　信号的放大与隔离技术

由于经传感器输出的信号属微弱信号，故一般采用运算放大器将小信号放大到与 A/D 电路输入电压相匹配的电压，才能进行 A/D 转换。现在已经生产出各种专用或通用运算放大器以满足高精度检测系统的需要，其中有测量放大器、程控放大器、隔离放大器等。在实际应用中，一次测量仪表的安装环境和输出特性千差万别。因此，选用哪种类型的放大器应取决于应用场合和系统要求，一般应首先考虑选择通用型，只在有特殊要求时才考虑选择其他类型的运放电路。选择集成运放的依据是其性能参数，运放的主要参数有差模输入电阻、输出电阻、输入失调电压、电流及温漂、开环差模增益、共模抑制比和最大输出电压幅度。这些参数均可在有关手册中查得。

11.1.1　运算放大器

1. 反相放大器

由运放构成的反相比例放大器的电路，如图 11.1（a）所示。

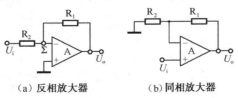

（a）反相放大器　　（b）同相放大器

图 11.1　运算放大器应用

反相放大器的传递函数为

$$G(s) = \frac{U_o(s)}{U_i(s)} = -\frac{R_1}{R_2} \tag{11.1}$$

由拉氏变换终值定理可知，当 $s \to 0$ 时，反相放大器的放大倍数为

$$G = \frac{U_o}{U_i} = -\frac{R_1}{R_2} \qquad (11.2)$$

当 $R_1 = R_2$ 时，则为反相跟随器，$U_o = -U_i$。

2. 同相放大器

反相放大器存在的问题是输入阻抗 R_i 较低，$R_1 = R_2$，通常 R_2 为几千欧。采用如图 11.1（b）所示同相放大器电路，可以得到高的输入阻抗。

根据"虚地原理"，同相放大器的放大倍数为

$$G = \frac{U_o}{U_i} = \left(\frac{R_1}{R_2} + 1\right) \qquad (11.3)$$

11.1.2 测量放大器

1. 测量放大器概述

运算放大器对微弱信号的放大，仅适用于信号回路不受干扰的情况，然而传感器的使用环境通常比较恶劣。因此，在传感器的两个输出端上经常产生较大的干扰信号，而且有时它们是完全相同的。这种完全相同的干扰信号称为共模干扰。虽然运放对输入到差动端的共模信号有较强的抑制能力，但对于像同相或者反相输入接法，由于电路结构不对称，表现为不平衡的输入阻抗，因此对共模干扰信号不能起到很好的抑制作用，故不能在精密场合下运用。为此，需要引入另一种形式的放大器，即测量放大器。它广泛应用于传感器的信号放大，特别是对微弱信号及其有较大共模干扰的场合。

测量放大器除了用于对低电平信号进行线性放大外，还担负着阻抗匹配和抗共模干扰的作用。它具有高共模抑制比、高速度、高精度、宽频带、高稳定性、高输入阻抗、低输出阻抗，低噪声等特点。

2. 测量放大器的组成

测量放大器的基本电路如图 11.2 所示。放大器由两级串联而成，前级由两个同相放大器组成，为对称结构，输入信号加在 A_1、A_2 的同相输入端，从而使前级放大器具有高抑制共模干扰的能力和高输入阻抗。后级是差动放大器，它不仅切断共模干扰的传输，而且将双端输入方式变换成单端输出方式，适应对地负载的需要。

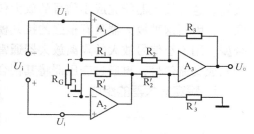

图 11.2 测量放大器原理图

测量放大器的放大倍数由下面公式计算：

$$G = \frac{U_o}{U_i} = \frac{R_3}{R_2}\left(1 + \frac{R_1}{R_G} + \frac{R_1'}{R_G}\right) \qquad (11.4)$$

式中，R_G 是用于调节放大倍数的外接电阻，通常 R_G 采用多圈电位计，并应靠近组件，若距离较远，则应将连线绞合在一起。改变 R_G 可使放大倍数在 $1 \sim 1\,000$ 范围内调节。

无论选用哪种型号的运算放大器，组成前级差动放大器的 A_1、A_2 两个芯片必须配对，即两块芯片的温度漂移符号和数值尽量相同或接近，以保证模拟输入为零时，放大器的输出尽量接近于零。此外，还应该满足条件 $R_3'R_2' = R_3R_2$。

3. 实用测量放大器

目前，国内外已有不少厂家生产测量放大器单芯片集成块。美国 AD 公司提供的有

AD521、AD522、AD612、AD605 等。国产芯片有 7650ZF605、ZF603、ZF604、ZF606 等。如图 11.3 所示为 AD521 引脚及连接方法。该测量放大器的放大倍数按下面公式计算：

$$G = \frac{U_{OUT}}{U_{IN}} = \frac{R_S}{R_G} \qquad (11.5)$$

放大倍数的调节范围为 $0.1 \sim 1\,000$，$R_S = 1\,000k\Omega \pm 15\%$。

必须指出，任何测量放大器在工作时都要有输入偏置电流，故要为偏置电流提供回路，为此，输入端 "1" 或 "3" 必须与电源地线相连。

国产的 7650 芯片是高精度、低漂移的动态自动校零的斩波放大器，应用广泛。

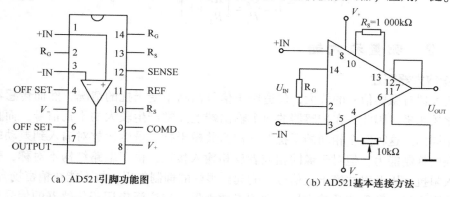

（a）AD521引脚功能图　　　　（b）AD521基本连接方法

图 11.3　AD521 引脚及连接方法

11.1.3　隔离放大器

在测量系统中，有时需要将仪表与现场相隔离（即无电路的联系），这时可采用隔离放大器。这种放大器能完成小信号的放大任务。由于在电路的输入端与输出端之间没有直接的联系，因而这种放大器具有很强的抗共模干扰的能力。隔离放大器有变压器耦合型和光电耦合型，用于小信号放大的隔离放大器通常采用变压器耦合型。这种放大器先将现场模拟信号调制成交流信号，再通过变压器将其耦合到解调器，输出的信号再送到后续电路。

1. 隔离放大器的组成

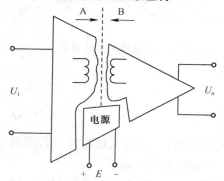

图 11.4　隔离放大器示意图

隔离放大器由 4 个基本部分组成，如图 11.4 所示。

（1）输入部分 A。其中包括输入运算放大器、调制器。

（2）输出部分 B。其中包括解调器、输出运算放大器。

（3）信号耦合变压器。

（4）隔离电源。

将这 4 个基本部分装配在一起，组成模块结构，不但方便了用户使用，而且提高了可靠性。此种隔离了放大器组件的核心技术是超小型变压器及其精密装配技术。

目前，在国内应用较广泛的是美国 AD 公司的隔离放大器，如 Model 277、278，AD293，AD294 等。

2. 隔离放大器的工作原理

典型的隔离放大器的原理如图 11.5 所示。图 11.5（a）所示为原理方框图，图 11.5（b）所示为简化的功能图。对它的结构简要说明如下：

外加直流电源 V_S，经稳压器后为电源振荡器提供电源，可产生 100kHz 的高频电压，其副方分两路输出：一路到输入部分，其中 c 绕组作为调制器的交流电源，而 b 绕组供给 1# 隔离电源产生 ±15V 的直流电源，可作为前置放大器 A_1 及外附加电路的直流电源；另一路到输出部分，e 绕组作为解调器的交流电源，而 d 绕组供给 2# 隔离电源产生 ±15V 直流电源，供给输出放大器 A_2 等。

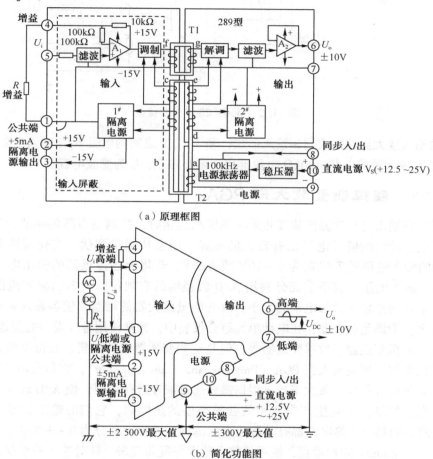

图 11.5 典型的隔离放大器

输入部分的作用是将传感器送来的信号进行滤波及放大处理，并调制成交流信号，然后通过隔离变压器耦合到输出部分。而输出部分的作用是把交流信号解调变成直流信号，再经滤波和放大，最后输出 0 ~ ±10V 的直流电压。

由于放大器的两个输入端都是直流的，因此它能够有效地作为测量放大器，又因采用变压器耦合，所以输入部分与输出部分是隔离的。

隔离放大器总电压增益为

$$G = G_{IN} \cdot G_{OUT} = 1 \sim 1\,000$$

式中，G_{IN} 为输入部分电压增益；G_{OUT} 为输出部分电压增益。

3. 一个典型接线图

Model 284J 也是一个变压器耦合型的隔离放大器。284J 内部包括输入放大器、调制器、变压器、解调器和振荡器等部分，它的接法如图 11.6 所示。

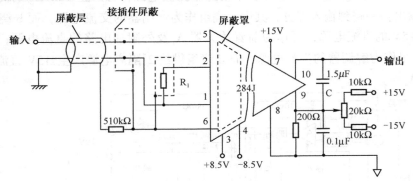

图 11.6　Model 284J 外部接线

284J 的输入放大器被接成同相输入形式，端子 1、2 之间的电阻 R_1 与输入电阻串在一起，调整 R_1 可改变放大器的增益，20kΩ 电位器用于调整零点，C 为滤波电容。

11.1.4　程控测量放大器 PGA

当传感器的输出与自动测试装置和采集系统相连接时，特别是多路传感器的信号，由于使用条件不同，输出的信号电平也有较大的差异，通常从微伏到伏，变化范围很宽。由于 A/D 转换器的输入电压通常规定为 0～10V 或者±5V，若将上述传感器的输出电压直接作为 A/D 转换器的输入电压，就不能充分利用 A/D 转换器的有效位，如影响测定范围和测量精度。因此，必须根据输入信号电平的大小，改变测量放大器的增益，使各输入通道均用最佳增益进行放大。为满足此需要，在电动单元组合仪表中，常常使用各种类型的变送器。例如，温度变送器、差压变送器、位移变送器等，但是这些变送器造价较贵。在微型机系统中则采用一种新型的可编程增益放大器 PGA（Programmable Gain Amplifier），它是通用性很强的放大器，其特点是硬件设备少，放大倍数可根据需要通过编程进行控制，使 A/D 转换器满量程信号达到均一化。例如，工业生产中使用的各种类型的热电偶，它们的输出信号范围大致在 0～60mV 之间，而每一个热电偶都有其最佳测温范围，通常可划分为 0～±10mV、0～±20mV、0～±50mV、0～±890mV 四种量程，便可将整个范围都覆盖起来。针对这 4 种量程，只需相应地把放大器设置为 500、250、125、62.5 四种增益，则可把各种热电偶输出信号都放大到 0～±5V。

图 11.7 所示为程控测量放大器的结构图。它是在图 11.2 的基础上，增加了一些模拟开关和驱动电路。增益选择开关 S_1—S_1'，S_2—S_2'，S_3—S_3' 成对动作，每一时刻仅有一对开关闭合。当改变数字量输入编码，则可改变闭合的开关号。选择不同的反馈电阻，可达到改变放大增益的目的。

下面介绍美国 AD 公司生产的 LH0084 程控测量放大器，其结构原理如图 11.8 所示。在图 11.8 中，开关网络由译码 – 驱动器和双 4 通道模拟开关组成，开关网络的数字输入由 D_0 和 D_1 二位状态决定，经译码后可有 4 种状态输出，分别控制 S_1—S_1'、S_2—S_2'、S_3—S_3'、S_4—S_4'

四组双向开关，从而获得不同的输入级增益。

为保证线路正常工作，必须满足 $R_2 = R_3$，$R_4 = R_5$，$R_6 = R_7$。

此外，该模块也可通过改变输出端的接线方法来改变后一级放大器 A_3 的增益。当引脚 6 与 10 相连作为输出端。引脚 13 接地，则放大器 A_3 的增益 $G_3 = 1$。改变连线方式，即改变 A_3 的输入电阻和反馈电阻，可分别得到 4~10 倍的增益；但这种改变方法不能用程序实现。

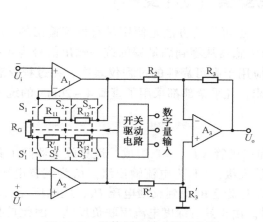

图 11.7　程控测量放大器结构图

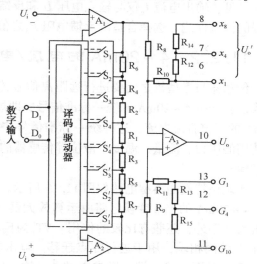

图 11.8　LH0084 程控测量放大器结构原理图

11.2　信号变换技术

在自动化仪表系统及自动检测系统中，传感器与仪表、仪表与仪表之间的信号传输采用统一的标准信号，这样不仅便于微机进行巡回检测，而且便于使指示、记录仪表单一化。此外，若通过各种转换器，如气 – 电转换器、电 – 气转换器等，还可将电动仪表和气动仪表联系起来，混合使用，从而扩大仪表的使用范围。

目前，作为统一的标准信号是直流电压 0~5V，直流电流 0~10mA 或 4~20mA。采用直流电流信号传输时，由于它的"恒流性能"，传输导线长度在一定范围内变化时，仍能保证精度，因而直流标准信号便于远距离传输。

通常，传感器的输出信号多数为电压信号，为了将电压信号转换为电流信号，需采用信号变送器（V/I）。此外，传感器的原始信号一般不能进行远距离传输，故常把传感器与信号变送器装在一起，形成一体（如Ⅲ型仪表）。

11.2.1　0~10mA 的电压/电流变换（V/I 变换）

V/I 变换器的作用是将电压信号变换为标准的电流信号，它不仅要求具有恒流性能，而且要求输出电流随负载电阻变化所引起的变化量不能超过允许值。0~10mA 的 V/I 变换电路如图 11.9 所示。

运算放大器 A 接成同相放大器，此变换电路属于电流串联负反馈电路，具有较好的恒流性能。R_3 为电流反馈电阻；R 为负载电阻，它小于 R_3。三极管 VT_1 和 VT_2 组成电流输出级，用于扩展电流。

若运算放大器的开环增益和输入阻抗足够大，则可认为运算放大器两输入端 2、3 的电位近似相等，且运算放大器的输入基极的电流近似为零。根据电流串联负反馈关系，有

$$U_i \approx U_F = I_o R_3$$

可见，输出电流 I_o 仅与输入电压 U_i 和反馈电阻 R_3 有关，与负载电阻 R 无关，说明它具有较好的恒流性能。选择合适的反馈电阻 R_3 之值，便能得到所需的变换关系。

11.2.2 4~20mA 的电压/电流变换（V/I 变换）

传感器与微型机之间要进行远距离信号传输，更可靠的方法是使用具有恒流输出的 V/I 变换器，产生 4~20mA 的统一标准信号，即规定传感器从零到满量程的统一输出信号为 4~20mA 的恒定直流电流，这种统一标准信号广泛应用于高可靠性的过程仪表中。在过程仪表中使用的压力、流量、温度、液位等传感器的输出，几乎全部都采用了直流 4~20mA 的统一标准信号。

实现该特性的典型电路如图 11.10 所示。

4~20mA 的 V/I 变换电路由运算放大器 A 和三极管 VT_1、VT_2 组成。运算放大器除了具有放大作用外，还兼有比较的作用。VT_1 为倒相放大级，VT_2 为电流输出级。U_b 为偏置电压，加在 A 的同相端，用于进行零点迁移。输出电流 I_o 流经 R_3 得到反馈电压 U_F，此电压经 R_5、R_4 加到 A 的两个输入端，形成 A 的差动输入信号。由于具有深度电流串联负反馈，因此具有较好的恒流性能。

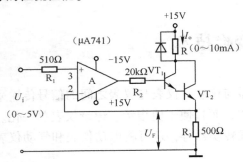

图 11.9 0~10mA 的 V/I 变换电路

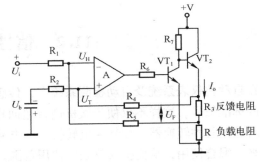

图 11.10 4~20mA 的 V/I 变换电路

11.3 过程输入通道

11.3.1 模拟量输入通道

模拟量输入通道（简称模入通道）一般由滤波电路、多路模拟开关、放大器、采样保持器（S/H）和 A/D 转换器组成，其中 A/D 转换器是完成模/数转换的主要器件。

模入通道有单通道和多通道之分。多通道的结构通常又可分为以下两种。

（1）每个通道有独自的放大器、S/H 采样保持器和 A/D 转换器，其结构如图 11.11 所示。这种形式通常用于高速数据采集系统，它允许各通道同时进行转换。

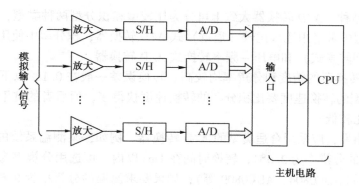

图 11.11 每个通道有独自 A/D 转换器等器件的结构

（2）多路通道共享放大器、S/H 采样保持器和 A/D 转换器，其结构如图 11.12 所示。这种形式通常用于对速度要求不高的数据采集系统中。由多路模拟开关轮流采集各通道模拟信号，经放大、保持和 A/D 转换，送入主机电路。

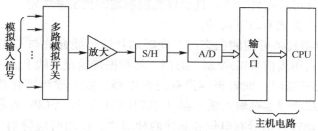

图 11.12 多路通道共享 A/D 转换器等器件的结构

11.3.2 A/D 转换器及其与单片机的接口

1. A/D 转换器的一般描述

（1）主要性能指标。

① 分辨率。它是指使 A/D 转换器的输出数码变动一个 LSB（二进制数码的最低有效位）时输入模拟信号的最小变化量。在一个 n 位的 A/D 转换器中，分辨率等于最大允许的模拟输入量（满度值）除以 2^n。可见，A/D 分辨率与输出数字的位数有直接关系。因此，通常可用转换器输出数字位数来表示其分辨率。

② 转换时间（或转换速率）。A/D 转换器从启动转换到转换结束（即完成一次模/数转换）所需的时间称为转换时间。这个指标也可表述为转换率，即 A/D 转换器在每秒钟内所能完成的转换次数。

③ 转换误差（或精度）。它是指 A/D 转换结果的实际值与真实值之间的偏差，用最低有效位数 LSB 或满度值的百分数来表示。转换误差包括量化误差（因量化单位有限所造成的误差）、偏移误差（零输入信号时输出信号的数值）、量程误差（转换器在满度值时的误差）、非线性误差（转换特性偏离直线的程度）等。

在选择 A/D 转换器时，分辨率和转换时间是首先要考虑的指标，因为这两个指标直接影响测量、控制的精度和响应速度。选用高分辨率和转换时间短的 A/D 转换器，可提高仪表的精度和响应速度，在确定分辨率指标时，应留有一定的余量，因为多路开关、放大器、采样保持器和转换器本身都会引入一定的误差。

（2）类型和品种。A/D 转换器大致上可分为比较型和积分型两种类型，每种类型又分为许多品种。比较型中常采用逐次比较（逼近）式 A/D 转换器；积分型中使用较多的是双积分式（即电压 – 时间转换式）和电压 – 频率转换式 A/D 转换器。

这两类 A/D 转换器的精度和分辨率均较高。转换误差一般在 0.1% 以下，输出位数可达 12 位以上。比较型的转换速度要比积分型的转换速度快得多，但后者的抗干扰能力则比前者的强，且价格也比较低。

从实际应用出发，应采用合适类型的 A/D 转换器。例如，某测温系统的输入范围为 0 ~ 500℃，要求测温的分辨率为 2.5℃，转换时间在 1ms 以内，可选用分辨率为 8 位的逐次比较型 A/D 转换器（如 ADC0804、ADC0809 等）；如果要求测温的分辨率为 0.5℃（即满量程的 1/1000），转换时间为 0.5s，则可选用双积分型 A/D 转换器 14433。

（3）输入/输出方式和控制信号。A/D 转换器的输入/输出方式和控制信号是使用者必须注意的问题。不同的芯片，其输入端的连接方式也不同，有单端输入的，也有差动输入的。差动输入方式有利于克服共模干扰。输入信号的极性也有两种，即单极性和双极性。有些芯片既可单极性输入，又可双极性输入，这由极性控制端的接法来决定。

A/D 转换器的输出方式有以下两种。

① 数据输出寄存器具备可控的三态门。此时芯片输出线允许与 CPU 的数据总线直接相连，并在转换结束后利用读信号$\overline{RD}$控制三态门，将数据传输至总线上。

② 不具备可控的三态门，或者根本没有门控电路，数据输出寄存器直接与芯片引脚相连，此时，芯片输出线必须通过输入缓冲器（如 74LS244）连至 CPU 的数据总线。

A/D 转换器的启动转换信号有电位和脉冲两种形式。使用时应特别注意：对要求用电位启动的芯片，如果在转换过程中将启动信号撤去，一般芯片将停止转换而得到错误的结果。

A/D 转换器转换结束后，将发出结束信号，以示主机可从转换器读取数据。结束信号用于向 CPU 申请中断后，在中断服务子程序中读取数据。也可用延时等待和查询 A/D 转换是否结束的方法来读取数据。下面就逐次比较型 A/D 转换器做些介绍。

2. 几种 A/D 转换器及接口电路

（1）ADC0808、ADC0809。ADC0808/0809 是 8 位 A/D 转换器，转换时间为 100μs，ADC0808 的转换误差为±0.5 LSB，ADC0809 为±1 LSB。芯片由 8 路模拟开关、地址锁存器和译码电路、A/D 转换电路及三态输出锁存缓冲器组成。转换器由单 +5V 电源供电，模拟量输入电压范围为 0 ~ 5V，无须零点和满刻度调整。

ADC0809 芯片引脚如图 11.13 所示。$IN_0 \sim IN_7$是模拟量输入引脚，A、B、C 为通道选通信号引脚，用于选择某一路模拟量进行 A/D 转换。$D_0 \sim D_7$是数字量输出引脚。START 和 ALE 分别为启动转换信号和地址锁存信号（该转换器由脉冲启动）引脚。EOC 是转换结束信号引脚，可用于向主机申请中断。CPU 用写信号启动转换器，用读信号取出转换结果。基准电源（V_{REF}）可与供电电源合用，但在精度要求较高的情况下，要用独立高精度的基准电源。时钟（CLK）频率为 500kHz。

ADC0809 芯片与单片机 8031 的接口如图 11.14 所示。A/D 转换器的时钟信号（CLK）由 8031 的 ALE 输出脉冲（其频率为 8031 时钟频率的 1/6），经二分频后得到。8031 P0 口输出低 3 位地址信号，经 74LS373 送至 ADC0809 引脚 A、B、C。$\overline{WR}$和 P2.7 经或非门启动 A/D 转换器，$\overline{RD}$和 P2.7 经或非门输出读取数据的信号。A/D 转换结束信号 EOC 经反相后连至 8031 的$\overline{INT1}$引脚。

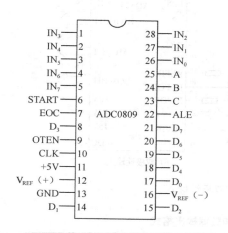

图 11.13　ADC0809 引脚图

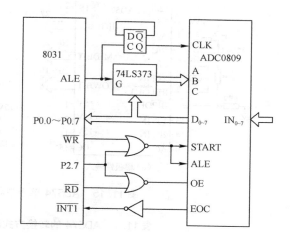

图 11.14　ADC0808/0809 与单片机 8031 的接口

8031 的 8 路连续采样程序如下（略去伪指令 ORG 等，以下程序同）：

```
            MOV     DPTR, #7FF8H          ; 设置外设（A/D）口地址和通道号
            MOV     R0, #40H              ; 设置数据指针
            MOV     IE, #84H              ; 允许外部中断 1 中断
            SETB    IT1                   ; 置边沿触发方式
            MOVX    @ DPTR, A             ; 启动转换
LOOP:       CJNE    R0, #48H, LOOP        ; 判 8 个通道是否完毕
            RET                           ; 返回主程序
AINT:       MOVX    A, @ DPTR            ; 输入数据
            MOV     @ R0, A              ; 
            INC     DPTR                  ; 修改指针
            INC     R0                    ; 
            MOVX    @ DPTR, A             ; 启动转换
            RETI                          ; 中断返回
```

（2）AD574。AD574 是 12 位的 A/D 转换器，转换时间为 $25\,\mu s$，转换误差为 $\pm 1\,LSB$。供电电源有 $+5V$、$\pm 12V$（或 $\pm 5V$）。片内提供基准电压源，并具有输出三态缓冲器。它可与 8 位或 16 位字长的微处理器直接相连。输出数据可 12 位一起读出，也可分成两次读出。输入模拟信号可以是单极性 $0\sim10V$ 或 $0\sim20V$ 信号，也可以是双极性 $\pm 5V$ 或 $\pm 10V$ 信号。

AD574 引脚如图 11.15 所示。图中 $R/\overline{C}$ 是读/启动转换信号，A_0 和 $12/\overline{8}$ 用于控制转换数据长度（12 位或 8 位）及数据输出格式。它们的功能如表 11.1 所示。

由表 11.1 可知，在 $CE=1$ 且 $\overline{CS}=0$（大于 300ns 的脉冲宽度）时，才能启动转换或读出数据，因此，启动 A/D 或读数可用 CE 或 $\overline{CS}$ 信号来触发。在启动信号有效前，$R/\overline{C}$ 必须为低电平，否则将产生读数据的操作。启动转换后，STS 引脚输出变为高电平，表示转换正在进行，转换结束后，STS 引脚输出为低电平。

205

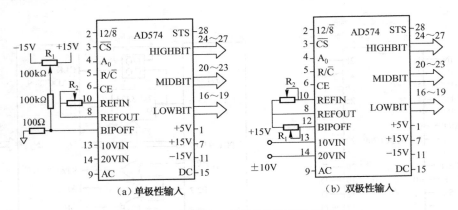

图 11.15　AD574 单极性和双极性输入

表 11.1　AD574 的转换方式和数据输出格式

CE	$\overline{CS}$	R/$\overline{C}$	12/$\overline{8}$	A_0	功　能
1	0	0	—	0	12 位转换
1	0	0	—	1	8 位转换
1	0	1	接 +5V	—	输出数据格式为并行 12 位
1	0	1	接地	0	输出数据是 8 位最高有效位（由 20～27 脚输出）
1	0	1	接地	1	输出数据是 4 位最低有效位（由 16～19 脚输出）加 4 位 "0"（由 20～23 脚输出）

　　AD574 单极性模拟输入和双极性模拟输入的连线如图 11.15 所示。13 引脚的输入电压范围为 0～+10V（单极性输入时）或 −5～+5V（双极性输入时），1LSB 对应模拟电压为 2.44mV。14 引脚的输入电压范围为 0～+20V（单极性输入时）或 −10～+10V（双极性输入时），1LSB 对应 4.88mV。如果要求 2.5mV/位（对于 0～+10V 或 −5～+5V 范围）或者是 5mV/位（对于 0～+20V 或 −10～+10V 范围），则在模拟电压输入回路中应分别串联 200Ω 或 500Ω 的电阻。

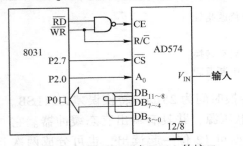

图 11.16　AD574 与 8031 的接口

　　AD574 与 8031 的接口如图 11.16 所示。单片机的读/写信号用于控制 AD574 的 CE 和 R/$\overline{C}$ 端，而 P2.7 和 P2.0 则分别连至 AD574 的 $\overline{CS}$ 和 A_0 端。

　　8031 的调试程序如下：

```
        MOV     DPTR,       #7EFFH
        MOVX    @DPTR,      A           ；启动 A/D
        MOV     R7,         #20H
LOOP:   DJNZ R7, LOOP                   ；延时
        MOVX    A,          @DPTR
        MOV     R0,         A           ；读高位数据，存入 R0 中
        INC     DPH
        MOVX    A,          @DPTR
        MOV     R1,         A           ；读低位数据，存入 R1 中
        RET
```

11.4 信号的非线性补偿技术

在工业检测技术中，存在许多非线性环节，特别是传感器的输出量与被测物理量之间的关系绝大部分是非线性的，引起非线性的原因归纳起来不外乎两个：一是许多传感器的转换原理并非线性。例如，热电偶的电动势与温度关系是非线性的；用孔板测量时，孔板输出的差压信号与流量输入信号之间也是非线性关系。二是采用的测量电路是非线性的。例如，测量热电阻用桥路，而电阻的变化引起电桥失去平衡，此时输出电压与电阻之间的关系为非线性。一般总希望输出与输入之间具有线性关系，这样可以保证在整个测量范围内灵敏度均匀，以利于读数和分析，也便于处理测量结果或进行自动控制。解决这一矛盾即是对非线性特性进行线性化处理，一般有三种办法：其一是缩小测量范围区间，在该区间内将非线性曲线近似看作线性；其二是采用非线性刻度（如万用表欧姆挡，光电比色计中光密度 OD）；其三是加线性校正环节。在当前对测量精度、范围等各项技术指标要求不断提高的情况下，对非线性进行校正就显得尤为重要。

11.4.1 线性化处理方法

在非电量测量系统中，由于传感器变换原理和测量电路都存在非线性，因此，要在非电量测量系统中实现线性化，就需对测量系统各个方面实行非线性补偿，即采用非线性校正装置，这种非线性校正装置可以设置在模拟量测量电路部分，也可以设置在 A/D 转换器中或 A/D 转换后的数字量测量电路部分。下面就模拟量非线性校正做些说明。

模拟量非线性校正有两种方法：一种是折线逼近法，另一种是线性提升法。

1. 折线逼近法

该方法又分为校正特性曲线逼近法、特性曲线逼近法。

（1）校正特性曲线逼近法。它是根据传感器的非线性特性，做出校正特性曲线，再将校正特性曲线折线化逼近。图解法求非线性补偿环节特性曲线如图 11.17 所示。图解法的步骤如下。

① 将传感器的输入与输出的特性曲线 $U_1 = f_1(x)$ 画在直角坐标的第一象限，横坐标表示被测量 x，纵坐标表示传感器的输出 U_1。

② 将放大器的输入与输出特性 $U_2 = GU_1$ 画在第二象限，横坐标为放大器的输出 U_2，纵坐标为放大器的输入 U_1。

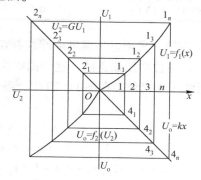

图 11.17 图解法求非线性补偿环节特性曲线

③ 将整台测量仪表的线性特性画在第四象限，纵坐标为输出 U_o，横坐标为输入 x。

④ 将 x 轴分成 n 段，段数 n 由精度要求决定。由点 1、2、…、n 各做 x 轴垂线，分别与 $U_1 = f_1(x)$ 曲线及第四象限中的 $U_o = kx$ 直线交于 1_1、1_2、1_3、…、1_n 及 4_1、4_2、4_3、…、4_n 各点。然后以第一象限中这些点做 x 轴平行线与第二象限直线 $U_2 = GU_1$ 交于 2_1、2_2、2_3、…、2_n 各点。

⑤ 由第二象限各点做 x 轴垂线，再由第四象限各点做 x 轴平行线，两者在第三象限的交

点连线即为校正曲线 $U_o = f_2(U_2)$。这也就是非线性补偿环节的非线性特性曲线。

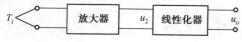

图 11.18　温度测量系统方框图

【例 11.1】　如图 11.18 所示的温度测量系统，已知热电偶 S 的分度特性，前置放大器的闭环电压放大倍数 $A_{vf} = 100$，显示要求为 $1mV/℃$，试求线性化器的校正特性曲线。

解：①在第一象限做传感器的输入－输出特性曲线，查热电偶 S 分度表，横坐标为被测温度 T_i，纵坐标为热电偶的热电势 E_i。其数据如表 11.2 所示。

表 11.2　热电偶 S 分度表

被测温度 T_i（℃）	0	500	700	900	1 100	1 300	1 500
热电势 E_i（mV）	0	4.22	6.256	8.421	10.723	13.116	15.504

② 在第二象限做放大器的特性曲线，纵坐标为放大器输入量 E_i，横坐标为输出量，有关数据如表 11.3 所示。

表 11.3　特性曲线数据

$u_2 = A_{vf}E_i$，且 $A_{vf} = 100$，各特征点的数值：放大器输入 E_i（mV）	0	4.22	6.256	4.421	10.723	13.116	15.504
放大器输出 $u_2 = A_{vf}E_i$（V）	0	0.422	0.625 6	0.842 1	1.072 3	1.311 6	1.550 4

③ 在第四象限做输入－输出特性曲线 $u_o = ST_i$，被测温度 T_i 为横坐标，线性化器的输出 u_o 为纵坐标，$S = 1mV/℃$，有关数据如表 11.4 所示。

表 11.4　特性曲线数据

被测温度 T_i（℃）	0	500	700	900	1 100	1 300	1 500
线性化器输出 u_o（V）	0	0.5	0.7	0.9	1.1	1.3	1.5

④ 在第三象限做出温度非线性补偿特性曲线，如图 11.19 所示。

（2）特性曲线逼近法。这种图解法如图 11.20 所示，将传感器的特性曲线 $y = f(x)$ 用连续有限线段来代替。在图 11.20 中，各段折线的方程如下：

$$y = k_1 x \qquad\qquad (x_1 > x > 0)$$
$$y = k_1 x_1 + k_2(x - x_1) \qquad\qquad (x_2 > x > x_1)$$
$$y = k_1 x_1 + k_2(x_2 - x_1) + k_3(x - x_2) \qquad\qquad (x_3 > x > x_2)$$
$$y = k_1 x_1 + k_2(x_2 - x_1) + k_3(x_3 - x_2) + \cdots + k_{n-1}(x_{n-1} - x_{n-2}) + k_n(x - x_{n-1})$$
$$(x_n > x > x_{n-1})$$

式中，x_i 为折线的各转折点；k_i 为折线段的斜率；$k_1 = \tan a_1$，$k_2 = \tan a_2$，$\cdots$，$k_n = \tan a_n$。

用连续有限线段替代特性曲线，若转折点越多，则折线越逼近曲线，精度也越高，但若转折点过多，不仅电路复杂，而且由于电路本身引起的误差也会随之增加。

用连续有限线段替代特性曲线，然后根据各转折点 x_i 和各段折线的斜率来设计电路。

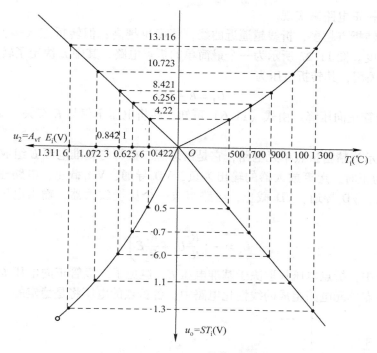

图 11.19 温度非线性补偿特性曲线

2. 线性提升法

线性提升法是模拟量非线性校正的又一种方法，它是将特性曲线 $y = f(x)$ 用折线代替后，根据折线组与直线方程式 $y = k_1 x$ 的偏差，依次增减偏差部分（这是通过运算放大器输入电压的增减来实现的）。线性提升法原理如图 11.21 所示。其折线方程组如下：

$$y = k_1 x \qquad\qquad (k_1 = \tan a_1,\ 0 \leqslant x \leqslant x_1)$$
$$y = k_1 x - k_2(x - x_1) \qquad\qquad (k_2 = \tan a_2,\ x_1 \leqslant x \leqslant x_2)$$
$$y = k_1 x - k_2(x - x_1) + k_3(x - x_3) \qquad\qquad (k_3 = \tan a_3,\ x_2 \leqslant x \leqslant x_3)$$

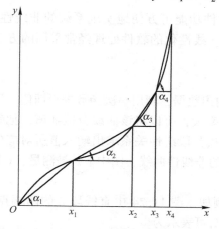

图 11.20 折线逼近法示意图

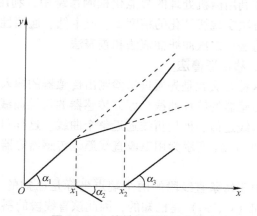

图 11.21 线性提升法示意图

为实现模拟量非线性校正的这两种方法（折线逼近法和线性提升法），均需有非线性元件（目前常利用二极管组成非线性电阻网络来产生折点）组成的电路来予以校正，即用折点单元构成非线性校正电路来实现。

可以看出，转折点越多，折线越逼近曲线，精度也越高；但转折点太多，则会因电路本身误差而影响精度。图11.22所示为一个最简单的折点电路，其中 E 决定了转折点偏置电压，二极管 VD 做开关用，其转折电压为

$$U_1 = E + U_D \tag{11.6}$$

式中，U_D 为二极管正向压降。由式（11.6）可知，转折电压不仅与 E 有关，而且与二极管正向压降 U_D 有关。

图11.23所示为精密折点单元电路，它是由理想二极管与基准电源 E 组成的。由图可知，当 U_i 与 E 之和为正时，运算放大器的输出为负，VD$_2$ 导通，VD$_1$ 截止，电路输出为零。当 U_i 与 E 之和为负时，VD$_1$ 导通，VD$_2$ 截止，电路组成一个反馈放大器，输出电压随 U_i 的变化而改变，有

$$U_o = -\left(\frac{R_f}{R_1}U_i + \frac{R_f}{R_2}E\right) \tag{11.7}$$

在这种电路中，折点电压只取决于基准电压 E，避免了二极管正向电压 U_D 的影响，而且在这种由精密折点单元电路组成的线性化电路中，各折点的电压将是稳定的。

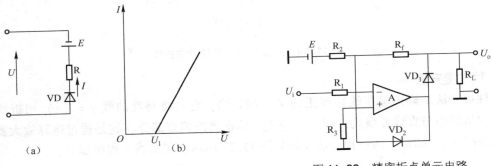

图 11.22　简单折点电路　　　　图 11.23　精密折点单元电路

11.4.2　利用微机进行非线性化处理

在利用微机处理的智能化检测系统中，利用软件功能可方便地实现系统的非线性补偿。这种方法实现线性化的精度高、成本低、通用性强。线性化的软件处理经常采用的方法有线性插值法、二次曲线插值法和查表法。

1. 线性插值法

这种方法就是先通过试验测出传感器的输入/输出数据，利用一次函数进行插值，用直线逼近传感器的特性曲线。假如传感器的特性曲线曲率大，可以将该曲线分段插值，把每段曲线用直线近似，即用折线逼近整个曲线。这样可以按分段线性关系求出输入值所对应的输出值。图11.24所示为用三段直线逼近传感器等器件的非线性曲线，图中 y 是被测量，x 是测量数据。

由于每条直线段的两个端点坐标是已知的，例如，图11.24中直线段2的两端点（y_1, x_1）和（y_2, x_2）是已知的，因此该直线段的斜率 k_1 可表示为

$$k_1 = \frac{y_2 - y_1}{x_2 - x_1}$$

该直线段上的各点满足下列方程式

$$y = y_1 + k_1(x - x_1) \tag{11.8}$$

对于折线中任一直线段 i，可以得到

$$k_{i-1} = \frac{y_i - y_{i-1}}{x_i - x_{x-1}} \tag{11.9}$$

$$y = y_{i-1} + k_{i-1}(x - x_{i-1}) \tag{11.10}$$

在实际的设计中，预先把每段直线方程的常数及测量数据 x_0、x_1、x_2、$\cdots$、x_n 存于内存储器中，计算机在进行校正时，首先根据测量值的大小，找到合适的校正直线段，从存储器中取出该直线段的常数，即斜率 k_i，然后计算形如式（11.10）的直线方程式就可获得实际被测量 y。如图 11.25 所示就是线性插值法的程序流程图。

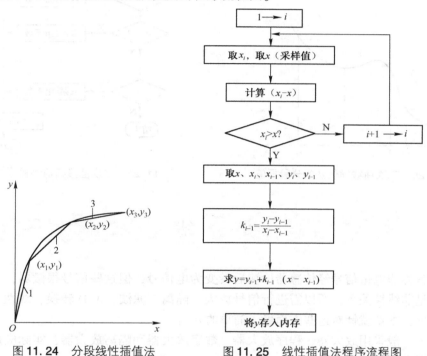

图 11.24　分段线性插值法　　　　图 11.25　　线性插值法程序流程图

线性插值法的线性化精度由折线段的数量决定，所分段数越多，精度就越高；但数量越大，所占内存越多。一般情况下，只要分段合理，就可获得良好的线性度和精度。

2. 二次曲线插值法

若传感器的输入与输出之间的特性曲线的斜率变化很大，采用线性插值法就会产生很大的误差，这时可采用二次曲线插值法，即用抛物线代替原来的曲线，这样代替的结果显然比线性插值法更精确。二次曲线插值法的分段插值如图 11.26 所示，图示曲线可划分为 a、b、c 三段，每段可用一个二次曲线方程来描述，即

$$\begin{cases} y = a_0 + a_1 x + a_2 x^2 & (x \leqslant x_1) \\ y = b_0 + b_1 x + b_2 x^2 & (x_1 < x \leqslant x_2) \\ y = c_0 + c_1 x + c_2 x^2 & (x_2 < x \leqslant x_3) \end{cases} \tag{11.11}$$

式中，每段的系数 a_i、b_i、c_i 可通过下述办法获得。即在每段中找出任意三点，如图 11.26 中的 x_0、x_{01}、x_1，其对应的 y 值为 y_0、y_{01}、y_1，然后解如下联立方程：

$$\begin{cases} y_0 = a_0 + a_1 x_0 + a_2 x_0^2 \\ y_{01} = a_0 + a_1 x_{01} + a_2 x_{01}^2 \\ y_1 = c_0 + c_1 x + c_2 x_1^2 \end{cases} \tag{11.12}$$

就可取得系数 a_0、a_1、a_2，同理可求得 b_0、b_1、b_2⋯。然后将这些系数与 x_0、x_1、x_2、x_3等值预先存入相应的数据表中。图 11.27 所示为二次曲线插值法的程序流程图。

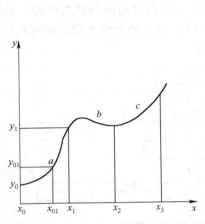

图 11.26　二次曲线插值法的分段插值

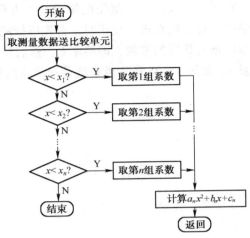

图 11.27　二次曲线插值法程序流程图

小　结

被测的各种非电量信号经传感器检测后转变为电信号，但这些信号很微弱，并与输入的被测量之间呈非线性关系，所以需进行信号放大、隔离、滤波、A/D 转换、线性化处理、误差修正等处理，本章就针对这些方面做了简单的介绍。

信号放大一般采用放大器、程序放大器、数字放大器和隔离放大器，实际应用中可根据使用场合和要求进行选用。

A/D 转换器可以分为比较型和积分型两种。比较型的转换速度比积分型的快得多，但积分型的抗干扰能力比前者强，且价格相对较低。选用 A/D 转换器可根据分辨率、转换时间及转换精度三项主要指标确定。

A/D 转换步骤是：确定 A/D 地址，选择通道，启动 A/D 转换过程，等待转换结果（可用中断方式），读 A/D 转换结果。

线性化处理可以用硬件方法，也可以在单片机（微机）中采用软件编程的方法，若采用软件方法，除了本章介绍的线性插值、二次曲线插值法（抛物线法），还可以采用最小二乘法等。

这样，一个非电量信号经过上述环节已经转换成为单片机（或微机）所能处理的二进制数据。使用这些数据对非电量进行控制和处理，要涉及其他相关课程的内容。

思考与练习

1. 对传感器输出的微弱电压信号进行放大时，为什么要用测量放大器？
2. 采用4~20mA电流信号来传输传感器的输出信号有什么优点？
3. 在模拟量自动检测系统中，常用的线性化处理方法有哪些？
4. 在检测系统中，信号之间的传输为什么要使用 V/I 和 I/V 变换？

第12章 自动检测技术的综合应用

在前面的章节中，重点分析了几十种传感器各自的结构和工作原理。在实际应用时，一个生产过程控制系统通常需要几十个甚至数百个不同的传感器对工艺参数进行测量，否则人们根本无法认识和控制生产过程的进行；同样，人们的衣食住行等日常生活也离不开检测技术。本章将介绍自动检测与转换技术在工业生产和日常生活中的综合应用。

12.1 传感器的选用原则

前已述及，传感器处于检测系统的输入端；一个检测系统性能的优劣，关键在于正确、合理地选择传感器。而传感器的种类繁多，性能又千差万别，对某一测定量的检测通常会有多种不同工作原理的传感器可供使用。如何根据测试目的和实际条件合理地选用最适宜的传感器，是经常会遇到的问题。本节在常用传感器的基本知识的基础上，就合理选用传感器的一些基本原则做一概略介绍。

由于传感器的精度高低、性能好坏直接影响到整个自动检测系统的品质和运行状态，因此，选用传感器时应首先考虑这些因素；其次，在传感器满足所有性能指标要求的情况下，应考虑选用成本低廉、工作可靠、易于维修的传感器，以期达到理想的性能价格比。

1. 灵敏度

如前所述，灵敏度是指传感器在稳态下的输出变化量与输入变化量的比值。灵敏度高，则意味着传感器所能感知的变化量小，即被测量稍有一微小变化时，传感器就有较大的输出响应。一般来讲，传感器的灵敏度越高越好。

但是应注意，传感器在采集有用信号的同时，其自身内部或周围存在着各种与测量信号无关的噪声，若传感器的灵敏度很高，则即使是很微弱的干扰信号也很容易被混入，并且会伴随着有用信号一起被电子放大系统放大，显然这不是测量目标所希望出现的。因此，这时更要注重的是选择高信噪比的传感器，既要求传感器本身噪声小，又不易从外界引进干扰噪声。

传感器的量程范围与灵敏度有关。当输入量增大时，除非有专门的非线性校正措施，否则传感器是不应当进入非线性区域的，更不能进入饱和区。当传感器工作在既有被测量又有较强干扰量的情况下，过高的灵敏度反而会缩小传感器适用的测量范围。

2. 线性范围

传感器理想的静态特性是在很大测量范围内输出与输入之间保持良好的线性关系。但实际上，传感器只能在一定范围内保持线性关系。线性范围越宽，表明传感器的工作量程越大。传感器工作在线性区内是保证测量精确度的基本条件，否则就会产生非线性误差。而在实际中，传感器绝对工作在线性区是很难保证的，也就是说，在许可的限度内，也可以工作在近似线性的区域内。因此，在选用时必须考虑被测量的变化范围，使其非线性误差在允许范围之内。

3. 响应特性

通常希望传感器的输出信号和输入信号随时间的变化曲线相一致或基本相近，但在实际中很难做到这一点，延迟通常是不可避免的，但总希望延迟时间越短越好。

选用的传感器动态响应时间越小，延迟就越小。同时还应充分考虑到被测量的变化特点（如温度的惯性通常很大）。

4. 稳定性

稳定性表示传感器在长期使用之后，其输出特性不发生变化的性能。影响传感器稳定性的因素是环境和时间。工作环境的温度、湿度、尘埃、油剂、振动等影响，会使传感器的输出发生改变，因此要选用适合于其使用环境的传感器，同时还要求传感器能长期使用而不需要经常更换或校准。

5. 精确度

传感器的精确度是反映传感器能否真实反映被测量的一个重要指标，关系到整个测量系统的性能。精确度高，则说明测量值与其真值越接近。但并不是在任何情况下都必须选择高精度的传感器，这是因为传感器的精确度越高，其价格就越高。如果一味追求高精度，必然会造成不必要的浪费。因此在选用传感器时，首先应明确测试目的。若属于相对比较的定性试验研究，只需获得相对比较值即可时，就不必选用高精度的传感器；若要求获得精确值或对测量精度有特别要求时，则应选用高精度的传感器。

6. 测试方式

传感器在实际条件下的工作方式，也是选用传感器时应考虑的重要因素。例如，是接触测量还是非接触测量，是在线测试还是非在线测试，是破坏性测试还是非破坏性测试等。

在线测试是一种与实际情况更接近一致的测试方式，尤其在许多自动化过程的检测与控制中，通常要求真实性和可靠性，而且必须在现场条件下才能达到检测要求。实现在线测试是比较困难的，对传感器与检测系统都有一定的特殊要求，因此应选用适合于在线测试的传感器，这类传感器也正在不断被研制出来。

以上是传感器选用时应考虑的一些主要因素。此外，还应尽可能兼顾结构简单、体积小、质量轻、价格便宜、易于维护、易于更换等特点。

12.2　综合应用举例

12.2.1　高炉炼铁自动检测与控制

高炉炼铁就是在高炉中将铁从铁矿石中还原出来，并熔化成生铁。高炉是一个竖式的圆筒形炉子，其本体由炉基、炉壳、炉衬、冷却设备和高炉支柱组成，而高炉内部工作空间又分为炉喉、炉身、炉腰、炉腹和炉缸五段。高炉生产除本体外，还包括上料系统、送风系统、煤气除尘系统、渣铁处理系统和喷吹系统。高炉产品包括各种生铁、炉渣、高炉煤气及炉尘。生铁供炼钢和铸造使用；炉渣可用于制作水泥、绝热材料、建筑和铺路材料等用途；高炉煤气除了供热风炉做燃料使用外，还可供炼钢、焦炉、烧结点火用等；炉尘回收后可做烧结厂原料用。

自动检测和控制系统是高炉自动化生产的重要组成部分，控制系统的功能配置及可靠性直接影响高炉的生产能力、安全运行、高炉寿命等重要经济指标的实现。高炉炼铁生产工艺参数检测与控制系统如图 12.1 所示。图中各主要符号代表意义分别为：$\frac{p}{B}$ 为压力变送器，$\frac{\Delta p}{B}$ 为差压变送器，$\frac{G}{B}$、$\frac{Q}{B}$ 为流量变送器，$\frac{T}{B}$ 为温度变送器，$\sqrt{\ }$ 为开方器，$\frac{p}{J}$ 为压力记录仪，$\frac{\Delta p}{J}$ 为差压记录仪，$\frac{G}{J}$、$\frac{Q}{J}$ 为流量记录仪，$\frac{T}{J}$ 为温度记录仪，$\frac{f}{J}$ 为湿度记录仪，$\frac{L}{J}$ 为料尺记录仪，DTL 为调节器，C 磁放大器，DKJ 为电动执行器，F 为操作器。

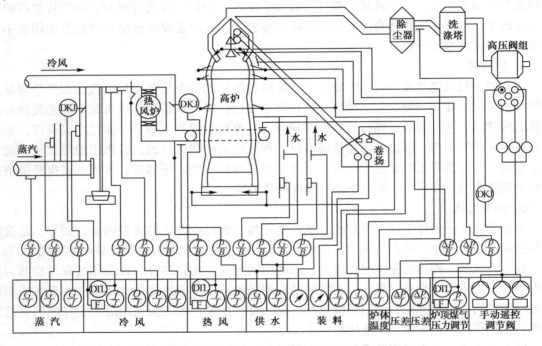

图 12.1　高炉炼铁生产工艺参数检测与控制系统图

1. 高炉本体检测和控制

为了准确、及时地判断高炉炉况和控制整个生产过程的正常运行，必须检测高炉内各部位的温度、压力等参数。

（1）温度。需检测的温度点包括炉顶温度、炉喉温度、炉身温度和炉基温度，并采用多点式自动电子电位差计指示和记录。

①炉顶温度。它是煤气与料柱作用的最终温度，它说明了煤气热能与化学能利用的程度，在很大程度上能监视下料情况。炉顶温度的测量是利用安装在 4 个或 2 个煤气上升管内的热电偶实现的。

②炉喉温度。它能准确反映煤气流沿炉子周围工作的均匀性。炉喉温度是利用安装在炉喉耐火砖内的热电偶测量的。

③炉身温度。它可以监视炉衬侵蚀和变化情况。炉衬结瘤和过薄时，都可以通过炉身温

度反映出来。一般在炉身上下层各装一排热电偶测量炉身温度，每排4点或更多点。

④ 炉基温度。它主要用于监视炉底侵蚀情况，一般在炉基四周装有4只热电偶，并在炉底中心装1只热电偶。

（2）差压（压力）。需检测大小料钟间的差压、热风环管与炉顶间的差压及炉顶煤气压力。

① 大小料钟间差压的测量。炉喉压力提高后，在料钟开启时，必须注意压力平衡，降大钟之前，应开启大钟均压阀，使大小料钟间的差压接近于炉喉压力；降小钟之前，应开启小钟均压阀，使大小料钟间的差压接近于大气压力。如果压差过大，则料钟及料车的运转应有立即停止的电气装置，否则传动系统负荷太大，易受损失，所以大小料钟之间的差压由差压变送器将其转换为4~20mA DC的电流信号，送至显示仪表指示和记录。

② 热风环管与炉顶间差压的测量。炉顶煤气压力反映煤气逸出料面后的压力，是判断炉况的重要参数之一。国内采用最多的是测量热风环管与炉顶间的差压，由差压变送器测量后送至显示仪表指示和记录。

③ 炉顶煤气压力的自动检测与控制。高压操作不但可以改善高炉工作状况，提高生产率，降低燃料消耗，而且可增加炉内煤气压力和还原气体的浓度，有利于强化矿石的还原过程，还可相应降低煤气通过料层的速度，有利于增加鼓风量，改善煤气流分布。目前，大多数高炉都采取高压操作，高压操作时的炉喉煤气压力为0.5~1.5个标准大气压。在高炉工作前半期，料钟的密闭性较好，一般可保持较高压力；而在高炉工作后半期，由于钟料磨损，故密闭性变差，炉顶煤气压力要降低一些。

由于炉喉处煤气中含灰尘较多，取压管易堵塞，因此测量煤气压力的取压管安装在除尘器后面、洗涤塔之前。虽然是间接地反映炉喉煤气压力，但比较可靠。炉顶煤气压力控制采用单回路控制方案，即在除尘器后测出的煤气压力，经压力变送器转换后送显示仪表指示和记录，同时送至煤气压力调节器与给定值比较，根据偏差的大小及极性，发出调节信号给电动执行器，调节洗涤塔后面煤气出口处阀门的开度，改变局部阻力的损失，保持炉喉煤气压力为给定数值。

2. 送风系统检测和控制

送风系统主要考虑鼓风温度和湿度的自动控制，均采用单回路控制方案。

（1）鼓风温度是影响鼓风质量的一个重要参数之一，它将影响到高炉顺行、生产率、产品质量和高炉使用寿命。如图12.1所示，冷风通过冷风阀进入热风炉被加热，同时冷风还通过混风阀进入混风管，与经过加热的热风在混风管内混合后达到规定温度，再进入环形风管。

用热电偶测定进入环形风管前的温度，经温度变送器转换后送至调节器，调节器按PID规律运算后的输出信号驱动电动执行器DKJ，调节混风阀的开度，控制进入混风管的冷风量，保持规定的鼓风温度，同时鼓风温度送至显示仪表指示和记录。

（2）鼓风湿度是影响鼓风质量的另一重要参数，通常采用干湿温度计测量。其基本原理是用一个干的温度计和一个湿的温度计，当鼓风通过两温度计时，由于湿温度计水分蒸发，温度将低于干温度计的温度。鼓风湿度越大，则蒸发越慢，吸热较少，干、湿温度计的温度就越接近，因此利用干湿温度计的温度差反映鼓风湿度的大小。

在冷风管道上取出冷风，用两支一干一湿的热电阻测温，将经温度变送器转换后的电流信号送至调节器，调节器的输出信号驱动电动执行器，控制蒸汽阀的开度，改变进入鼓风中的蒸汽量，控制鼓风湿度保持为规定值。

3. 热风炉煤气燃烧自动控制

根据炼铁生产工艺的要求，一般希望热风炉能以最快的速度升温，并且要求煤气燃烧过程稳定。图 12.2 所示是目前较多采用的煤气燃烧自动检测控制系统。

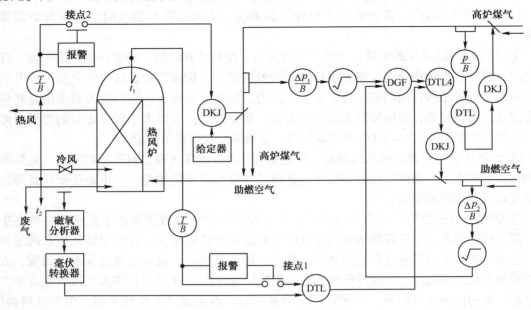

图 12.2 热风炉煤气燃烧自动检测控制系统

（1）煤气与空气的比例控制。由差压变送器及开方器分别取得煤气流量与空气流量，送入调节器 DTL4 构成一个比值控制系统，调节器 DTL4 的输出信号送到电动执行器，调节空气管道上的阀门开度，控制煤气与空气的比例达到规定的数值。

（2）烟道废气中含氧量的控制。用磁氧分析器和毫伏转换器测量烟道废气中的含氧量并送给氧量调节器，与含氧量的给定值相比较，发出校正信号送入调节器 DTL4 中。如果含氧量大于给定值，则校正信号使电动执行器动作，使空气管道阀门朝关小的方向动作，直到含氧量稳定在给定值为止；反之，则开大阀门，增加空气量，直到烟道废气中含氧量增加并稳定在给定值为止。所以，通过控制烟道废气含氧量可以减少或消除因煤气成分波动而造成的影响。

（3）炉顶温度控制。安装在热风炉炉顶的热电偶和温度变送器测量的炉顶温度，通过报警接点 1（炉顶温度低于规定值时报警接点 1 断开，炉顶温度高于规定值时接点 1 接通）输入到氧量调节器中，产生一个校正信号送入调节器 DTL4，使电动执行器动作，开大空气管道阀门开度，增加空气量，炉顶温度便开始降低，当炉顶温度低于规定值，报警点 1 断开，校正信号终止。

（4）烟道废气温度控制。安装在烟道上的热电偶和温度变送器测得的烟道废气温度，通过报警点 2（废气温度高于规定值时接通，低于规定值时断开）输入到电动执行器中，使之关小煤气管道阀门开度；煤气量减少，废气温度降低，直到废气温度低于规定值，报警点 2 断开。当在燃烧开始阶段或操作中需要改变煤气量时，可通过电流给定器给出 4～20mA DC 的电流信号，直接控制电动执行器，实现远距离手动控制。

（5）煤气压力控制。通过安装在煤气管道上的取压管和压力变送器取得煤气压力，送入调节器与煤气压力给定值相比较，调节器根据偏差情况给出控制信号，驱动电动执行器，改变煤气管阀门开度，直到煤气压力达到给定值为止。

此外，还有喷吹重油自动控制、吹氧系统自动控制、煤气净化系统自动控制、汽化冷却系统自动控制等。

目前，我国比较先进的大中型高炉炼铁生产过程工艺参数检测与控制，都采用了先进的集散控制系统（DCS），取代了模拟调节器和显示、记录仪，对生产工况进行集中监视和分散控制，无论从使用角度还是从成本考虑都是极有优势的。

12.2.2 蒸馏塔自动检测与控制

在石油、化工工业中，许多原料、中间产品或粗成品，通常全部是由若干组分所组成的混合物，蒸（精）馏塔就是用于将若干组分所组成的混合物（如石油等）通过精馏，将其中的各组分分离和精制，使之达到规定纯度的重要设备之一。图12.3所示为常压蒸馏塔生产过程工艺参数检测与控制系统图。对蒸馏塔的控制要求通常分为质量指标、产品质量和能量消耗三方面。质量指标是蒸馏塔控制中的关键，应使塔顶产品中的轻组分（或重组分杂质）含量符合技术要求，或使塔底产品中的重组分（或轻组分杂质）符合技术要求。

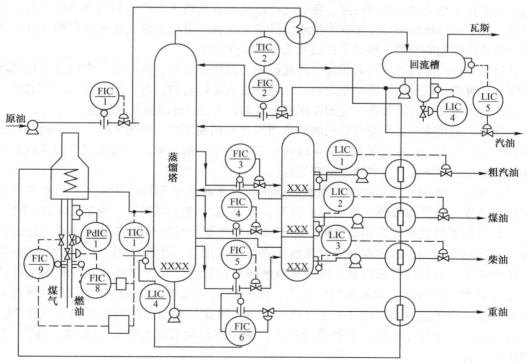

图12.3 常压蒸馏塔过程工艺参数检测与控制系统图

1. 蒸馏塔参数检测

（1）温度测量：包括原油入口温度、塔顶蒸汽温度，可用热电偶测量。

（2）流量测量：需测量燃料（煤气和燃油）流量、原油流量、回流量、各组分及重油流量等。绝大部分流量信号可采用孔板与差压变送器配合测量，对于像重油这样的高黏度液体，不能采用孔板测量，应选用容积式流量传感器（如椭圆齿轮流量传感器）进行测量。

（3）液位测量：包括回流槽液位、水与汽油的相界位、其他组分液位及蒸馏塔底液位等，采用差压式液位传感器或差压变送器测量。

2. 蒸馏塔自动控制系统

工艺对一端产品质量有要求时，例如对塔顶产品成分有严格要求、对塔底产品组分只要求保持在一定范围内时，通常使用塔顶产品流量控制塔顶产品成分，用回流量控制回流槽液位，用塔底产品流量控制塔底液位，蒸汽的再沸器进行自身流量的控制；当对塔底产品成分有严格要求时，控制方案用塔底产品流量控制塔底产品成分，用回流量控制回流槽液位，塔顶产品只进行流量控制，塔底液位用加热用蒸汽量进行控制。倘若工艺对两端产品质量均有要求时，控制方案采用较复杂的解耦控制。

（1）原油温度和流量控制。原料与来自蒸馏塔的半成品在热交换器中交换能量，然后利用管式加热炉将原油的温度加热到一定数值。原油温度的控制是通过温度调节器 TIC/1 与燃料流量组成串级系统实现的，燃料流量调节器的输出信号通过电气转换后，采用带气动阀门定位器的气动薄膜执行机构，其目的是为了防爆，以确保安全。输入常压蒸馏塔的原油流量采用单回路控制，用调节器 FIC/1 控制。

（2）回流控制。这是蒸馏塔控制系统中最重要的部分之一，温度调节器 TIC/2 与回流流量调节器 FIC/2 组成串级控制回路。要加热的原油遇到从塔下部吹入的热蒸汽而蒸发，蒸汽上升送入较上层的塔盘中与盘中液体接触而凝结，在各层塔盘上都发生沸点高的蒸汽凝结和沸点低的液体蒸发的现象，形成了各层间的自然温度分布。

从塔顶排出的蒸汽被冷却而积存于回流罐中，其中，气体、汽油以及水的混合物等将在回流罐中被分离，汽油的一部分作为回流又循环流入蒸馏塔内，另一部分导入后面的生产装置。为保持回流罐中的液位在一定的范围内，以 LIC/5 控制排出的汽油流量。

蒸馏塔的塔顶蒸汽经冷凝变成汽油和水而积存在回流罐内，设置 LIC/4 水位调节器是为了维持水和汽油有一定的分界面，又可以从中把下部水分离出来。一般情况下都采用差压装置变送器和显示器等作为分界液面的变送器。

（3）重油及各组分流量控制。在蒸馏塔底部积存着最难蒸发的重油，为了使重油中的轻质成分蒸发，就需要维持一定的液面高度，吹入蒸汽使之再蒸发，由 LIC/4 和 FIC/6 组成的串级控制系统就是为此而设置的。由于塔底变送器的导压管很容易受外界气温的影响而使其内部蒸汽凝结，因此需要施行蒸汽管并行跟踪加热，才能使用。在蒸馏塔之间部分适当的位置上，分别设有粗汽油、煤油和柴油的出口管线，因为这些流量与蒸馏塔内的温度分布（各种油的成分）有着重要的关系。用 FIC/3、FIC/4、FIC/5 对它们分别进行流量控制和调节。由于这些中间馏分中还含有轻质油，因此与蒸馏塔并列的还设有汽提塔，将蒸汽吹入其中，使馏分中的轻质油蒸发排出，液位控制调节器 LIC/1、LIC/2、LIC/3 即为此目的而设置。

12.2.3　传感器在汽车中的应用

汽车类型繁多，其结构大体都是由发动机、底盘和电气设备三部分组成。当汽车启动后，电动汽油泵将汽油从油箱内吸出，由滤清器过滤杂质后经喷油器喷射到空气进气管中，与适当的空气混合均匀后分配到各汽缸中。火花塞点火后，混合汽油在汽缸内迅速燃烧，推动活塞做功，齿轮机构被曲柄带动，驱动车轮旋转，汽车开始行驶。

汽车的每一部分均安装有许多检测和控制用的传感器，能够在汽车工作时为驾驶员或自动检测系统提供车辆运行状况和数据，自动诊断隐形故障，实现自动检测和自动控制，从而提高汽车的动力性、经济性、操作性和安全性。

汽车用传感器按照其功能大致可以分为两大类：一类是使驾驶员了解汽车各个部位状态的传感器；另一类是用于控制汽车运行状态的控制传感器，包括温度、压力、转速、加速度、流量、液位、位移方位、气体浓度传感器等，如表12.1所示。

表12.1　汽车用传感器的种类

种　类	检 测 对 象
温度传感器	冷却水、排出气体（催化剂）、吸入空气、发动机机油、室内外空气
压力传感器	进气歧管、大气压力、燃烧压、发动机油压、制动压、各种泵压、轮胎压
转速传感器	曲柄转角、曲柄转数、车轮速度
速度、加速度传感器	车速、加速度
流量传感器	吸入空气流量、燃料流量、排气再循环量、二次空气量、冷媒流量
液量传感器	燃料、冷却水、电解液、洗窗器液、机油、制动液
位移方位传感器	节气门开度、排气再循环阀开量、车高（悬梁、位移）、行驶距离、行驶方位
排出气体浓度传感器	O_2、CO_2、NO_x、HC 化合物、柴油烟度
其他传感器	转矩、爆震、燃料酒精成分、湿度、玻璃结露、鉴别饮酒、催眠状态、蓄电池电压、蓄电池容量、灯泡断线、荷重、冲击物、轮胎失效率

下面以关系到汽车安全性的 ABS 系统和安全气囊系统为例，简要介绍传感器在汽车中的应用。

1. ABS 系统

汽车防抱死制动系统，简称 ABS（Anti – lock Brake System），成为当前人们选购汽车的重要依据之一，具有 ABS 系统的车辆安全性能好。

ABS 是由传感器、电子控制器和执行器三大部分组成的，如图12.4所示，电子控制器又被称为电控单元（Electronic Control Unit，ECU）。传感器主要是车轮转速传感器，其作用是对车轮的运动状态进行检测，获取车轮转速（速度）信号；ECU 的主要作用是接受车轮转速传感器送来的脉冲信号，计算出轮速、参考车速、车轮减速度、滑移率等，并进行判断，输出控制指令给执行器；制动压力调节器是主要的执行器，在接受了 ECU 的指令后，驱动调节器中的电磁阀动作，调节制动器的压力，使之增大、保持或减小，实现制动系压力的控制功能，使各车轮的制动力满足少量滑动但接近抱

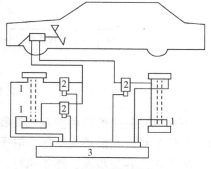

1—车轮转速传感器；
2—制动压力调节器；3—电子控制器
图12.4　ABS 工作原理

死的制动状态，以使车辆在紧急刹车时不致失去方向性和稳定性。制动压力调节循环的频率可达 3 ~ 20Hz，各制动轮缸的制动压力能够被独立地调节。

如果没有 ABS，则紧急刹车时刹车片将抱死车轮，车辆的安全性能将受到威胁。配置

ABS 以后，ABS 通过控制刹车油压的收放对车轮进行控制，工作过程是抱死—松开—抱死—松开的循环，使车辆处于临界抱死的间隙滚动状态，确保了制动时方向的稳定性和转向控制能力，缩短了制动距离，减小了轮胎磨损和司机的紧张情绪。

2. 安全气囊

为避免或减少交通事故对人体的伤害，除汽车安全带以外，很多汽车上还安装有安全气囊。这是因为汽车发生事故时，胸部以上受伤的概率高达 75% 以上，而且汽车的行驶速度越高，受伤的概率也就越高。所以，为保证车内驾乘人员的安全，减少人体上部的伤害，特别是头、颈部的安全而设计出汽车安全气囊。

汽车安全气囊有机械式和电子式两大类型。机械式安全气囊系统的气囊、充气泵、传感器等部件集中装在转向盘内，如图 12.5 所示。撞车瞬间由传感器引出点火销，高速撞击充气泵中的引燃器，引燃固体燃料并释放出大量气体，气囊充气后膨胀，对驾驶员起到保护作用。这种安全气囊主要用于保护驾驶员的头部，同时配合三点式安全带减轻撞车时对驾驶员的面部损伤。

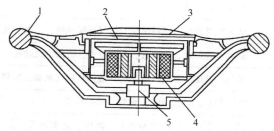

1—转向盘；2—气囊；3—缓冲垫；4—充气泵；5—传感器
图 12.5　机械式安全气囊

电子式安全气囊的种类较多，但其工作原理基本相同，如图 12.6 所示。当汽车发生碰撞时，由传感器感应碰撞程度，并将感应信号送至 ECU，由 ECU 对碰撞信号进行识别，若是轻度碰撞，气囊不动作；若属于中度至重度碰撞时，则 ECU 会发出点火器点火的信号，使气囊在极短时间内充气，以保护驾乘人员。

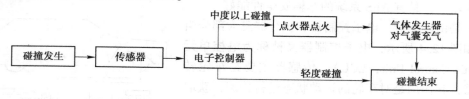

图 12.6　电子式安全气囊工作原理图

下面以较复杂的双动作双气囊和双安全带预紧器为例加以说明。一般驾驶员位固定放 1 对，另外 1 对放在前排或后排。电子式气囊自动化工作完全由微机程序控制，按照人们事先设计的工作内容与步骤，逐条执行，整机程序框图如图 12.7 所示。其工作过程分为以下 3 个步骤。

（1）汽车点火启动，气囊开始工作，CPU 等电子电路复位，做好工作准备。

（2）自检。由自检子程序对各传感器、引爆器、RAM、ROM、电源等部件进行逐个检查。如发现问题，则执行故障显示子程序，使故障灯发出报警信号，驾驶员根据故障灯亮的时间长短与个数确定故障码及气囊故障的部位。如果自检气囊无故障，启动传感器采集子程序，对所有的传感器进行巡回检测，若没有达到碰撞速度，则程序又返回到自检子程序。如果一直没有碰撞，则程序一直循环下去。

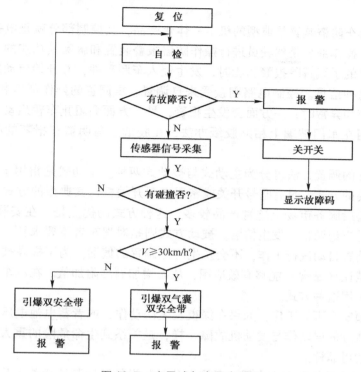

图 12.7 电子式气囊程序框图

（3）碰撞发生后，经 CPU 判断碰撞速度的大小，并发出不同的指令。若碰撞速度小于 30km/h，则 CPU 发出引爆双安全带预紧器的指令，点燃双安全带预紧器，拉紧安全带保护乘员；若碰撞速度大于 30km/h，则 CPU 内所有的引爆器发出引爆指令，使两个安全带拉紧，两个气囊张开，同时 CPU 发出光、电报警指令。

如果碰撞速度较大，则主电源断线，电源监控器自动启动故障备用电源，使整个系统照常工作，并使报警器工作，直至备用电源耗尽。

3. 汽车电子防盗系统

（1）汽车防盗装置日趋重要。汽车防盗装置是汽车的重要安全装置。在国外，由于汽车被盗现象严重，因而各国政府都采取了不同的防范措施，有些国家颁布了有关防盗法令。例如，美国许多州政府从 1986 年起实施汽车防盗法令，按法律规定，保险公司对凡是装有规定功能防盗报警装置车辆的保险金强制性规定实施 5% ~ 15% 的贴现办法。目前，汽车防盗保险费上升率已高达 88%。这是促进防盗装置加速普及的重要因素。在欧洲，车辆防盗案件剧增，并逐渐演变为严重的社会问题。例如，在 1987 年车辆盗窃案超过 200 万种，整车盗窃案也超过 100 万件。按社会保有车辆计算的平均盗车发生率已高于美国。对此，西欧有关保险公司对装有防盗装置的车辆也实施保险金贴现的规定；与美国一样，在市场上出售各种防盗装置。

（2）汽车防盗装置的构造和工作原理。汽车防盗报警装置的基本构思是"当利非正常的手续侵入车厢，进行车辆移动时，能立即进行检测与报警并阻止发动机启动和行驶"。最近，又增加正常操作手续，追加验明身份的鉴定功能，当与验明身份不相符合时，会禁止操纵控制发动机。这种以提高自主行驶功能为目的的装置［简称"阻行器"（Immobiliser）］已开始普及。

电子控制的汽车防盗装置是典型的机电一体化产品，其控制部分就是电控单元（ECU）。在调置、重调置的操作部分是驾驶员进行操作防盗报警装置和解除其功能的部件。传感器的功能是当未以正常的手续解除报警功能时，发生侵入车厢事件，并开始启动发动机，这时传感器便能检测到这种信息。控制电路则接受来自调置、重调置的操作部件和传感器的信息，并进行判断，当获知异常时，一方面会发生报警，另一方面会阻止车辆启动。此外，在很多车辆上已广泛采用在车门玻璃上粘贴胶纸办法，在胶纸上写明盗车报警的醒目字样，以儆效尤。

防盗报警装置的调置方法可分为主动式与被动式两种。主动式是指用于装置启动（set）的特别操作是必要的方式，具有暗号开关或密码电源开关板，其典型的方式是红外线或电波的遥控方式，在售后服务市场上这种产品较多，这种方式的优点是，在安装上具有通用性，但缺点是往往容易忘记调整，发生偏漏。被动方式则是对驾车者不要求特别操作，当车门关闭后，防盗报警装置自动进行工作，不会发生忘记调置的偏漏。为了提高被动方式的防盗效果，通过保险金减让（贴现）能够有效应用，从而增加商品附加值。在汽车工厂中装车实用的装置几乎全部采用这种方式。

防盗装置必须安全可靠工作，如果在深夜发生误动作，或者蓄电池电压增高就会令车主担心。防盗安全装置的误动作与发动机故障一样，是关系到生命危险的重大问题。因此，必须确保防盗装置的可靠性。

（3）防盗装置的功能和车上布置。各汽车公司装设的防盗装置相差无几，现以典型例子说明装置的工作过程和功能。图12.8所示为防盗装置的功能构成，图12.9所示为防盗装置在车辆上的布置。防盗装置的各个输入信号来自于车门、发动机盖、行李箱（后车门）接通、断开检测用开关，车门的关闭和开启用检测开关，车门键筒的保护开关（当键筒撬开、被拔出时开启）和点火开关。大部分则利用原来车辆的开关。当检测出异常情况时，报警喇叭隔一定时间发出鸣叫声，或者用前照灯的闪亮来报警，与此同时启动机继电器处于切断的状态。

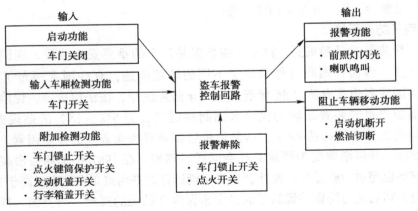

图12.8　防盗装置的功能构成图

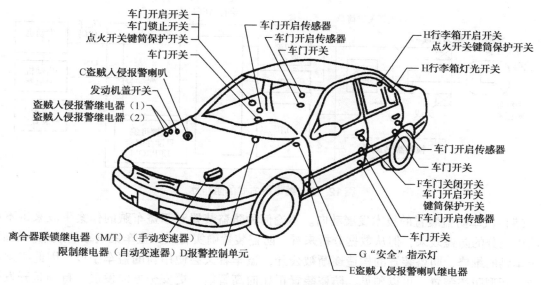

图 12.9 防盗装置在车辆上的布置图

（4）防止被盗车辆自走行驶装置——阻行器。阻行器是利用机械或电气方式，或机电一体化控制方式阻止被盗车辆行驶的装置。阻止方式一般是阻止发动机启动。现在国外市场上供应的阻行器可分为四种：采用键开关方式（ON/OFF）的阻行器（图12.10）；使用电波遥控键方式阻行器（图12.11）；电阻键方式的阻行器（图12.12）；继电器（Transponder）方式的阻行器（图12.13）。

图 12.10 键开关方式的阻行器

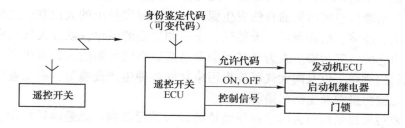

图 12.11 遥控键方式的阻行器

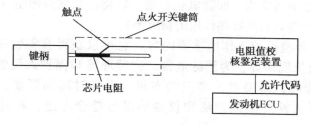

图 12.12 电阻键方式的阻行器

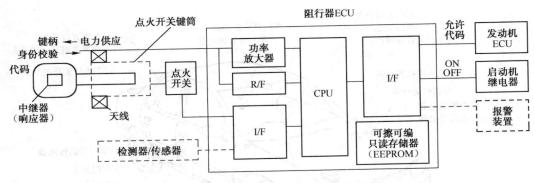

图 12.13　继电器方式的阻行器

（5）汽车防盗装置的技术发展动向。不论何种防盗装置对于盗车贼的作案手段来讲不可能获得充分的防盗效果，但从数据分析来看，防盗装置确实有减少盗车案发率的效果。然而，由于车辆的维修，防盗装置的构造逐渐被公开，盗车者又会使用新的盗车手段，因此必须不断开发新型防盗装置。可以预见，防盗装置正在向高智能、更安全方向发展，特别是开发被动式、无误动作、低成本和可靠性高的防盗装置。

电子控制技术的发展和进步促进了汽车工业的发展，随着汽车电子设备不断更新，各种用途的传感器将遍布汽车的各个部位，特别是计算机在汽车上的应用，更加确定了传感器在汽车电子设备中的重要地位，传感器的最大用户将是汽车行业。

12.2.4　传感器在空气污染监测中的应用

随着工农业及交通运输业的不断发展，这些行业产生的大量有害有毒物质逸散到空气中，使空气增加了多种新的成分。当其达到一定浓度并持续一定时间时，就破坏了空气正常组成的物理化学和生态的平衡体系，不仅影响工农业生产，而且对人体、生物体及物品、材料等产生不利影响和危害。

根据污染物产生的原因，空气污染物一般可分为天然空气污染源和人为空气污染源。天然空气污染源是指造成空气污染的自然发生源，如火山爆发排出的火山灰、二氧化硫、硫化氢等；森林火灾、海啸、植物腐烂、天然气、土壤和岩石的风化，以及大气圈中的空气运动等自然现象所引起的空气污染。人为空气污染源是造成空气污染的人为发生源，如资源和能源的开发、燃料的燃烧，以及向大气释放出污染物的各种生产设施等，有工业污染源、农业污染源、交通运输污染源及生活污染源。

空气中主要污染物是指对人类生存环境威胁较大的污染物：总悬浮颗粒物、可吸入颗粒物、二氧化硫、氮氧化物、一氧化碳和光化学氧化剂六种。对于局部地区，也有由特定污染源排放的其他危害较重的污染物，如碳氢化合物、氟化物及危险的空气污染物（如石棉尘、金属铍、多环芳烃及一些具有强致癌作用的物质等）。

空气污染监测是环境保护工作的重要内容。它可以获得有害物质的来源、分布、数量、动向、转化及消长规律等，为消除危害、改善环境和保护人民健康提供资料。在进行空气污染各项监测时，需要对采样点的布设、采样时间和频度、气象观测、地理特点、工业布局、采样方法、测试方法和仪器等进行综合考虑，在此仅就测试仪器加以说明。

用于空气污染监测的采样仪器主要由收集器、流量计和抽气动力三部分组成，如

图12. 14所示。

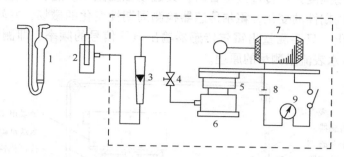

1—吸收管；2—滤水阱；3—流量传感器；4—流量调节阀；5—抽气泵；
6—稳流器；7—电动机；8—电源；9—定时器

图12. 14 携带式采样器工作原理图

收集器用于收集在空气中存在的污染物，常用的收集器有液体吸收管。

流量计即流量传感器，用于计量空气流量，现场使用时常选用轻便、易于携带的孔口流量计和转子流量计。

孔口流量计的工作原理请参考孔板的节流原理，它有隔板式及毛细管式两种。当气体通过隔板或毛细管小孔时，因阻力而产生压力差。气体的流量大，产生的压力差也越大，由孔口流量计下部的U形管两侧的液柱差可直接读出气体的流量。孔口流量计中的液体，可用水、酒精、硫酸、汞等，由于各种液体相对密度不同，在同一流量时，孔口流量计上所示液柱差也不一样，相对密度小的液体液柱差最大，通常所用的液体是水，为了读数方便，可向液体中加几滴红墨水。

转子流量计的工作原理见第10章有关内容。在使用转子流量计时，当空气中湿度太大时，需要在转子流量计进气口前连接一支干燥管，否则转子吸收水分后质量增加和管壁湿润等都会影响流量的准确测量。

抽气动力是一个真空抽气系统，通常有电动真空泵、刮板泵、薄膜泵、电磁泵等。

12.2.5 IC卡智能水表的应用

水是宝贵的环境资源，也是我国可持续发展战略的物质基础。但是，我国是世界上人均水源资拥有量十分贫乏的国家之一，节约和保护水资源是我国当前一项十分重要的战略措施。IC卡智能水表的开发和利用对节水的科学管理起到了促进作用。

1. 测量原理

一体化IC卡智能水表是在传统水表的基础上，重新设计控制盒并使之与水阀组装在一起，由流量测量机构、隔膜阀控制机构、防窃水结构、IC卡和单片机、电源及表壳等几部分构成，其结构原理如图12.15所示。工作原理与蜗轮流量传感器类似，流量测量机构采用叶轮流量传感器，水流通过进口过滤网以后，从双喷嘴喷出，形成侧射流，正向冲击叶轮上的叶片，水流在叶片上均匀向四周扩散，推动叶轮克服水流的黏性阻力、机械摩擦阻力、电磁阻力做匀速旋转运动。理论分析证明，通过叶轮的水流量与叶轮的旋转速度成正比，因此只要准确测量出叶轮的旋转速度，即能测量出水流量的大小。

叶轮叶片用导磁的不锈钢材料制作，叶轮轴和叶轮腔体用不导磁的不锈钢材料制作，在腔体的上方放置永久磁钢，在永久磁钢下方放置霍尔传感器。当叶轮叶片旋转至永久磁钢正下方位置时，其磁场强度大；转过该位置时，其磁场强度减小。随着叶轮的旋转，永久磁钢下方的磁场强度做周期性的变化，霍尔传感器检测周期性变化的磁场，并转换成同频率变化的霍尔电压信号输出。只要测量出霍尔传感器输出电压信号的频率，即测量出了水的流量，这就是一体化IC卡水表流量测量的原理。

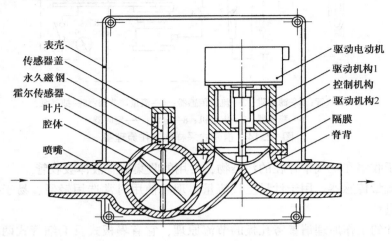

图 12.15　一体化 IC 卡水表结构原理图

一体化IC卡水表的启闭控制机构采用脊背式隔膜阀机构。当隔膜紧贴脊背时关闭，当隔膜离开脊背时开启。隔膜阀的启闭用直流电动机和驱动机构来控制。当向直流电动机输入正向直流电时，直流电动机正转，关闭隔膜阀停止供水；当向直流电动机输入反向直流电时，直流电动机反转，开启隔膜阀进行供水。隔膜阀的启闭行程由安装在驱动机构上的启闭行程开关控制。

2. 硬件与软件

一体化IC卡智能水表采用内含EPROM的87C51组成单片机系统。非易失性E^2PROM芯片AT24C02存储用户密码、时间、购水量、累计用水量、剩余用水量、窃水记录等重要数据，并采用SLE4442逻辑加密卡保护存储器和加密存储器保证IC卡的安全。水流量测量选用CS837霍尔传感器。

使用一系列开关实现生产厂家调试校正当地时间、判断IC卡是否插入IC卡卡座、切换显示及防止用户私开表盖窃水等功能。通过电源检测控制备用电源的开启，以保证水表在电网停电的情况下运行的可靠性。采用程控驱动及微动行程开关控制隔膜阀的动作，保证隔膜阀安全可靠地运行。

一体化IC卡智能水表的软件主要由主程序和$\overline{INT0}$、$\overline{INT1}$中断服务程序组成。主程序通过判断使用条件，控制开阀的动作，并通过电源监控来保证IC卡智能水表安全可靠地运行。$\overline{INT0}$中断服务程序主要用于水量的监控，在水量达到临界及无剩余水量时均给出声光报警。$\overline{INT1}$中断服务程序通过各开关的状态实现生产厂家调试校正当地时间、判断IC卡智能是否插入IC卡卡座、切换显示及防止用户私开表盖窃水等功能。一体化IC卡智能水表的单片机系统软件设计，采用了用户不透明的智能化软件设计，用户只需持卡购水和持卡用水，无须其他操作，使用方便，安全性很高。

一体化IC卡智能水表整体结构紧凑，体积小，防护措施安全可靠，水电完全隔离，实现了用户凭卡购水、凭卡用水的科学管理，适用于机关、团体等大范围用水管理及特殊行业，如游泳馆、矿泉水、桑拿浴、锅炉，服务业、宾馆、饭店、建筑业，农、林等行业。

12.2.6 传感器在全自动洗衣机中的应用

自动检测技术除了在生产过程中发挥着重要作用外，它与人们的日常生活也是息息相关的。社会的发展和进步加快了人们生活的节奏，许多方便快捷、省时省力、功能齐全的电器设备成了人们生活中必不可少的伙伴。在这些电器设备中，传感器技术和微计算机技术的应用越来越广泛，涉及的电器有洗衣机、彩电、冰箱、摄录像机、复印机、空调、录音机、电饭煲、电风扇、煤气用具等，使用最多的传感器有温度传感器，其次是湿度、气体、光、烟雾、声敏等传感器。下面以全自动洗衣机为例加以分析。

在全自动洗衣机中使用的传感器有水位传感器、布量传感器和光电传感器等，使洗衣机能够自动进水、控制洗涤时间、判断洗净度和脱水时间，并将洗涤控制于最佳状态。图12.16所示是传感器在洗衣机中的应用示意图。

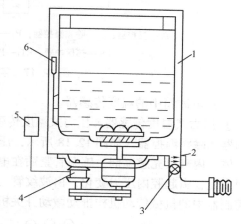

1—脱水缸；2—光电传感器；3—排水阀；
4—电动机；5—布量传感器；6—水位传感器
图 12.16 传感器在洗衣机中的应用示意图

（1）水位传感器。洗衣机中的水位传感器用来检测水位的等级。它由三个发光元件和一个光敏元件组成。根据依次点亮三个发光元件后，光到达光敏元件的变化而得到水位的数据。

（2）布量传感器。布量传感器是用来检测洗涤物的重量，是通过电动机负荷的电流变化来检测洗涤物的。

（3）光电传感器。光电传感器由发光二极管和光敏晶体管组成，安装在排水口上部。根据排水口上部的光透射率检测洗涤净度，判断排水、漂净度及脱水情况。在微处理器控制下，每隔一定时间检测一次，待值恒定时，则认为洗涤物已干净，便结束洗涤过程。在排水过程中，传感器根据排水口的洗涤泡沫引起透光的散射情况来判断排水过程。漂洗时，传感器可通过测定光的透射率来判断漂净度。脱水时，排水口有紊流空气使透光散射，光电传感器每隔一定时间检测一次光的透过率，当光的透过率变化为恒定时，则认为脱水过程完成，便通过微处理器结束全部洗涤过程。

12.2.7 传感器在电冰箱中的应用

电冰箱用以制冷，空调器则兼有制冷机、电暖器及电风扇的功能，它们所用传感器的类型接近。

（1）传感器在电冰箱中的作用。电冰箱主要由制冷系统和控制系统两部分组成。控制系统主要包括温度自动控制、除霜温度控制、流量自动控制、过热及电流保护等。完成这些控制需要使用检测温度和流量（或流速）的传感器。

图12.17是常见的电冰箱电路原理图，它主要由温度控制器、温度显示器、PTC启动器、除霜温控器、电动机保护装置、开关、风扇及压缩机电动机等组成。电冰箱运行时，由温度传感器组成的温控器按所调定的冰箱温度自动接通和断开电路，控制制冷压缩机的关与停。当给冰箱加热除霜时，由温度传感器组成的除霜控制器将会在除霜加热器达到一定温度时，

自动断开加热器的电源，停止除霜加热。热敏电阻检测到的冰箱内的温度将由温度显示器直接显示出来。PTC 启动器是用电流控制的方式来实现压缩机的启动，并对电动机进行保护。

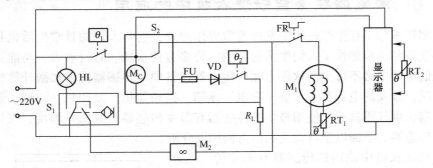

θ_1—温控器；θ_2—除霜温控器；R_L—除霜热丝；S_1—门开关；S_2—除霜定时开关；

FR—热保护器；RT_1—PTC 启动器；RT_2—测温热敏电阻

图 12.17　常见电冰箱电路原理图

（2）电冰箱中的温度传感器。

① 压力式温度传感器。压力式温度传感器有波纹管式和膜盒式两种形式，主要用于温度控制器和除霜温控器。如图 12.18 所示，压力式温度传感器由波纹管（或膜盒）与感温管连成一体，内部填充感温剂。感温管紧贴在电冰箱的蒸发器上，感温剂的体积将随蒸发器的温度而变化，引起腔内压力变化，由波纹管（或膜盒）变换成位移变化。这一位移变化通过温度控制器中的机械传动机构推动微动开关机构切断或接通压缩机的电源。

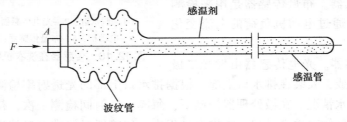

图 12.18　压力式温度传感器

② 热敏电阻式温控电路。热敏电阻式温控电路如图 12.19 所示。热敏电阻 RT 与电阻 R_3、R_4、R_5 组成电桥，经 IC_1 组成的比较器、IC_2 组成的触发器、驱动管 VT、继电器 K 控制压缩机的启停。

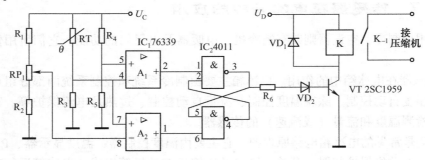

图 12.19　热敏电阻式温控电路

③ 热敏电阻除霜温度控制。图 12.20 所示为用热敏电阻等组成的除霜温控电路，可使除霜以手动开始、自动结束，实现了半自动除霜。

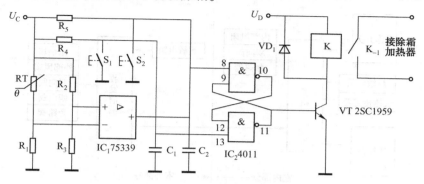

图 12.20 热敏电阻组成的除霜温控电路

当要除霜时，按动 S_1 使 IC_2 组成的 RS 触发器置位端接地，其输出端为高电平，晶体管 VT 导通，继电器 K 接通除霜加热器 R_1。当加热一段时间后，冰箱内温度回升，RT 电阻值下降，IC_2 反相输入端电位升高，最终使 RS 触发器翻转，晶体管 VT 截止，继电器 K 断开，除霜结束。在除霜期间，若人工按动 S_2，也可停止除霜。

④ 双金属除霜温度传感器。双金属除霜温度传感器的结构如图 12.21 所示。它由双金属热敏元件、推杆及微动开关等组成，平时微动开关处于常闭状态。接通除霜开关，除霜加热器经双金属热敏元件构成回路，除霜开始。除霜后，电冰箱蒸发器温度升高，双金属热敏元件产生形变，经推杆使微动开关的触点断开，停止除霜。

⑤ 双金属热保护器。如图 12.22 所示，双金属热保护器是一个封装起来的固定双金属热敏元件。它埋设在压缩机内的电动机绕组中，对电动机绕组的温度进行控制。当电动机绕组过热时，保护器内的双金属片产生形变，切断压缩机的电源。

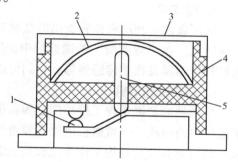

1—微动开关；2—双金属热敏元件；
3—护盖；4—外壳；5—推杆
图 12.21 双金属除霜温度传感器

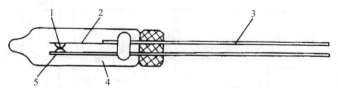

1—可动触点；2—双金属片；3—引线；4—铅玻璃套；5—固定触点
图 12.22 双金属热保护器

12.2.8 传感器在空调器中的应用

目前，家用空调器大多采用由传感器检测并用微机进行控制的模式，其组成如图 12.23 所示。在空调器的控制系统中，室内部分安装有热敏电阻和气体传感器；室外部分安装有热敏电阻。空调器通过负温度系数热敏电阻和微机可快速完成室内室外的温差控制、冷房控制及冬季热泵除霜控制等功能。SiO_2 气体传感器用于测量室内空气的污染程度，当室内空气污染超标时，通过空调器的换气装置可自动进行换气。

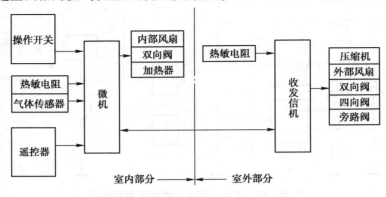

图 12.23　空调器的控制系统组成

12.2.9　传感器在厨具中的应用

一般的厨具如电饭煲等大多是用双金属片温度控制器，无须介绍。

1. 微波炉

家用微波炉利用磁控管发出的微波对食品进行加热、烹调，具有快捷、节能、消毒及卫生等特点。在"智能型"的微波炉中，安装有温度传感器、湿度传感器、气体传感器、热释电红外传感器及称重传感器等，它们可以检测出食品重量、解冻过程及炉中相对湿度等参数。

2. 自动抽油烟机

自动抽油烟机实现了排油烟过程和报警的自动化。它的电气部分主要由排油烟风扇和气敏监控电路组成。气敏监控电路主要由气体传感器和运算放大器 LM324 组成，如图 12.24 所示。四只运算放大器均工作在比较器状态。气敏元件用 QM–211，其阻值随油烟浓度增大而变小，B 点电压升高，经 RP_1 电位器送入 IC_1 组成的比较器进行电压比较。当油烟浓度大于设定值时，IC_1 输出高电平，由 IC_2 组成的报警电路发出报警声，同时也使 IC_3 组成的排油烟控制电路工作，继电器 K 吸合，接通排油烟风扇开始排除油烟。由 IC_4 组成的误动作限制电路，即延时电路，用来防止开机后预热气敏元件过程中产生误动作信号。

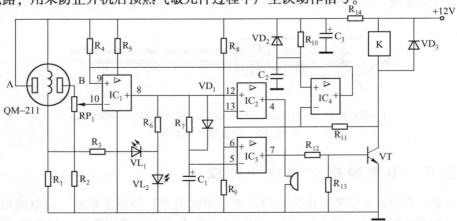

图 12.24　自动抽油烟机气敏监控电路

3. 热敏铁氧体传感器在电饭锅中的应用

图12.25所示是电饭锅用磁钢限温器的结构原理图。传感器的受热板1紧靠内锅锅底，当压下煮饭开关时，通过杠杆将永久磁铁推上，与热敏铁氧体相吸，簧片开关接通电源。当热敏铁氧体的温度超过居里点温度时，将失去磁化特性。热敏铁氧体的吸力不仅与温度有关，还与其厚度有关。应适当选择热敏铁氧体的材料配方和弹簧的弹性力。当锅中米饭做好，锅底的温度升高到103℃时，弹簧力大于永久磁铁与热敏铁氧体的吸力，弹簧力将永久磁铁压下，电源被切断。

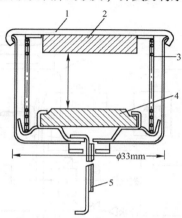

1—受热板；2—热敏铁氧体；3—弹簧；4—永久磁铁；5—驱动开关

图12.25 电饭锅用磁钢限温器的结构原理图

12.2.10 传感器在燃气热水器中的应用

燃气直流式热水器中一般设置有防止不完全燃烧的安全装置、熄火安全装置、空烧安全装置及过热安全装置等。前两个安全装置主要由温度传感器（热电偶）构成，后两个安全装置由水气联动装置来实现。如图12.26所示，水气联动装置实际上是一个压力敏感元件，它根据不同的水压控制燃气阀的开关。当打开冷水阀时，A腔的水压力大于B腔的气体压力，膜片向B腔鼓起，当水压力大于弹簧的预压力时，通过节流塞连杆压缩弹簧打开燃气阀门。可见，当水阀未打开、关闭或水压过低时，燃气通路自动关闭，防止了空烧或过热的现象。如果在使用中将热水出口关闭，则A腔的水将通过节流塞上的小孔流向B腔，同样会关闭燃气阀门。

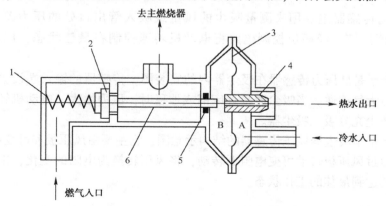

1—弹簧；2—密封塞；3—膜片；4—节流塞；5—密封圈；6—连杆

图12.26 水气联动装置结构示意图

233

燃气直流式加热器的工作原理如图 12.27 所示。当打开燃气进气阀，按动开关 S 时，电源通过 VD_1 向 C_1 充电，使 VT_1、VT_2 导通，电磁阀 Y 得电工作，打开燃气输入通道，高压发生器输出高压脉冲点燃长明火。打开冷水阀门，在水压作用下燃气进入主燃烧室，经长明火引燃。在热水器中的两个热电偶，一个设置在长明火的旁边，其热电动势加在电磁阀 Y 线圈的两端，在松开开关 S 时维持电磁阀的工作。如果发生意外使长明火熄灭，电磁阀关闭，切断燃气通路。

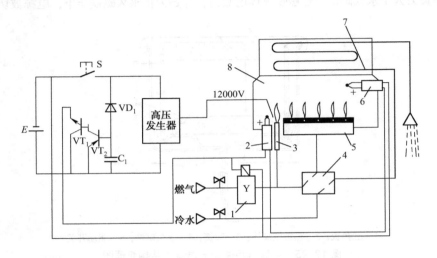

1—进燃气电磁阀；2—热电偶 1；3—长明火；4—水气联动开关；

5—主燃烧器；6—热电偶 2；7—热交换器；8—燃烧室

图 12.27　燃气直流式加热器的工作原理

缺氧保护热电偶 2 设置在燃烧室的上方，与热电偶 1 反极性串联。热水器正常工作时，热电偶 2 的热电动势较小，不影响电磁阀的工作。当氧气不足时，火焰变红且拉长，热电偶 2 被拉长的火焰加热，产生较大的热电动势，抵消了热电偶 1 的热电动势，使电磁阀 Y 关闭，起到了缺氧保护的作用。

12.2.11　传感器在家用吸尘器中的应用

吸尘器中的传感器主要用来测量吸尘的风量或吸入管出口处的压力差，通过检测值与设定的基准值比较，经相位控制电路将电动机转速控制在最佳状态，以获取最好的吸尘效果。

图 12.28 所示是硅压力传感器在吸尘器内的安装图，传感器的输入端设置在吸入管的出口处，另一端与大气连通。当吸尘器接近床铺或地毯时，压力增大，电动机转矩下降，使床面或地毯上的灰尘充分吸入吸尘器。

图 12.29 所示是吸尘器风压传感器的结构示意图，它主要由风压板和可变电阻器等组成。吸入的空气流通过风压板带动可变电阻器转动，将风压转换为电阻的变化，以控制电动机的转矩大小，使其达到最佳的工作状态。

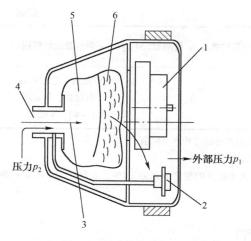

1—电动机；2—压力传感器；3—吸气流；
4—吸气孔；5—滤清器；6—吸入物

图 12.28 吸尘器中的硅压力传感器

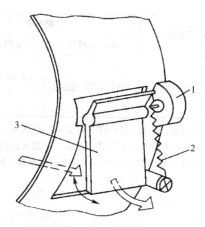

1—可变电阻；2—弹簧；3—风压板

图 12.29 吸尘器风压传感器的结构示意图

12.2.12 家用电器中常用的部分国产热敏电阻

精密型热敏电阻的外形尺寸如图 12.30 所示，其型号规格和外形如表 12.2 所示。

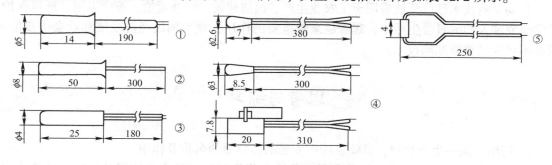

图 12.30 精密型热敏电阻的外形尺寸

表 12.2 部分国产热敏电阻的型号规格和外形

型号及名称	主要参数		外形结构/mm 见图 12.30	用途及测温范围
	R25 及精度	B 值及精度		
CWF51A 温度传感器	5000Ω（1±5%）	3620K（1±2%）	①	冰箱、冰柜、淋浴器 （−40～+80℃）
CWF51B 温度传感器	2640Ω（1±5%）	3650K（1±2%）	②	用于东芝冰箱 （−40～+80℃）
CWF52A 温度传感器	20000Ω±5%	4000K（1±2%）	③	用于乐声空调机 （−40～+80℃）
CWF52B 温度传感器	15000Ω±5%			
CWF52C 温度传感器	10000Ω±3%	4000K（1±2%）	④	用于三菱空调机 （−40～+80℃）
CWF52D 温度传感器	12000Ω±5%			

续表

型号及名称	主要参数		外形结构/mm 见图 12.30	用途及测温范围
	R25 及精度	B 值及精度		
MF58F 温度传感器	50kΩ ±5% 100kΩ	(3560～4500K) (1±2%)	⑤	电饭锅、电开水器、电磁炉、恒温箱 (−40～+80℃)

注：1. 标称电阻值 R25 是指 NTC RT 的设计电阻值。通常指在 25℃时测得的零功率电阻值。

2. B 值是 NTC 热敏电阻的热敏系数。一般 B 值越大，绝对灵敏度越高。

3. 精度表示 R25 的偏差范围和 B 值偏差范围。精密型 NTC 温度传感器的精度分挡为 ±1%、±2%、±3%、±5%、±10%。

小　　结

运用误差理论和传感器知识解决实际生产、生活中的问题，是学习自动检测与转换技术的目的。

首先应根据测试或控制目标及实际条件，合理选择适用的传感器。一般先重点考虑传感器的性能指标；其次考虑选用工作可靠、使用方便、性价比高的传感器。

自动检测技术已广泛地应用于工农业生产、国防建设、交通运输、医疗卫生、环境保护、科学研究和人们的日常生活中，起着越来越重要的作用，成为国民经济发展和社会进步的一项必不可少的重要基础技术。

思考与练习

1. 请结合某一生产过程，具体说明所安装的传感器的名称及作用。

2. 你是如何理解"传感器的最大用户是汽车行业"的？结合你所了解的某一品牌汽车，列出其所安装的传感器。

3. 结合你在生活中使用的电器设备，谈谈传感器在其中所起的作用。

4. 请查阅有关资料，设计一个某超市的防盗系统。

第13章　数字式传感器技术

前面所涉及的传感器均属于模拟式传感器（如电阻式传感器、电容式传感器、电感式传感器、压电式传感器、磁电式传感器、热电偶传感器、光电传感器、霍尔传感器等）。将被测参数转变为电模拟量（电流、电压）。要转换数字显示，就要经过 A/D 转换，这不但增加了投资，且增加了系统的复杂性，降低了系统的可靠性和精确度。

直接采用数字式传感器，具有以下优点：精确度和分辨率高；抗干扰能力强，便于远距离传输；信号易于处理和存储；可以减少读数误差；稳定性好，易于与计算机接口等。

本章将学习几种常用数字式位置传感器，如数字编码器、光栅传感器、磁栅传感器、容栅传感器等，并讨论它们在直线位移和角位移中测量、控制的应用。

13.1　光栅传感器

13.1.1　光栅的基本知识

在检测技术中常用的是计量光栅，主要是利用光的透射和反射现象，进行长度测量和位移测量，有很高的分辨力，可优于 $0.1\mu m$。

1. 光栅的分类

（1）长光栅和圆光栅。计量光栅按其形状和用途可分为长光栅和圆光栅两类，如图 13.1 和图 13.2 所示。前者用于测量长度，后者可测量角度（有时也可测量长度）。

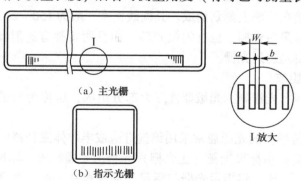

（a）主光栅

（b）指示光栅

Ⅰ放大

图 13.1　长光栅

（2）透射光栅和反射光栅。根据光线的走向不同，光栅可分透射式光栅和反射式光栅，如图 13.3 所示。

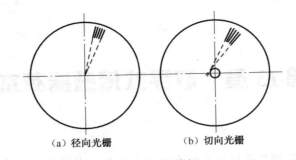

(a) 径向光栅　　　　　　(b) 切向光栅

图 13.2　圆光栅

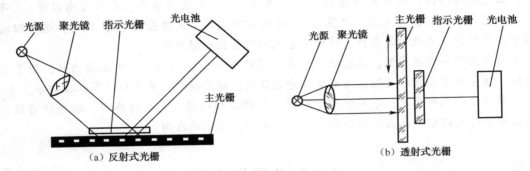

(a) 反射式光栅　　　　　　(b) 透射式光栅

图 13.3　光栅测量装置

透射式光栅的栅线刻制在透明材料上，主光栅常用工业白玻璃，指示光栅最好用光学玻璃。

反射式光栅的栅线刻制在具有强反射能力的金属（如不锈钢）上或玻璃所镀金属膜（如铝膜）上。

（3）黑白光栅和闪耀光栅。根据栅线的形式不同，光栅可分为黑白光栅（也称幅值光栅）和闪耀光栅（也称相位光栅）。

黑白透射光栅是在玻璃上刻制成一系列平行等距的透光缝隙和不透光的栅线，栅线密度一般为 25～250 线/mm。

闪耀透射光栅直接在玻璃上刻划而成。其栅线密度一般为 150～2400 线/mm。

目前，长光栅中有黑白光栅，也有闪耀光栅，而且两者都有透射和反射的。而圆光栅一般只有黑白光栅，主要是透射光栅。

2. 光栅传感器的组成

光栅传感器由光源、光栅副、光敏器件三大部分组成，也称为光栅测量装置，如图 13.3 所示。

（1）光源。光栅传感器的光源通常采用钨丝灯泡或半导体发光器件。

（2）光栅副。光栅副由标尺光栅（主光栅）和指示光栅组成，标尺光栅和指示光栅的刻线宽度和间距经常完全一样。将指示光栅与标尺光栅叠合在一起，两者之间保持很小的间隙（0.05mm 或 0.1mm）。在长光栅中标尺光栅固定不动，而指示光栅安装在运动部件上，所以两者之间可以形成相对运动。

光栅的主要指标是光栅常数，如图 13.1 中的 W：

$$a + b = W \tag{13.1}$$

式中，W 为光栅的栅距；a 为栅线宽度；b 为栅线缝隙宽度。通常情况下，$a = b = W/2$。

在图13.1中，a 为栅线宽度，b 为栅线缝隙宽度，相邻两栅线间的距离为 $W = a + b$，W 称光栅常数（或称为光栅栅距）。

（3）光敏器件。光敏器件一般包括光电池和光敏三极管等。在光敏器件的输出端，常接有放大器，通过放大器得到足够的信号输出，以防干扰的影响。

13.1.2　莫尔条纹及其测量原理

用光栅测量位移时，由于刻线过密，数出测量对象上某一个确定点相对于光栅移过的刻线，直接对刻线计数很困难，因而目前利用光栅的莫尔条纹或相位干涉条纹进行计数。

1. 长光栅的莫尔条纹

（1）莫尔条纹的产生。在透射式直线长光栅中，把栅距相等的主光栅与指示光栅的刻线面相对叠和在一起，中间留有很小的间隙，并使两者的栅线保持很小的夹角 θ。在两光栅的刻线重合处，光从缝隙透过，形成亮带；在两光栅刻线的错开处，由于相互挡光作用而形成暗带，于是在近似于垂直栅线方向出现明暗相间的条纹，即在 $a - a'$ 线上形成亮带，在 $b - b'$ 线上形成暗带，如图13.4所示。这种亮带和暗带形成明暗相间的条纹称为莫尔条纹。

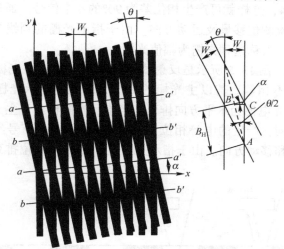

图 13.4　莫尔条纹光栅

（2）莫尔条纹的参数。莫尔条纹两个亮条纹之间的宽度为其间距，这是描述莫尔条纹的重要参数。从图13.4可以看出，$\alpha = \dfrac{\theta}{2}$，则莫尔条纹间距 B_H 为

$$B_H = \frac{BC}{\sin\frac{\theta}{2}} = \frac{W/2}{\sin\frac{\theta}{2}} \approx \frac{W}{\theta} \tag{13.2}$$

式中，B_H 为莫尔条纹间距；W 为光栅栅距；θ 为两尺刻度间相对倾斜角。

可见，莫尔条纹的间距（或者称为宽度）B_H 是由光栅栅距 W 与光栅夹角 θ 决定的。

（3）莫尔条纹的作用。由于光栅的刻线非常细微，很难分辨到底移动了多少个栅距。而利用莫尔条纹的实际价值就在于：在光栅的适当位置安装光敏器件，利用莫尔条纹让光敏器件随光栅刻线移动所带来的光强变化。

当栅尺移动时，栅尺移动一个 W，则莫尔条纹移动一个 B_H；栅尺移动的方向与莫尔条纹移动的方向相对应。

从式（13.2）看出，莫尔条纹的间距是放大了光栅栅距。所以，莫尔条纹具有放大效应。设 $W = 0.01\text{mm}$、$\theta = 0.001\text{rad}$，则 $B_{\text{H}} = 10\text{mm}$。

可见，其放大倍数 K 为

$$K = \frac{B_{\text{H}}}{W} = \frac{1}{\theta} = 1000 \tag{13.3}$$

相当于把两尺刻度距离放大 1000 倍。

2. 莫尔条纹的测量原理

当指示光栅沿 x 轴（如水平方向）自左向右移动时，莫尔条纹的亮带和暗带将顺序自下而上（图中的 y 方向）不断地掠过光敏器件，则光敏器件检测到莫尔条纹的光强变化近似于正弦波变化。光栅移动一个栅距 W，光强变化一个周期。

如果光敏器件同指示光栅一起移动，当移动时，光敏器件接收光线受莫尔条纹影响呈正弦规律变化，因此光敏器件产生按正弦规律变化的电流（或电压）。

（1）幅值光栅测量。当指示光栅相对于光标尺移动时，莫尔条纹沿其垂直方向上、下移动，移过的莫尔条纹数等于移过的光栅的刻线数。沿着莫尔条纹的移动方向放置四枚光电池，其间距为莫尔条纹的 1/4，这样就可产生相位差为 90° 的 4 个信号。通过细分和辨向电路将这些信号进行处理，即可检测位移量及运动方向。由于指示光栅的刻线是相等的，接受的信号仅仅因为光照幅值不同，故称这种光栅为幅值光栅。

（2）相位光栅测量。图 13.5 所示是反射式相位干涉条纹。主光栅与指示光栅的刻线宽度相同，但刻线的距离不相等。若以主光栅的刻线为基准，指示光栅的四条刻线依次错开 0°、90°、180°、270°，光电池为水平方向排列，当指示光栅相对于主光栅移动时，光电池各瞬间接受的光通量就不同，产生的电势相位彼此错开 90°。这些信号经过细分和辨向电路的处理，即可测知移动量和移动方向。由于指示光栅的刻线是按相位排列的，故称这种光栅为相位光栅。

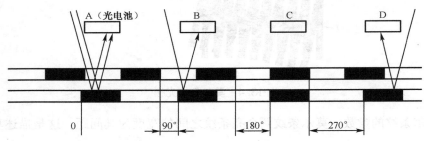

图 13.5　反射式相位干涉条纹

3. 莫尔条纹技术的特点

（1）误差平均效应。莫尔条纹是由光栅的大量刻线共同形成的，对光栅的刻划误差有平均作用，从而能在很大程度上消除光栅刻线不均匀引起的误差。刻线的局部误差和周期误差对于精度没有直接的影响。

（2）移动放大作用。莫尔条纹的间距 B_{H} 是放大了光栅栅距，它随着指示光栅与主光栅刻线夹角 θ 而改变。θ 越小，B_{H} 越大，相当于把微小的栅距扩大了 K 倍。由此可见，计量光栅起到光学放大器的作用。调整夹角即可得到很大的莫尔条纹的宽度，既起到了放大作用，又起到提高测量精度的作用。因此，可得到比光栅本身的刻线精度高的测量精度。这是用光栅测量和普通标尺测量的主要差别。

（3）方向对应关系。当指示光栅沿与栅线垂直的方向做相对移动时，莫尔条纹则沿光栅刻线方向移动（两者的运动方向相互垂直）；指示光栅反向移动，莫尔条纹也反向移动。在图 13.4 中，当指示光栅向右移动时，莫尔条纹向上运动。利用这种严格的一一对应关系，根据光敏器件接收到的条纹数目，就可以知道光栅所移过的位移值。

（4）倍频提高精度。固定位置放置的光敏器件接收莫尔条纹光强的变化，在理想条件下其输出信号是一个三角波。但由于两光栅之间的空气间隙、光栅的衍射作用、光栅黑白不等及栅线质量等因素的影响，光敏器件输出的信号是一个近似的正弦波。莫尔条纹的光强度变化近似正弦变化，便于将电信号做进一步细分，即采用"倍频技术"。这样可以提高测量精度或可以采用较粗的光栅。

（5）直接数字测量。莫尔条纹移过的条纹数与光栅移过的刻线数相等。例如，采用 100 线/mm 光栅时，若光栅移动了 $x$mm（也就是移过了 $100x$ 条光栅刻线），则从光敏器件面前掠过的莫尔条纹也是 $100x$ 条。因为莫尔条纹比栅距宽得多，所以能够被光敏器件所识别。将此莫尔条纹产生的电脉冲信号计数，就可知道移动的实际距离。

计量光栅的光学放大作用与安装角度有关，而与两光栅的安装间隙无关。莫尔条纹的宽度必须大于光敏器件的尺寸，否则光敏器件无法分辨光强的变化。

例如，对 25 线/mm 的长光栅而言，$W = 0.04$mm，$\theta = 0.016$rad，则 $B_H = 2.5$mm，光敏器件可以分辨 2.5mm 的间隔，但无法分辨 0.04mm 的间隔。

13.1.3 光栅测量系统

光栅测量系统由机械部分的光栅光学系统和电子部分的细分、辨向、显示系统组成。

1. 光栅光学系统

光栅光学系统又称为光栅系统，是由照明系统、光栅副、光电接收系统组成的。通常将照明系统、指示光栅、光电接收系统（除标尺光栅外）组合在一起组成光栅读数头。从照明系统经光栅副到达光电接收系统的光路，是光栅系统的核心。

（1）垂直透射式光路。如图 13.6 所示，光源 1 发出的光线经准直透镜 2 后成为平行光束，垂直投射到光栅上，由主光栅 3 和指示光栅 4 形成的莫尔条纹信号直接由光敏器件 5 接收。这种光路适用于粗栅距的黑白透射光栅。

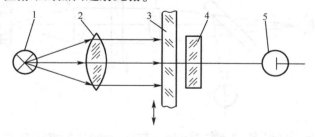

1—光源；2—准直透镜；3—主光栅；4—指示光栅；5—光敏器件

图 13.6 垂直透射式光路光栅的工作原理图

在实际使用中，为了判别主光栅移动的方向、补偿直流电子的漂移以及对光栅的栅距进行细分等，常采用四极硅光电池接收四相信号。这样，当主光栅移过一个栅距，即莫尔条纹移过一个条纹宽度时，四极硅光电池中的各极顺次发出相位分别为 0°、90°、180°、270° 的 4 个输出信号。

该光路的特点是结构简单、位置紧凑、调整使用方便，是目前应用比较广泛的一种。

（2）透射分光式光路。透射分光式光路又称为衍射光路，这种光路只适用于细栅距透射光栅，如图13.7所示。

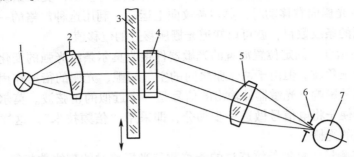

1—光源；2—准直透镜；3—主光栅；4—指示光栅；5—透镜；6—光阑；7—光敏器件
图13.7 透射分光式光路光栅的工作原理图

（3）反射式光路。如图13.8所示，此光路适合于粗栅距的黑白反射光栅。

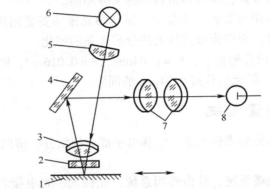

1—反射主光栅；2—指示光栅；3—场镜；4—反射镜；5—聚光镜；
6—光源；7—物镜；8—光敏器件
图13.8 反射式光路光栅的工作原理图

（4）镜像式光路。镜像式光路光栅的工作原理如图13.9所示。

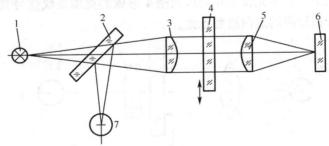

1—光源；2—半透半反镜；3—聚光镜；4—主光栅；5—物镜；6—反射镜；7—光敏器件
图13.9 镜像式光路光栅的工作原理图

2. 电子电路系统

电子系统是完成光电接收系统接收来的电信号的处理的部分，由细分电路、辨向电路和显示系统组成。

1）细分原理与电路

随着对测量精度要求的提高，要求光栅具有较高的分辨率，减小光栅的栅距可以达到这一目的，但毕竟是有限的。为此，目前广泛地采用内插法把莫尔条纹间距进行细分。所谓细分，就是在莫尔条纹信号变化的一个周期内，给出若干个计数脉冲，减小了脉冲当量。由于细分后，计数脉冲的频率提高了，故又称为倍频。细分提高了光栅的分辨能力，提高了测量精度。

细分方法可分为两大类：机械细分和电子细分。这里只讨论电子细分的几种方法。

（1）直接细分。直接细分法是利用光电元件输出的相位差为90°的两路信号进行四倍频细分，如图13.10所示。由光栅系统送来的两路相位差为90°的光电信号，分别经过差动放大，再由射级耦合触发器整形成两路方波。调整射极耦合触发器鉴别电位，使方波的跳变正好在光电信号的0°、90°、180°、270°四个相位上发生。电路通过反相器，将上述两种方波各反相一次，这样得到四路方波信号，分别加到微分电路上，就可在0°、90°、180°、270°处各产生一个脉冲（这里的微分电路是单向的）。

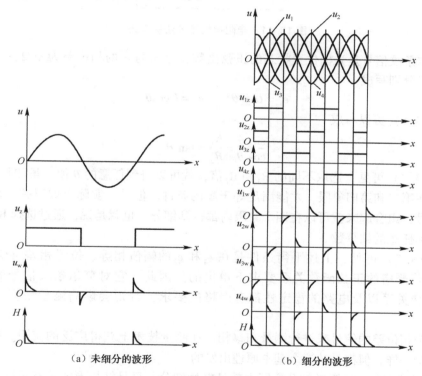

（a）未细分的波形　　　　（b）细分的波形

图 13.10　未细分与细分的波形比较

上述中共用了两个反相器和4个微分电路来得到4个计数脉冲，实际上已把莫尔条纹一个周期的信号进行了四倍频（细分数 $n=4$），把这些细分信号送到一个可逆计数器中进行计数，那么光栅的位移量就被转换成数字量了。

必须指出，因为光栅的移动有正、反两个方向，所以不能简单地把以上4个脉冲直接作为计数脉冲，而应该引入辨向电路。

这种方法的优点是对莫尔条纹信号波形要求不严格，电路简单，可用于静态和动态测量系统。但是其缺点也很明显，光电元件安放困难，细分数不能太高。

（2）电桥细分。电阻电桥细分法（矢量和法）的基本原理可以用下面的电桥电路来说明。图 13.11 中 e_1 和 e_2 分别为从光电元件得到的两个莫尔条纹信号电压值，R_1 和 R_2 是桥臂电阻。则有

$$U_{SC} = \frac{R_2}{R_1 + R_2}e_1 + \frac{R_1}{R_1 + R_2}e_2 \tag{13.4}$$

如果电桥平衡，则必有 $U_{SC} = 0$，即

$$\frac{e_1}{R_1} + \frac{e_2}{R_2} = 0 \tag{13.5}$$

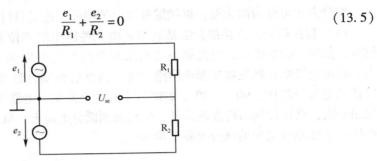

图 13.11　电阻电桥细分法的电路

已知莫尔条纹信号是光栅位置状态的正弦函数，令 e_1 与 e_2 的相位差为 $\pi/2$，光栅在任意位置时，可以分别写成

$$e_1 = U\sin\theta \qquad e_2 = U\cos\theta \tag{13.6}$$

则式（13.5）可以写成

$$\frac{\sin\theta}{\cos\theta} = \frac{R_1}{R_2} = \tan\theta \tag{13.7}$$

从式（13.7）可见，选取不同的 R_1 和 R_2 值，就可以得到任意的 θ 值。虽然从式（11.5）看来，只有在第二和第四象限，才能满足等于零的条件。但是，实际上取正弦、余弦及其反相的四个信号，组合起来就可以在四个象限内都得到细分。也就是说，通过选择 R_1 和 R_2 的阻值，可以得到任意的细分数。

从式（13.5）可见，上述平衡条件是在 e_1 和 e_2 的幅值相等、位置相差 $\pi/2$ 和信号与光栅位置有着严格的正弦函数关系要求下得出的。因此，它对莫尔条纹信号的波形、两个信号的正交关系以及电路的稳定性都有严格的要求，否则会影响测量精度，带来一定的误差。

采用两个相位差的信号来进行测量和移相，在测量技术上获得广泛的应用。虽然在具体电路上不完全一样，但都是从这个基本原理出发的。

（3）电阻链细分。电阻链细分实际上就是电桥细分，只是结构形式略有不同而已。它的差别是电阻链在取出信号点把总电阻分为两个电阻，而对于这两个电阻，依然是一个细分电桥。对于光电元件来说，电阻链细分是一个分压关系，其功率较小，但电阻阻值的调整比较困难。

2）辨向原理与电路

单个光电元件接收一固定点的莫尔条纹信号，只能判别明暗的变化而不能辨别莫尔条纹的移动方向，因而就不能判别运动零件的运动方向，以致不能正确测量位移。

如果能够在物体正向移动时，将得到的脉冲数累加，而物体反向移动时可从已累加的脉冲数中减去反向移动的脉冲数，这样就能得到正确的测量结果。

图 13.12 为辨向电路的原理图，可以在细分电路之后用"与"门和"或"门，将 0°、90°、180°、270°处产生的 4 个脉冲适当地进行逻辑组合，就能辨别出光栅的运动方向。

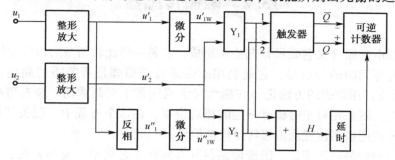

图 13.12　辨向电路原理图

当光栅正向移动时，产生的脉冲为加法脉冲，送到计数器中作加法计数；当光栅作反向移动时，产生减法脉冲，送到计数器中作减法计数。这样计数器的计数结果才能正确地反映光栅副的相对位移量。辨向电路各点波形图如图 13.13 所示。

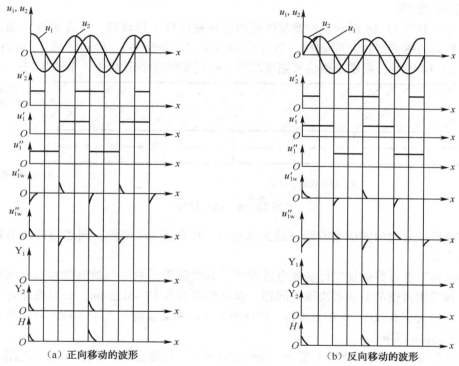

图 13.13　辨向电路各点波形图

13.1.4　光栅测量系统的应用

光栅测量可以广泛用于长度与角度的精密测量（如数控机床、测量机等），以及能变为位移的物理量（如振动、应力、应变等）。其特点是：高精度，$0.2 \sim 0.4 \mu m/m$，仅次于激光；高分辨率，$0.1 \mu m$；大量程，可大于 1m；抗干扰能力强，可实现动态测量。

13.2 磁栅传感器

磁栅传感器由磁栅（又名磁尺）与磁头组成，它是一种比较新型的传感元件。

磁栅上录有等间距的磁信号，它是利用磁带录音的原理将等节距的周期变化的电信号（正弦波或矩形波）用录磁的方法记录在磁性尺子或圆盘上而制成的。装有磁栅传感器的仪器或装置工作时，磁头相对于磁栅有一定的相对位置，在这个过程中，磁头把磁栅上的磁信号读出来，这样就把被测位置或位移转换成电信号。

与其他类型的检测器件相比，磁栅传感器具有制作工艺简单、复制方便、易于安装、调整方便、测量范围广（从 0.001mm 到 10m）、使用寿命长等一系列优点，因而在大型机床的数字检测和自动化机床的自动控制等方面得到广泛的应用。

13.2.1 磁栅及其分类

1. 磁栅的结构

磁栅结构如图 13.14 所示。磁栅基体是用非导磁材料（如玻璃、磷青铜等）做成的，上面镀一层均匀的磁性薄膜（即磁粉，如 NiCo 或 Co－Fe 合金等），经过录磁，其磁信号排列情况如图 13.14 所示，要求录磁信号幅度均匀，幅度变化应小于 10%，节距均匀。

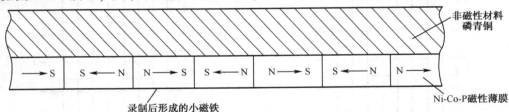

图 13.14 磁栅结构

目前长磁栅常用的磁信号节距一般为 0.05mm 和 0.02mm 两种，圆磁栅的角节距一般为几分至几十分。

磁栅基体要有良好的加工性能和电镀性能，其线膨胀系数应与被测件接近。基体也常用钢制作，然后用镀铜的方法解决隔磁问题，铜层厚度为 0.15～0.2mm。长磁栅基体工作面平直度误差应不大于 0.005～0.01mm/m，圆磁栅工作面不圆度应不大于 0.005～0.01mm。粗糙度 Ra 在 0.16μm 以下。

磁性薄膜的剩余磁感应强度 B_r 要大、矫顽力 H_c 要高、性能稳定、电镀均匀。目前常用的磁性薄膜材料为镍钴磷合金，其 $B_r = 0.7～0.8T$，$H_c = 6.37 \times 10^4 A/m$，薄膜厚度为 0.10～0.20mm。

2. 磁栅的类型

磁栅可分为长磁栅和圆磁栅两大类。前者用于测量直线位移，后者用于测量角位移。

长磁栅又可分为尺型、带型和同轴型三种。

一般常用尺型磁栅，如图 13.15（a）所示。它是在一根不导磁材料（如铜或玻璃）制成的尺基上镀一层 Ni－Co－P 或 Ni－Co 磁性薄膜，然后录制而成。磁头一般用片簧机构固定在磁头架上，工作中磁头架沿磁栅的基准面运动，磁头不与磁尺接触。尺型磁栅主要用于精度要求较高的场合。

同轴型磁栅是在 $\phi 2mm$ 的青铜棒上电镀一层磁性薄膜，然后录制而成。磁头套在磁棒上工作，如图 13.15（b）所示，两者之间具有微小的间隙。由于磁棒的工作区被磁头围住，对周围的磁场起了很好的屏蔽作用，增强了它的抗干扰能力。这种磁栅传感器结构特别小巧，可用于结构紧凑的场合或小型测量装置中。

当量程较大或安装面不好安排时，可采用带型磁栅，如图 13.15（c）所示。带状磁栅是在一条宽约 20mm、厚约 0.2mm 的铜带上镀一层磁性薄膜，然后录制而成的。带状磁栅的录磁与工作均在张紧状态下进行。磁头在接触状态下读取信号，能在振动环境下正常工作。为了防止磁栅磨损，可在磁栅表面涂上一层几微米厚的保护层，调节张紧预变形量可在一定程度上补偿带状磁栅的累积误差与温度误差。

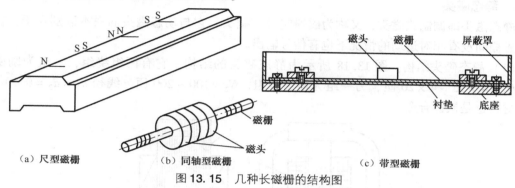

（a）尺型磁栅 （b）同轴型磁栅 （c）带型磁栅

图 13.15 几种长磁栅的结构图

13.2.2 磁头及其结构

磁栅上的磁信号先由录磁头录好，再由读磁头将磁信号读出。按读取信号的方式，读磁头可分为动态磁头与静态磁头两种。

1. 动态磁头

动态磁头为非调制式磁头，又称为速度响应式磁头，它只有一组输出绕组，只有当磁头磁栅有相对运动时，才有信号输出。常见的录音机信号取出就属此类。

（1）动态磁头的结构。图 13.16 所示为动态磁头的结构。磁芯材料由每片厚度为 0.2mm 的铁镍合金（含 Ni80%）片叠成需要的厚度（如 3mm – 窄型、18mm – 宽型），前端放入 0.01mm 厚度的铜片，后端磨光靠紧。线圈线径 $d = 0.05mm$，匝数 $N = 2 \times 1000 \sim 2 \times 1200$，电感量约为 $L = 4.5mH$。

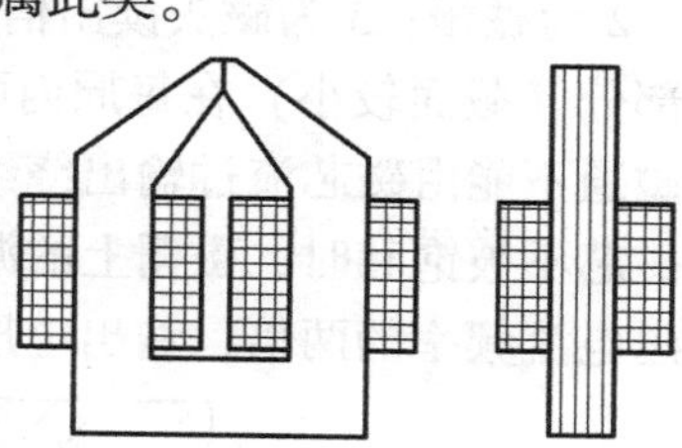

图 13.16 动态磁头的结构

当磁头与磁栅之间以一定的速度相对移动时，由于电磁感应将在磁头线圈中产生感应电动势。当磁头与磁栅之间的相对运动速度不同时，输出感应电动势的大小也不同，静止时，就没有信号输出。因此，它不适合用于长度测量。

（2）动态磁头的信号读取。用此类磁头读取信号如图 13.17 所示，图 13.17 中，1 为动态磁头；2 为磁栅；3 为读出的正弦信号，此信号表明磁信号在 N、N 相重叠处为正的最强，磁信号在 S、S 重叠处为负的最强；W 为磁信号节距。由此，当磁头沿着磁栅表面做相对位移时，就输出周期性的正弦电信号，若记下输出信号的周期数 n，就可以测量出位移量 $s = nW$。

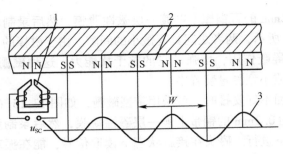

图 13.17 动态磁头读取信号

2. 静态磁头

静态磁头即调制式磁头，又称为磁通响应式磁头，它与动态磁头的根本区别在于，在磁头和磁栅间没有相对运动的情况下也有信号输出。

（1）静态磁头结构。图 13.18 所示为静态磁头的结构。它有两组绕组，一组为励磁绕组，$N_1 = 4 \times 15 \sim 4 \times 20$ 匝，另一组为输出绕组，$N_2 = 100 \sim 200$ 匝，线径 $d_1 = d_2 = 0.10\text{mm}$，磁芯材料也是铁镍合金。

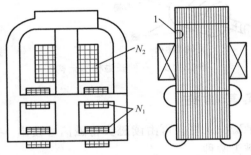

图 13.18 静态磁头的结构

（2）静态磁头的信号读取。读取信号的原理如图 13.19 所示，图 13.19 中，1 为静态磁头；2 为磁栅；3 为磁头读出信号。在静态磁头励磁绕组中通过交流励磁电流，使磁芯的可饱和部分（截面较小）在每周内两次被电流产生的磁场饱和，这时磁芯的磁阻很大，磁栅上的漏磁通不能由磁芯流过输出绕组而产生感应电动势。只有在励磁电流每周两次过零时，可饱和磁芯不被饱和时，磁栅上的漏磁通才能流过输出绕组的磁芯而产生感应电动势，其频率为励磁电流频率的两倍，输出电压的幅值与进入磁芯漏磁通的大小成比例。

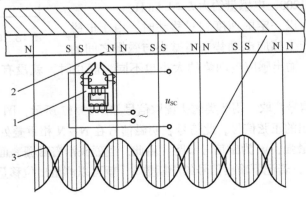

图 13.19 静态磁头读取信号原理

（3）多间隙静态磁头。为了增大输出，实际使用时，常将多个静态磁头串联起来做成一体，称为多间隙静态磁头，如图13.20所示。磁头铁芯由 A、B、C、D 四种形状不同的铁镍合金片按 ABCBDBCBA⋯顺序叠合，每片厚度为 $W/4$。这样 AC 构成第一个分磁头，B 中的铜片起气隙作用，CD 构成第二个分磁头，DC 构成第三个分磁头，CA 构成第四个分磁头等。A、B、C、D 做成不同形状，为的是让它们只有在通过励磁线圈的铁芯段时才能形成磁路。只有这样，才能使它们的铁芯磁阻 RT 受到励磁电流的调制。

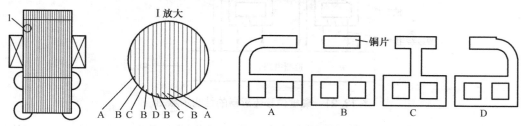

图 13.20   多间隙静态磁头

由于 A 与 C、C 与 D 各相距 $W/2$，对于磁栅磁场的基波成分，若 A 片对准 N 极，那么 C 片对准 S 极，D 片对准下一个 N 极，则进入铁芯的漏磁通在 C 片的中部是互相加强的。输出线圈套在 C 片中部上，输出感应电动势得到加强。对于磁场的偶次谐波成分，A、C、D 等都对准同名极，铁芯中没有磁通通过，这样就消除了偶次谐波的影响。

上述磁头结构能把基波成分叠加起来，因此气隙数 n 越大，输出信号也越大，这是多隙式磁头的特点。但 n 也不能太大，否则不仅会使体积加大，且叠片厚度的加工误差也将加大。因此常取 $n = 30 \sim 50$，同时还应限制叠片厚度的总误差不得超过 $\pm W/10$。

增加输出绕组的匝数 N_2 有利于增大输出信号。但 N_2 越大，外界电磁干扰引起的噪声电压也越大，一般取 N_2 为几百匝，使输出信号达到几十毫伏即可。

13.2.3 信号处理方式

根据磁栅和磁头相对移动时读出的磁栅上的信号的不同，所采用的信号处理方式也不同。

1. 动态磁头的信号处理方式

动态磁头利用磁栅与磁头之间以一定的速度相对移动而读出磁栅上的信号，将此信号进行处理后使用。例如，某些动态丝杠检查仪，就是利用动态磁头读取磁栅上的磁信号，作为长度基准，与圆光栅盘（或磁盘）上读取的圆基准信号进行相位比较，以检测丝杠的精度。

动态磁头只有一组绕组，其输出信号为正弦波，信号的处理方法也比较简单，只要将输出信号放大整形，然后由计数器记录脉冲数 n，就可以测量出位移量的多少（$s = nW$）。但这种方法测量精度较低，而且不能判别移动方向。

2. 静态磁头的信号处理方式

静态磁头一般总是成对使用，即用两个间距为 $n \pm W/4$ 的两个磁头，其中 n 为正整数，W 为磁信号节距，也就是两个磁头布置成相位差 90° 关系，如图 13.21 所示。

其信号处理方式可分为鉴幅方式和鉴相方式两种。

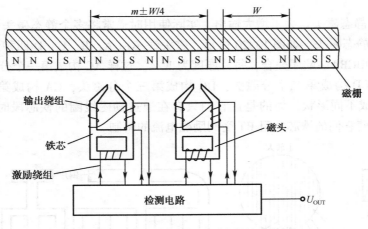

图 **13.21** 磁栅位移传感器的结构示意图

（1）鉴幅方式。图 11.22 所示的两个静态磁头（通常两个磁头做成一体），它们的输出电压可用下式表示

$$u_1 = U_m \sin\frac{2\pi x}{\omega}\sin\omega t$$

$$u_2 = U_m \cos\frac{2\pi x}{\omega}\sin\omega t$$

式中，U_m 为磁头读出信号的幅值；x 为位移；ω 为励磁电压角频率的两倍。

经检波器去掉高频载波后可得

$$u_1' = U_m \sin\frac{2\pi x}{\omega}x$$

$$u_2' = U_m \cos\frac{2\pi x}{\omega}x$$

两组磁头相对于磁尺每移动一个节距发出一个正弦和余弦信号，此两个电压相位差 90°的信号送有关电路进行细分和辨向后输出计数。

可见，经信号处理后可进行位置检测。这种方法的检测线路比较简单，但分辨率受到录磁节距 λ 的限制，若要提高分辨率就必须采用较复杂的倍频电路，所以不常采用。

（2）鉴相方式。采用相位检测的精度可以大大高于录磁节距 λ，并可以通过提高内插脉冲频率以提高系统的分辨率。将第一个磁头的励磁电流移相 45°或将其读出信号输出移相 90°，则其输出变为

$$u_1 = U_m \sin\frac{2\pi x}{\omega}\cos\omega t$$

$$u_2 = U_m \cos\frac{2\pi x}{\omega}\sin\omega t$$

将两个磁头的输出用求和电路相加，则获得总输出

$$u = U_m \sin\left(\frac{2\pi x}{\omega}+\omega t\right)$$

由上式可以看出，输出电压 u 幅值恒定，而相位随磁头与磁尺的相对位置 x 变化而变化。即相位与位移量 x 有关。只要鉴别出相移的大小，然后用有关电路进行细分与输出，读出输出信号的相位，就可确定磁头的位置，从而测量出位移量的多少。

13.2.4 磁栅传感器的应用

磁栅传感器在使用时要注意对磁栅传感器的屏蔽。磁栅外面应有防尘罩，防止铁屑进入，不要在仪器未接地时插拔磁头引线插头，以防止磁头磁化。

磁栅传感器的优缺点及使用范围与感应同步器相似，其精度略低于感应同步器。除此之外，它还具有下列特点。

（1）录制方便，成本低廉。当发现所录磁栅不合适时可抹去重录。

（2）使用方便，可在仪器或机床上安装后再录制磁栅，因而可避免安装误差。

（3）可方便地录制任意节距的磁栅。例如，检查蜗杆时希望基准量中含有 π 因子，可在节距中考虑。

图 13.22 所示为应用较为成熟的鉴相型磁栅数字位移显示装置（简称为磁栅数显表）。

图 13.22 中 400kHz 晶体振荡器是磁头励磁及系统逻辑判别的信号源。由振荡器输出 400kHz 的方波信号，经"十分频"和"八分频"电路后，变为 5kHz 的方波信号，送入励磁电路。在励磁电路中，设励磁功率放大器进行功率放大，功率放大器中设有一电位器，对输出的励磁电压进行调整。输出的励磁电压对两个磁头进行励磁。

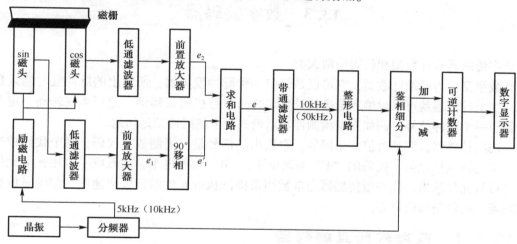

图 13.22 鉴相型磁栅数显表的原理框图

两只磁头的输出信号分别送到各自的低通滤波器和前置放大器进行整理。因为磁头铁芯存在剩磁，所以设置偏磁调整电位器，对磁头的输出加上一微小的直流电流（称为偏磁电流），通过调整偏磁电位器以使两磁头的剩磁情况对称，可以获得两路较对称的输出电信号。前置放大器的作用是保证两路信号的最大幅值相等。

其中一路输出送入 90°移相电路，获得余弦信号。

经过上述处理后，将两路信号送入求和放大电路，使输出的合成信号的相位与磁头和磁栅的相对位置相对应。再将此输出信号送入一个"带通滤波器"，滤去高频、基波、干扰等无用的信号波，取出二次谐波（10kHz 的正弦波），此正弦波的相位角是随磁头与磁栅的相对位置变化而变化的。当磁头相对磁栅位移一个节距 ω（通常 $\omega = 0.20\text{mm}$）时，其相位角就变化了一个 360°，检测此正弦波的相位变化，就能得到磁头和磁栅的相对位移量的变化。

为了检测更小的位移量，需要在一个节距 ω 内进行电气细分。即将输出的正弦波送到限幅整形电路，使其成为方波。经"相位微调电路"，进入"检相内插细分"电路。每当相位变化9°时，检相内插细分电路输出一个计数脉冲。此脉冲表示磁头相对磁栅位移了 $\Delta\phi$。

因

$$\frac{\Delta\phi}{2\pi} = \frac{\Delta x}{\omega}$$

故

$$\Delta\phi = \frac{2\pi}{\omega}\Delta x$$

当 $\omega = 0.20\text{mm}$ 时，$\Delta\phi = 0.2\text{mm} \times 9/360 = 5\mu\text{m}$

磁头相对磁栅的位移方向是由相位超前或滞后一个预先设计好的基准相位来判别的。例如，磁头相对磁栅朝右方向移动时，相位是超前的，则检相内插电路输出"＋"脉冲；若反之，检相内插电路输出"－"脉冲。"＋"和"－"脉冲经方向判别电路送到可逆计数器记录下来，再经译码显示电路指示出磁头与磁栅的相对位移量。

如果位移量小于 $5\mu\text{m}$，则检相内插电路关闭，无计数脉冲输出，此时其位移量由表头指示出来。此外系统还设置了置数、复"0"和预置"＋"、"－"符号。为了保证末位数字显示清晰，仪器还设置了相位微调电路等。

13.3 数字编码器

数字传感器有计数型和代码型两大类。

计数型又称为脉冲计数型，它可以是任何一种脉冲发生器，所发出的脉冲数与输入量成正比，加上计数器就可以对输入量进行计数。这时执行机构每移动一定距离或转动一定角度就会发出一个脉冲信号，例如光栅检测器和增量式光电编码器就是如此。

代码型传感器，即绝对值式编码器，它输出的信号是二进制数字代码，每个代码相当于一个一定的输入量之值。代码的"1"为高电平，"0"为低电平，高低电平可用光电元件或机械式接触元件输出。代码型传感器通常被用来检测执行元件的位置或速度，如绝对值型光电编码器、接触型编码器等。

13.3.1 接触式码盘编码器

1. 接触式码盘编码器的结构与工作原理

接触式码盘编码器由码盘和电刷组成，适用于角位移测量。码盘利用制造印制电路板的工艺，在铜箔板上制作某种码制（如8421码、循环码等）图形的盘式印刷电路板，如图13.23所示。电刷是一种活动触点结构，在外界力的作用下，旋转码盘时，电刷与码盘接触处就产生某种码制的数字编码输出。下面以四位二进制码盘为例，说明其结构和工作原理。

涂黑处为导电区，将所有导电区连接到高电位（"1"）；空白处为绝缘区，为低电位（"0"）。4个电刷沿着某一径向安装，四位二进制码盘上有四圈码道，每个码道有一个电刷，电刷经电阻接地。当码盘转动其一角度后，电刷就输出一个数码；码盘转动一周，电刷就输出16种不同的四位二进制数码。

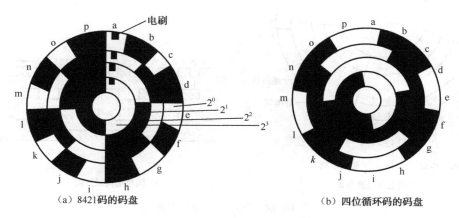

（a）8421码的码盘　　　　　　　　　　（b）四位循环码的码盘

图 13.23 接触式四位二进制码盘

由此可知，二进制码盘所能分辨的旋转角度为 $\alpha = 360/2^n$，若 $n = 4$，则 $\alpha = 22.5°$。位数越多，可分辨的角度越小，若取 $n = 8$，则 $\alpha = 1.4°$。当然，可分辨的角度越小，对码盘和电刷的制作和安装要求越严格。当 n 多到一定位数后（一般为 $n > 8$），这种接触式码盘将难以制作。

2. 误差的产生与消除

（1）误差的产生。对于 8421 码制的码盘，由于电刷安装不可能绝对精确，必然存在机械偏差，这种机械偏差会产生非单值误差。例如，由二进制码 0111 过渡到 1000 时（电刷从 h 区过渡到 i 区），即由 7 变为 8 时，如果电刷进出导电区的先后不一致，就会出现 8～15 间的某个数字。这就是所谓的非单值误差。下面讨论如何消除这些非单值误差。

（2）采用循环码（格雷码）。采用循环码制可以消除非单值误差。循环码的特点是任意一个半径径线上只可能一个码道上会有数码的改变，这一特点就可以避免制造或安装不精确而带来的非单值误差。

循环码盘结构如图 13.23（b）所示。由循环码的特点可知，即使制作和安装不准，产生的误差最多也只是最低位的一个比特。因此，采用循环码盘比采用 8421 码盘的准确性和可靠性要高得多。

（3）采用扫描法。扫描法有 V 扫描、U 扫描和 M 扫描三种。它是在最低值码道上安装一个电刷，其他位码道上均安装两个电刷，其中一个电刷位于被测位置的前边，称为超前电刷；另一个放在被测位置的后边，称为滞后电刷。

若最低位码道有效位的增量宽度为 x，则各位电刷对应的距离依次为 x、$2x$、$4x$、$8x$ 等。这样在每个确定的位置上，最低位电刷输出电平反映了它真正的位值，由于高电位有两只电刷，就会输出两种电平，根据电刷分布和编码变化规律，可以读出真正反映该位置的高位二进制码对应的电平值。

当低一级码道上电刷真正输出的是"1"时，高一级码道上的真正输出必须从滞后电刷读出；若低一级码道上电刷真正输出的是"0"，高一级码道上的真正输出则要从超前电刷读出。由于最低位轨道上只有一个电刷，它的输出则代表真正的位置，这种方法就是 V 扫描法。

这种方法是根据二进制码的特点设计的。由于 8421 码制的二进制码是从最低位向高位逐级进位的，最低位变化最快，高位逐渐减慢，如图 13.24 所示。

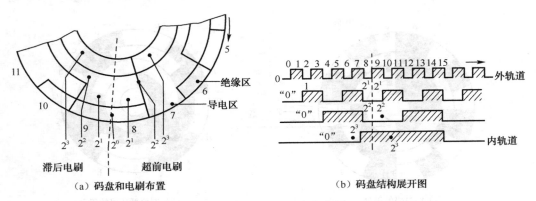

（a）码盘和电刷布置　　　　（b）码盘结构展开图

图 13.24　扫描法码盘和电刷

当某一个二进制码的第 i 位是 1 时，该二进制码的第 i 位和前一个数码的 $i+1$ 位状态是一样的，故该数码的第 $i+1$ 位的真正输出要从滞后电刷读出。相反，当某个二进制码的第 i 位是 0 时，该数码的第 $i+1$ 位的输出要从超前电刷读出，如图 13.25 所示。

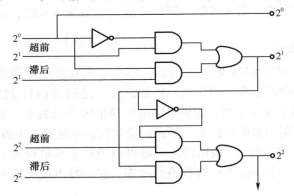

图 13.25　扫描法读出电路

13.3.2　光电式编码器

光电编码器是一种通过光电转换将输出轴上的机械几何位移量转换成脉冲或数字量的传感器，是目前应用最多的数字传感器。光电编码器是由光栅盘和光电检测装置组成的。

光栅盘是在一定直径的圆板上等分地开通若干个长方形孔。光栅盘与电动机同速旋转，其原理示意图如图 13.26 所示。在发光元件和光电接收元件之间，有一个直接装在旋转轴上的具有相当数量的透光与不透光扇区的编码盘。当它转动时，就可得到与转角或转速成比例的脉冲电压信号。经发光二极管等电子器件组成的检测装置检测输出若干脉冲信号，通过计算每秒光电编码器输出脉冲的个数就能反映当前电动机的转速。

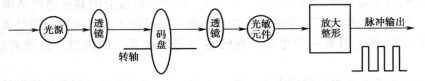

图 13.26　光电编码器原理示意图

按编码器的不同读数方法、刻度方法及信号输出形式，可分为绝对编码器、增量编码器和混合式编码器三种。光电编码器的最大特点是非接触，因此它的使用寿命长，可靠性高。

1. 光电式码盘编码器

光电式码盘编码器是一种绝对编码器，几位编码器的码盘上就有几个码道，编码器在转轴的任何位置都可以输出一个固定的与位置相对的数字码。这一点与接触式码盘编码器相同。

（1）结构和工作原理。光电式码盘编码器与接触式码盘编码器不同的是光电编码器的码盘采用照相腐蚀工艺，在一块圆形光学玻璃上刻有透光和不透光的码形。在几个码道上，装有相同个数的光电转换元件代替接触式编码器的电刷，并将接触式码盘上的高、低电位用光源代替。

光电式码盘是目前应用较多的一种，它是在透明材料的圆盘上精确地印制上二进制编码。图13.27（a）所示为四位二进制的码盘，码盘上各圈圆环分别代表一位二进制的数字码道，在同一个码道上印制黑白等间隔图案，形成一套编码。黑色不透光区和白色透光区分别代表二进制的"0"和"1"。在一个四位光电码盘上，有四圈数字码道，每一个码道表示二进制的一位，里侧是高位，外侧是低位，在360°范围内可编码数为 $2^4 = 16$ 个。

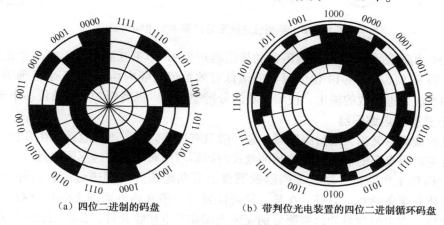

（a）四位二进制的码盘　　　　　（b）带判位光电装置的四位二进制循环码盘

图13.27　四位二进制的码盘

工作时，码盘的一侧放置电源，另一侧放置光电接收装置，每个码道都对应有一个光电管及放大、整形电路。码盘转到不同位置，光电元件接收光信号，并转成相应的电信号，经放大整形后，成为相应数码电信号。但由于制造和安装精度的影响，同样会产生无法估计的数值误差，称为非单值性误差。

光电编码器与接触式码盘编码器一样，可采用循环码或 V 扫描法来解决非单值误差的问题。

带判位光电装置的二进制循环码盘是在四位二进制循环码盘的最外圈再增加一圈信号位。图13.27（b）所示就是带判位光电装置的二进制循环码盘。该码盘最外圈上的信号位的位置正好与状态交线错开，只有当信号位处的光电元件有信号时才读数，这样就不会产生非单值性误差。

（2）用插值法提高分辨率。为了提高测量的精度和分辨率，常规的方法就是增加码盘的码道数，即增加刻线数。但是，由于制造工艺的限制，当刻度数多到一定数量后，就难以实现了。在这种情况下，可以采用一种光学分解技术（插值法）来进一步提高分辨率。

例如，若码盘已具有 14 条（位）码道，在 14 位的码道上增加 1 条专用附加码道，如

图 13.28 所示。附加码道的扇形区的形状和光学的几何结构与前 14 位有所差异，且使之与光学分解器的多个光敏元件相配合，产生较为理想的正弦波输出。附加码道输出的正弦或余弦信号，在插值器中按不同的系数叠加在一起，形成多个相移不同的正弦信号输出。各正弦波信号再经过零比较器转换为一系列脉冲，从而细分了附加码道的光电元件输出的正弦信号。于是产生了附加的低位的几位有效数值。

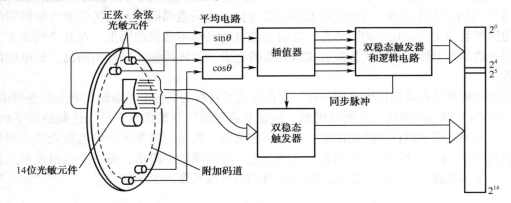

图 13.28　用插值法提高分辨率的光电编码器

图 13.28 中所示的 19 位光电编码器的插值器产生 16 个正弦波信号。每两个正弦信号之间的相位差为 $\pi/8$，从而在 14 位编码器的最低有效数值间隔内插入了 32 个精确等分点，即相当于附加 5 位二进制数的输出，使编码器的分辨率从 2^{-14} 提高到 2^{-19}，角位移小于 3"。

2. 光电式脉冲盘编码器

脉冲盘式编码器又称为增量编码器，它一般只有三个码道，不能直接产生几位编码输出，故它不具有绝对码盘码的含义，这是脉冲盘式编码器与绝对编码器的不同之处。

（1）结构和工作原理。增量编码器的圆盘上等角距地开有两道缝隙，内外圈（A、B）的相邻两缝错开半条缝宽；另外，在某一径向位置（一般在内外两圈之外）开有一狭缝，表示码盘的零位。在它们相对的两侧面分别安装光源和光电接收元件，如图 13.29 所示。

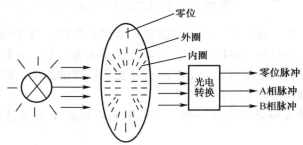

图 13.29　基于脉冲盘式编码器的数字传感器

当转动码盘时，光线经过透光和不透光的区域，每个码道将有一系列光电脉冲由光电元件输出，码道上有多少缝隙，每转过一周就将有多少个相差 90°的两相（A、B 两路）脉冲和一个零位（C 相）脉冲输出。增量编码器的精度和分辨率与绝对编码器一样，主要取决于码盘本身的精度。

（2）旋转方向的判别。为了辨别码盘旋转方向，可以采用图 13.30 所示的电路，利用 A、B 两相脉冲来实现。

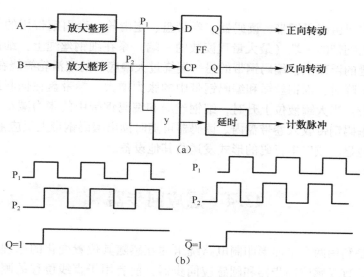

图 13.30 码盘辨向原理图

光电元件 A、B 的输出信号经放大整形后，产生 P_1 和 P_2 脉冲。将它们分别接到 D 触发器的 D 端和 CP 端，由于 A、B 两相脉冲（P_1 和 P_2）相差 90°，D 触发器 FF 在 CP 脉冲（P_2）的上升沿触发。

正转时 P_1 脉冲超前 P_2 脉冲，FF 的 Q = "1" 表示正转；当反转时，P_2 超前 P_1 脉冲，FF 的 Q = "0" 表示反转。可以用 Q 作为控制可逆计数器是正向还是反向计数，即可将光电脉冲变成编码输出。

C 相脉冲接至计数器的复值端，实现每码盘转动一圈复位一次计数器的目的。码盘无论正转还是反转，计数器每次反映的都是相对于上次角度的增量，故这种测量称为增量法。

除了光电式的增量编码器外，还相继开发了光纤增量传感器和霍尔效应式增量传感器等，它们都得到广泛的应用。

13.3.3 光电编码传感器的应用

钢带式光电编码数字液位计是典型的光电编码传感器的应用实例。

1. 结构与工作原理

钢带式光电编码数字液位计如图 13.31 所示，它是目前油田浮顶式诺铀罐液位测量普遍应用的一种测量设备。在量程超过 20m 的应用环境中，液位测量分辨率仍可达到 1mm，可以满足计量的精度要求。

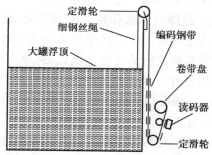

图 13.31 钢带式光电编码数字液位计

该测量设备主要由编码钢带、读码器、卷带盘、定滑轮、牵引钢带用的细钢丝绳及伺服系统等构成。编码钢带的一端（最大量程读数的一端）系在细钢丝绳上，细钢丝绳绕过罐顶的定滑轮系在大罐的浮顶上，编码钢带的另一端绕过大罐底部的定滑轮缠绕在卷带盘上。

当大罐液位下降时，细钢丝绳和编码钢带中的张力增大，卷带盘在伺服系统的控制下放出盘内的编码钢带；当大罐液位上升时，细钢丝绳和编码钢带中的张力减小，卷带盘在伺服系统的控制下将编码钢带收入卷带盘内。读码器可随时读出编码钢带上反应液位位置的编码，经处理后进行就地显示或以串行码的形式发送给其他设备。

13.4　感应同步器

感应同步器是利用两个平面形印制电路绕组的互感随其位置变化的原理制成的。按其用途可分为两大类，直线感应同步器和圆感应同步器，前者用于直线位移的测量，后者用于转角位移的测量。

感应同步器具有精度高、分辨力高、抗干扰能力强、使用寿命长、工作可靠等优点，被广泛应用于大位移静态与动态测量。

13.4.1　感应同步器的结构

1. 直线感应同步器

直线感应同步器由定尺和滑尺组成，如图 13.32 所示。定尺和滑尺上均做成印制电路绕组，定尺为一组长度为 250mm 均匀分布的连续绕组。如图 13.33 所示，节距 $W_2 = 2(a_2 + b_2)$，其中 a_2 为导电片片宽，b_2 为片间间隔。滑尺包括两组节距相等，两组间相差 90° 电角交替排列的正弦绕组和余弦绕组。为此两相绕组中心线距应为 $l_1 = (n/2 + 1/4)W_2$，其中 n 为正整数。两相绕组节距相同，都为 $W_1 = 2(a_1 + b_1)$，其中 a_1 为导电片片宽，b_1 为片间间隔。目前一般取 $W_2 = 2mm$。滑尺有如图 13.33（b）所示的 W 形和如图 13.33（c）所示的 U 形。

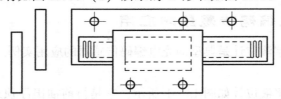

图 13.32　直线感应同步器的外形

定尺、滑尺截面结构如图 13.34 所示。定尺绕组表面上涂一层耐切削液绝缘清漆涂层。滑尺绕组表面带绝缘层的铝箔，起静电屏蔽作用。因为将滑尺用螺钉安装在机械设备上时，铝箔起着自然接地的作用。它应足够薄，以免产生较大涡流，不但损耗功率，而且影响电磁耦合和造成去磁现象。可选用带塑料的铝箔（铝金纸），总厚度约为 0.04mm。

常用电解铜箔构成平面绕组导片，要求厚薄均匀，无缺陷。一般厚度选用 0.1mm 以下，容许通过的电流密度为 5A/mm²。基板用导磁系数高，矫顽磁力小的导磁材料制成，一般用优质碳素结构钢。其厚度为 10mm 左右。

通过用酚醛玻璃环氧丝布和聚乙烯醇缩丁醛胶或采用聚酰胺做固化剂的环氧树脂为绝缘层的黏合材料，其黏着力强、绝缘性好。一般绝缘黏合薄膜厚度小于 0.1mm。

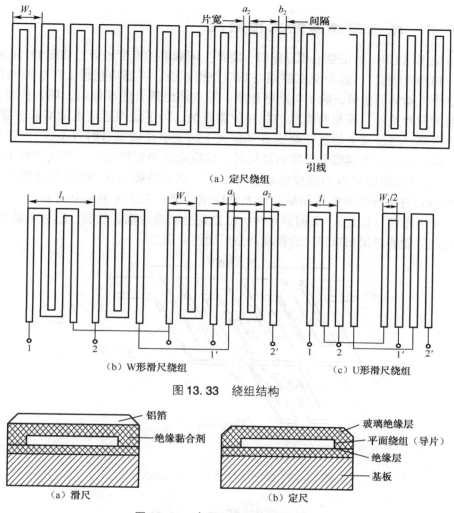

（a）定尺绕组

（b）W形滑尺绕组　　　　　　　　　（c）U形滑尺绕组

图 13.33　绕组结构

图 13.34　定尺、滑尺的截面结构

（a）滑尺　　　　　　　　　　（b）定尺

2. 圆感应同步器

圆感应同步器的结构如图 13.35 所示。圆感应同步器又称为旋转式感应同步器，其转子相当于直线感应同步器的定尺，定子相当于滑尺。目前按圆感应同步器直径大致可分成 302mm、178mm、76mm、50mm 四种，其径向导体数，也称极数，有 360 极、720 极、1080 极和 512 极。一般来说，在极数相同的情况下，圆感应同步器的直径做得越大，越容易做得准确，精度也就越高。

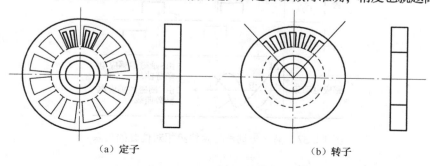

（a）定子　　　　　　　　　　（b）转子

图 13.35　圆感应同步器的结构示意图

13.4.2 感应同步器的工作原理

当励磁绕组用10Hz的正弦电压励磁时，将产生同频率的交变磁通，如图13.36所示（这里只画了一相励磁绕组）。这个交变磁通与感应绕组耦合，在感应绕组上产生同频率的交变电动势。这个电动势的幅值，除了与励磁频率、感应绕组耦合的导体组、耦合长度、励磁电流、两绕组间隙有关外，还与两绕组的相对位置有关。为了说明感应电动势和位置的关系，由图13.37可知，当滑尺上的正弦绕组 S 和定尺上的绕组位置重合时（A 点），耦合磁通最大，感应电动势最大；当继续平行移动滑尺时，感应电动势慢慢减小，当移动到1/4 节距位置处（B 点），在感应绕组内的感应电动势相抵消，总电动势为0；继续移动到半个节距时（C 点），可得到与初始位置极性相反的最大感应电动势；在3/4 节距处（D 点）又变为0，移动到下一个节距时（E 点），又回到与初始位置完全相同的耦合状态，感应电动势为最大；这样感应电动势随着滑尺相对定尺的移动而呈周期性变化。

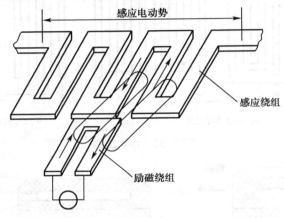

图 13.36　感应同步器的工作原理示意图

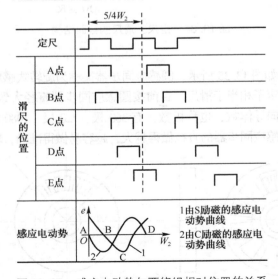

图 13.37　感应电动势与两绕组相对位置的关系

同理可以得到定尺绕组与滑尺上余弦绕组 C 之间的感应电动势周期变化图像，如图 13.37 下部所示。

适当加大励磁电压将获得较大的感应电动势，但过大的励磁电压将引起过大的励磁电流，致使温升过高而不能正常工作，一般选用 1~2V。当励磁频率 f 等一些参数选定之后，通过信号处理电路就能得到被测位移与感应电动势的对应关系，从而达到测量的目的。

13.4.3 数字位置测量系统

将感应同步器作为位置检测元件所构成的数字位置测量系统，是感应同步器应用最广泛的一个方面。对于数字位置测量系统，只要在结构上做某些变化，还可以构成精密定位、随动跟踪等自动控制系统。这里只介绍鉴幅型数字位移测量系统。

图 13.38 采用鉴幅型变换的增量型位置测量系统。位置变换器将位置输入 a_D、可知变量 ϕ_D 和变换误差信号 $\sin(a_D-\phi_D)$，通过误差放大和增量控制电路，将输入的误差信号放大，并根据其大小和方向产生增量控制信号，去控制增量脉冲的形成和输出。增量脉冲经控制计数器变成变量 ϕ_0，驱使误差信号变小，直至为 0 或小于阈值，这时增量脉冲停止输出。因此，输入的机械位移增量体现为增量脉冲个数，显示计数器所计脉冲数和显示值即为输入的位移增量，故这种系统称为增量型测量系统。

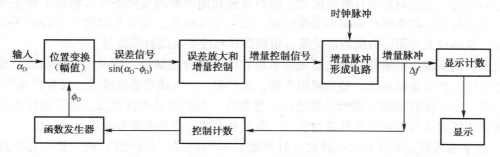

图 13.38　增量型测量系统

鉴幅型数字位移测量系统是图 13.39 所示的增量型测量系统的一个典型例子。直线式感应同步器由函数变压器供电，构成鉴幅型位—模变换，再配以逻辑开关电路，构成测量位移的闭环系统。

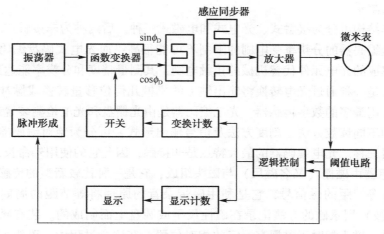

图 13.39　鉴副型数字位移测量系统粗略原理框图

鉴幅型数字位移测量系统粗略的原理框图如图13.39所示。闭环系统的功能部件有感应同步器、放大器、逻辑控制电路和函数电压发生器，此外还有显示计数器、电源及振荡器等辅助部件。

当滑尺相对于定尺移动一个微小距离后，定尺产生一输出信号。该信号一般只有$10\mu V$，且含有干扰和谐波成分，通过放大滤波环节变为优特级的正弦波送入阈值电路。当位移小于$0.01mm$时，经放大后的误差电压低于阈值电平，闸门被关闭，计数器没有脉冲输入。当位移大于$0.01mm$时，经放大后的误差电压高于阈值电平，闸门被打开，脉冲形成电路输出的恒定频率脉冲可以通过逻辑控制电路变为跟踪速度信号，同时送入变换计数器和显示计数器。

小 结

1. 计量光栅按其形状和用途可分为长光栅和圆光栅两类，前者用于测量长度，后者可测量角度（有时也可测量长度）。计量光栅由光源、光栅副、光敏器件三大部分组成，也称为光栅测量装置，用光栅测量位移时，由于刻线过密，数出测量对象上某一个确定点相对于光栅移过的刻线，直接对刻线计数很困难，因而目前利用光栅的莫尔条纹或相位干涉条纹进行计数。莫尔条纹的测量原理为幅值光栅测量、相位光栅测量。莫尔条纹技术的特点为误差平均效应、移动放大作用、方向对应关系、倍频提高精度、直接数字测量。

光栅测量系统由机械部分的光栅光学系统和电子部分的细分、辨向、显示系统组成。光栅光学系统又称为光栅系统，是由照明系统、光栅副、光电接收系统组成。通常将照明系统、指示光栅、光电接收系统（除标尺光栅外）组合在一起组成光栅读数头。电子系统是完成光电接收系统接收来的电信号的处理的部分，由细分电路、辨向电路和显示系统组成。

2. 数字编码器主要分为脉冲盘式（计数型）和码盘式（代码型）两大类。脉冲盘式编码器不能直接输出数字编码，需要增加有关数字电路才可能得到数字编码。码盘式编码器也称为绝对编码器，能直接输出某种码制的数码，它能将角度或直线坐标转换为数字编码，能方便地与数字系统（如微型计算机）连接。

这两种形式的数字传感器，由于它们具有高精度、高分辨率和高可靠性，已被广泛应用于各种位移量的测量。

编码器按其结构可分为接触式、光电式和电磁式三种，后两种为非接触式编码。

接触式码盘编码器的分辨率受电刷的限制不可能很高；而光电式码盘编码器由于使用了体积小、易于集成的光电元件代替机械的接触电刷，其测量精度和分辨率能达到很高水平。

光电编码器是一种通过光电转换将输出轴上的机械几何位移量转换成脉冲或数字量的传感器，是目前应用最多的数字传感器。光电编码器是由光栅盘和光电检测装置组成的。

按编码器的不同读数方法、刻度方法及信号输出形式，可分为绝对编码器、增量编码器和混合式编码器三种。光电编码器的最大特点是非接触，因此它的使用寿命长，可靠性高。

3. 磁栅传感器由磁栅（又名磁尺）与磁头组成，它是一种比较新型的传感元件。

磁栅上录有等间距的磁信号，它是利用磁带录音的原理将等节距的周期变化的电信号（正弦波或矩形波）用录磁的方法记录在磁性尺子或圆盘上而制成的。装有磁栅传感器的仪器或装置工作时，磁头相对于磁栅有一定的相对位置，在这个过程中，磁头把磁栅上的磁信号读出来，这样就把被测位置或位移转换成电信号。

磁栅上的磁信号先由录磁头录好，再由读磁头将磁信号读出。按读取信号的方式，读磁头可分为动态磁头与静态磁头两种。

根据磁栅和磁头相对移动时读出的磁栅上的信号的不同，所采用的信号处理方式也不同。有动态磁头的信号处理方式、静态磁头的信号处理方式，其信号处理方式又可分为鉴幅方式和鉴相方式两种。

4. 感应同步器是利用两个平面形印制电路绕组的互感随其位置变化的原理制成的。按其用途可分为两大类，直线感应同步器和圆感应同步器，前者用于直线位移的测量，后者用于转角位移的测量。

随着微型计算机的迅速发展和在各领域中的广泛渗透，对信号的检测、控制和处理必然进入数字化阶段。利用模拟式传感器和 A/D 转换器将信号转换成数字信号，然后由微机和其他数字设备处理，虽然是一种很简便和有用的方法，但由于 A/D 转换器的转换精度会受到参考电压精度的限制，从而使得系统的总精度也将受到限制。如果有一种传感器能直接输出数字量，那么上述的精度问题就可望得到解决。这种传感器就是数字式传感器。显然，数字式传感器是一种能把被测模拟量直接转换成数字量的输出装置。

数字式传感器与模拟式传感器相比有以下特点：测量的精度和分辨率更高，抗干扰能力更强，稳定性更好，易于微机接口，便于信号处理和实现自动化测量等。

习题与思考题

1. 莫尔条纹是怎样产生的？它具有哪些特性？

2. 在精密车床上使用刻线为 5400 条/周围光栅作长度检测时，其检测精度为 0.01mm，问该车床丝杆的螺距为多少？

3. 试分析四倍频电路，当传感器做反向移动时，其输出脉冲的状况（画图表示之），该电路的作用是什么？

4. 动态读磁头与静态读磁头有何区别？

5. 磁栅传感器的输出信号有哪几种处理方法？区别何在？

6. 感应同步器传感器有哪几种？各有什么特点？

7. 机械工业中常用的数字式传感器有哪几种？各利用了什么原理？它们各有何特点？

8. 简述码盘式转角–数字编码器的工作原理及用途。

9. 什么是细分？什么是辨向？它们各有何用途？

第14章 自动检测技术的新发展

近年来，随着计算机技术、信息技术、通信技术和信号处理技术的不断发展及应用，自动检测系统不断提升，仪表的功能不断扩大，性能指标获得很大的提高。本章简要针对自动检测的新趋势、新发展，分别简要介绍一下智能传感器、虚拟仪器、MEMS技术及其微型传感器、无线传感器网络、多传感器数据融合及软测量技术。

14.1 智能传感器

传感器在经历了模拟量信息处理和数字量交换这两个阶段后，正朝着智能化、集成一体化、小型化方向发展，利用微处理机技术的新型传感器，通常称为智能传感器，在美国还有一个通俗的名称 Smart Sensor，含有聪明、伶俐、精明能干的意思。

14.1.1 智能传感器发展的历史背景

传统的传感器技术已达到其技术极限。它的价格性能比不可能再有大的下降。它在以下几方面存在严重不足。

（1）因结构尺寸大，而时间（频率）响应特性差。

（2）输入—输出特性存在非线性，且随时间而漂移。

（3）参数易受环境条件变化的影响而漂移。

（4）信噪比低，易受噪声干扰。

（5）存在交叉灵敏度，选择性、分辨率不高。

智能传感器代表了传感器的发展方向，这种智能传感器带有标准数字总线接口，能够自己管理自己。它将所检测到的信号经过变换处理后，以数字量形式通过现场总线与高/上位计算机进行信息通信与传递。

14.1.2 智能传感器的功能与特点

1. 智能传感器的功能

（1）具有自校零、自标定、自校正功能。

（2）具有自动补偿功能。

（3）能够自动采集数据，并对数据进行预处理。

（4）能够自动进行检验、自选量程、自寻故障。

（5）具有数据存储、记忆与信息处理功能。

（6）具有双向通信、标准化数字输出或者符号输出功能。

（7）具有判断、决策处理功能。

2. 智能传感器的特点

与传统传感器相比，智能传感器的特点如下。

（1）精度高。

（2）高可靠性与高稳定性。

（3）高信噪比与高的分辨力。

（4）强的自适应性。

（5）低的价格性能比。

由此可见，智能化设计是传感器传统设计中的一次革命，是世界传感器的发展趋势。

14.1.3 智能传感器实现的途径

至今，传感器技术的发展是沿着三条途径实现智能传感器的。

1. 非集成化实现

非集成化智能传感器是将传统的经典传感器（采用非集成化工艺制作的传感器，仅具有获取信号的功能）、信号调理电路、带数字总线接口的微处理器组合为整体而构成的一个智能传感器系统，其框图如图14.1所示。

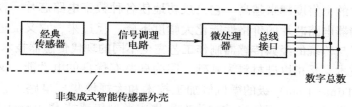

图14.1 非集成式智能传感器框图

这种非集成化智能传感器是在现场总线控制系统发展形势的推动下迅速发展起来的，其实现是一种建立智能传感器系统最经济、最快捷的途径与方式。

另外，近15年来发展极为迅速的模糊传感器也是一种非集成化的新型智能传感器。模糊传感器的"智能"之处在于：它可以模拟人类感知的全过程。它不仅具有智能传感器的一般优点和功能，而且具有学习推理的能力，具有适应测量环境变化的能力，并且能够根据测量任务的要求进行学习推理。通俗地说，模糊传感器的作用应当与一个具有丰富经验的测量工人的作用是等同的，甚至更好。

图14.2是模糊传感器的简单结构和功能示意图。

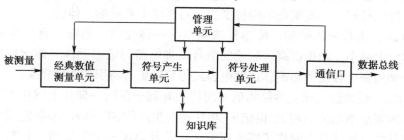

图14.2 模糊传感器的简单结构示意图

模糊传感器的突出特点是具有丰富强大的软件功能。模糊传感器与一般的基于计算机的智能传感器的根本区别在于模糊传感器具有实现学习功能的单元和符号产生、处理单元。它能够实现专家指导下的学习和符号的推理及合成，从而使模糊传感器具有可训练性。经过学习与训练，使得模糊传感器能适应不同测量环境和测量任务的要求。因此，实现模糊传感器的关键就在于软件功能的设计。

2. 集成化实现

这种智能传感器系统是采用微机械加工技术和大规模集成电路工艺技术，利用硅作为基本材料来制作敏感元件、信号调理电路、微处理器单元，并把它们集成在一块芯片上而构成的。故又可称为集成智能传感器，其外形如图14.3所示。

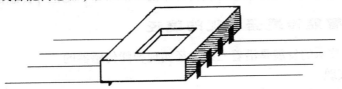

图14.3　集成智能传感器外形示意图

随着微电子技术的飞速发展，微米/纳米技术的问世，大规模集成电路工艺技术的日臻完善，集成电路器件的密集度越来越高。它已成功地使各种数字电路芯片、模拟电路芯片、微处理器芯片、存储器电路芯片的价格性能比大幅度下降。反过来，它又促进了微机械加工技术的发展，形成了与传统的经典传感器制作工艺完全不同的现代传感器技术。

现代传感器技术，是指以硅材料为基础（因为硅既有优良的电性能，又有极好的机械性能），采用微米（1μm～1mm）级的微机械加工技术和大规模集成电路工艺来实现各种仪表传感器系统的微米级尺寸化。国外也称它为专用集成微型传感技术（ASIM）。由此制作的智能传感器的特点如下。

（1）微型化。微型压力传感器已经可以小到放在注射针头内送进血管测量血液流动情况，装在飞机或发动机叶片表面用以测量气体的流速和压力。美国最近研究成功的微型加速度计可以使火箭或飞船的制导系统质量从几公斤下降至几克。

（2）结构一体化。压阻式压力（差）传感器是最早实现一体化结构的。传统的做法是先分别由宏观机械加工金属圆膜片与圆柱状环，然后把二者粘贴形成周边固支结构的"金属杯"，再在圆膜片上粘贴电阻变换器（应变片）而构成压力（差）传感器，这就不可避免地存在蠕变、迟滞、非线性特性。采用微机械加工和集成化工艺，不仅"硅杯"一次整体成型，而且电阻变换器与硅杯是完全一体化的。进而可在硅杯非受力区制作调理电路、微处理器单元，甚至微执行器，从而实现不同程度的，乃至整个系统的一体化。

（3）精度高。比起分体结构，传感器结构本身一体化后，迟滞、重复性指标将大大改善，时间漂移大大减小，精度提高。后续的信号调理电路与敏感元件一体化后可以大大减小由引线长度带来的寄生参量的影响，这对电容式传感器更有特别重要的意义。

（4）多功能。微米级敏感元件结构的实现特别有利于在同一硅片上制作不同功能的多个传感器，如美国霍尼韦尔公司在20世纪80年代初期生产的ST-3000型智能压力（差）和温度变送器，就是在一块硅片上制作了感受压力、压差及温度三个参量的，具有三种功能（可测压力、压差、温度）的敏感元件结构的传感器。不仅增加了传感器的功能，而且可以通过采用数据融合技术消除交叉灵敏度的影响，提高传感器的稳定性与精度。

（5）阵列式。微米技术已经可以在一平方厘米大小的硅芯片上制作含有几千个压力传感器阵列，譬如，丰田中央研究所半导体研究室用微机械加工技术制作的集成化应变计式面阵触觉传感器，在8mm×8mm的硅片上制作了1 024个（32×32）敏感触点（桥），基片四周还制作了信号处理电路，其元件总数约16 000个。

敏感元件构成阵列后，配合相应图像处理软件，可以实现图形成像且构成多维图像传感器。这时的智能传感器就达到了它的最高级形式。

（6）全数字化。通过微机械加工技术可以制作各种形式的微结构。其固有谐振频率可以设计成某种物理参量（如温度或压力）的单值函数。因此可以通过检测其谐振频率来检测被测物理量。这是一种谐振式传感器，直接输出数字量（频率）。它的性能极为稳定、精度高、不需A/D转换器便能与微处理器方便地连接。免去A/D转换器，对于节省芯片面积、简化集成化工艺，均十分有利。

（7）使用极其方便，操作极其简单。它没有外部连接元件，外接连线数量极少，包括电源、通信线可以少至四条，因此，接线极其简便。它还可以自动进行整体自校，无须用户长时间地反复多环节调节与校验。"智能"含量越高的智能传感器，它的操作使用越简便，用户只需编制简单的使用主程序。这就如同"傻瓜"照相机的操作比不是"傻瓜"照相机的经典式照相机要简便得多一样的道理。

根据以上特点可以看出：通过集成化实现的智能传感器，为达到高自适应性、高精度、高可靠性与高稳定性，其发展主要有以下两种趋势。

（1）多功能化与阵列化，加上强大的软件信息处理功能。

（2）发展谐振式传感器，加软件信息处理功能。

3. 混合实现

根据需要将系统各个集成化环节（如敏感单元、信号调理电路、微处理器单元、数字总线接口）以不同的组合方式集成在两块或三块芯片上，并装在一个外壳里。如图14.4所示的几种方式。

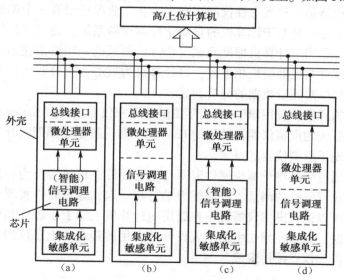

图14.4 在一个封装中可能的混合集成实现方式

集成化敏感单元包括（对结构型传感器）弹性敏感元件及变换器。信号调理电路包括多路开关、仪用放大器、基准、模/数转换器（ADC）等。

微处理器单元包括数字存储器（EPROM、ROM、RAM）、I/O接口、微处理器、数/模转换器（DAC）等。

4. 集成化智能传感器的几种形式

（1）初级形式。初级形式就是组成环节中没有微处理器单元，只有敏感单元与（智能）信号调理电路，二者被封装在一个外壳里。这是智能传感器系统最早出现的商品化形式，也是最广泛使用的形式，也被称为"初级智能传感器"（Smart Sensor）。从功能来讲，它只具有比较简单的自动校零、非线性的自动校正、温度自动补偿功能。这些简单的智能化功能是由硬件电路来实现的。故通常称该种硬件电路为智能调理电路。

（2）中级形式/自立形式。中级形式是在组成环节中除敏感单元与信号调理电路外，必须含有微处理器单元，即一个完整的传感器系统全部封装在一个外壳里的形式。

（3）高级形式。高级形式是集成度进一步提高，敏感单元实现多维阵列化时，同时配备了更强大的信息处理软件，从而具有更高级的智能化功能的形式。这时的传感器系统具有更高级的传感器阵列信息融合功能，或具有成像与图像处理等功能。对于集成化智能传感器系统而言，集成化程度越高，其智能化程度也就越可能达到更高的水平。

综上所述，可以看出，智能传感器系统是一门涉及多种学科的综合技术，是当今世界正在发展的高新技术。

14.2 虚拟仪器

14.2.1 虚拟仪器的定义

"虚拟"仪器（Virtual Instruments，VI）是目前国内外测试技术界和仪器制造界十分关注的热门话题。虚拟仪器是一种概念性仪器，迄今为止，业界还没有一个明确的国际标准和定义。虚拟仪器实际上是一种基于计算机的自动化检测仪器系统，是现代计算机技术和仪器技术完美结合的产物，是当今计算机辅助测试（CAT）领域的一项重要技术。虚拟仪器利用加在计算机上的一组软件与仪器模块相连接，以计算机为核心，充分利用计算机强大的图形界面和数据处理能力提供对测量数据的分析和显示。

虚拟仪器技术的开发和应用源于1986年美国的国家仪器公司（National Instruments），研制了基于多种总线系统的虚拟仪器，设计的LabVIEW是一种基于图形的开发调试和运行程序和集成化环境，实现了虚拟仪器的概念。

虚拟仪器就是通过软件将计算机硬件资源与仪器硬件有机地融合为一体，把计算机强大的计算处理能力和仪器硬件的测量、控制能力结合在一起，通过软件实现对数据的显示、存储和分析处理。也可以说，虚拟仪器就是在通用的计算机上加上了软件和硬件，使得使用者在操作这台计算机时，就像在操作由他本人设计的专用的传统的电子仪器。总之，虚拟仪器由计算机、应用软件和仪器硬件组成。

14.2.2 虚拟仪器的应用

虚拟仪器可以代替传统的测量仪器，如信号发生器、示波器、频率汁和逻辑分析仪等；可以集成自动控制系统；可以构建专用仪器系统。可广泛用于电子测量、振动分析、声学分析、故障诊断航天航空、军事工程、电力工程、机械工程、建筑工程、铁路交通、地质勘探、生物医疗、教学及科研等诸多方面，涉及国民经济的各个领域、虚拟仪器的发展对科学技术的发展和国防、工业、农业的生产将产生不可估量的影响。

14.2.3 虚拟仪器的特点

与传统仪器相比，虚拟仪器有以下优点。

（1）融合计算机强大的硬件资源，突破了传统仪器在数据处理、显示、存储等方面的限制，大大增强了传统仪器的功能。

（2）利用了计算机丰富的软件资源，实现了部分仪器硬件的软件化，增加了系统灵活性。通过软件技术和相应数值算法，可以实时、直接地对测试数据进行各种分析与处理。同时，图形用户界面（GUI）技术使得虚拟仪器界面友好，人机交互方便。

（3）基于计算机总线和模块化仪器总线，硬件实现了模块化、系列化，提高了系统的可靠性和易维护性。

（4）基于计算机网络技术和接口技术，具有方便、灵活的互联能力，广泛支持各种工业总线标准。因此，利用技术可方便地构建自动测试系统，实现测量、控制过程的智能化、网络化。

（5）基于计算机的开放式标准体系结构。虚拟仪器的硬、软件都具有开放性、可重复使用及互换性等特点。用户可根据自己的需要，选用不同厂家的产品，使仪器系统的开发更为灵活，效率更高，缩短了系统组建时间。

将虚拟仪器与传统仪器进行比较，如表 14.1 所示。

表 14.1 虚拟仪器与传统仪器的比较

虚 拟 仪 器	传 统 仪 器
用户自己定义	仪器厂商定义
软件是关键	硬件是关键
仪器的功能和规模可通过软件来修改或增减	仪器的功能和规模已固定
技术更新快	技术更新慢
可以用网络连接周边各仪器	只可以连接有限的设备

14.2.4 虚拟仪器的产生

至今，电子测量仪器的发展大体可以分为四代：模拟仪器、数字化仪器、智能仪器和虚拟仪器。

第一代：模拟仪器，如指针式万用表、晶体管电压表等。其基本结构是电磁机械式的，借助指针显示最终结果。

第二代：数字化仪器，这类仪器目前应用相当普及，如数字式电压表、数字频率计等。这类仪器将模拟信号的测量转化为数字信号测量，并以数字方式输出最终结果。

第三代：智能仪器，这类仪器内置微处理器，既能进行自动检测，又具有一定的数据处理能力，其功能块以硬件或者固化的软件形式存在。

第四代：虚拟仪器，是由计算机硬件资源、模块化仪器硬件和用于数据采集、信号分析、接口通信及图形用户界面的软件组成的检测系统。它是一种完全由计算机来操纵控制的模块化仪器系统。

14.2.5 虚拟仪器的分类

随着微机的发展和采用总线方式的不同，虚拟仪器分为以下5种类型。

1. GPIB 总线式虚拟仪器

GPIB（通用仪器接口总线）技术是1EEE488标准的虚拟仪器早期的发展阶段。它的出现使电子测量独立的单台手工操作向大规模自动测试系统发展。典型的 GPIB 系统由一台 PC、一块 GPIB 接口卡和若干台 GPIB 形式的仪器通过 GPIB 电缆连接而成。在标准情况下，一块 GPIB 接口可以带14台仪器，电缆长度可达20m。GPIB 测量系统的结构和命令简单，主要应用于台式仪器，适合于精确度要求高但传输速率要求不高的场合。

2. 并行口式虚拟仪器

最新发展的一系列可以连接到计算机并行口的测量装置，它们把仪器硬件集成在一个采集盒内。仪器的软件安装在计算机上，完成各种测量仪器的功能，以组成任意波形发生器、数字万用表、数字存储示波器、频率计和逻辑分析仪等。它们的最大好处是可以与笔记本计算机相连，方便现场作业。

3. PC 总线—插卡式虚拟仪器

这种方式借助于插入计算机内的数据采集卡与专用的软件相结合，组建各种仪器。但是，受 PC 机箱和总线的限制，插卡尺寸比较小，插槽数目有限。此外，机箱内部的噪声电平较高。

4. VXI 总线式虚拟仪器

VXI 总线是一种高速计算机总线——VMF 总线在仪器领域的扩展（VME Extension for Instrumentation）。由于它的标准开放、结构紧凑、具有数据吞吐能力强、定时和同步精确、模块可重复利用、众多仪器厂家支持等优点，很快得到广泛的应用。经过十多年的发展，VXI 系统的组建和使用越来越方便，尤其是在组建大、中规模自动测试系统，以及对速度、精度要求较高的场合，有着其他系统无法比拟的优点。然而，组建 VXI 总线要求有机箱、嵌入式控制器等，造价比较高。

5. PXI（PCI Extensions for Inslrunlentation）总线式虚拟仪器

PXI 总线方式在 PCI 总线内核技术上增加了成熟的技术规范和要求、增加了多板同步触发总线的技术规范和要求、增加了多板触发总线，以及使用与相邻模块进行高速通信的局部总线。PXI 具有很好的可扩展性。PXI 具有8个扩展槽，而台式 PCI 系统只由3~4个扩展槽。通过使用 PCI – PCI 桥接器，可以扩展到256个扩展槽。

14.2.6 虚拟仪器的体系结构

虚拟仪器系统的体系结构如图14.5所示，下面从硬件、软件两个方面介绍虚拟仪器的构建技术。

虚拟仪器的基本构成包括计算机、虚拟仪器软件及硬件接口模块等。其中，硬件接口模块包括插入式数据采集卡（DAQ）、串/并口、GPIB 接口卡、VXI 控制器及其他接口卡。目前较为常用的虚拟仪器系统是数据采集卡系统、GPIB 仪器系统、VXI 仪器系统及这三者的任意组合。

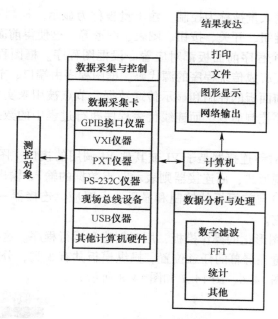

图 14.5　虚拟仪器系统构成图

1. 虚拟仪器的硬件系统

虚拟仪器的硬件系统一般可以分为计算机硬件平台和仪器硬件。计算机硬件平台可以是各种类型的计算机，如普通台式计算机、便携式计算机、工作站和嵌入式计算机等。

仪器硬件与计算机硬件一起工作，用来采集数据、提供源信号和控制信号。按仪器硬件的不同，虚拟仪器可以分为 PC 插卡式、GPIB、VXI、PXI 和并行口式等标准体系结构。其中，对大多数用户来说，PC 插卡式虚拟仪器既实用又有较高的性价比。PC 插卡是基于计算机标准总线的内置（如 ISA 和 PCI 等）或者外置（如 USB 等）功能插卡，其核心主要是数据采集卡，它更加充分地利用计算机的资源，大大增加了测试系统的灵活性和扩展性。利用 DAQ 可方便快速地组建基于计算机的仪器，实现"一机多型"和"一机多用"。

2. 虚拟仪器的软件系统

虚拟仪器技术最核心的思想就是利用计算机的硬、软件资源，使本来需要硬件实现的技术软件化、虚拟化，从而最大限度地降低系统的成本，增强系统的功能和灵活性。所以，软件是虚拟仪器的关键。基于软件在 VI 系统中的重要作用，NI 提出了"软件即仪器"的口号。

（1）软件开发平台。构造一个虚拟仪器系统，基本硬件确定以后，就可以通过不同的软件实现不同的功能，那么自然离不开计算机编程。因此，提高计算机软件编程效率也就成了一个非常现实的问题。为此，NI 公司推出 LabVIEW 在简化计算机编程技术方面做出了贡献，下面简要介绍一下。

LabVIEW 是一种基于 G 语言的图形化开发语言，是一种面向仪器的图形化编程环境，用来进行数据采集和控制、数据分析和数据表达、测试和测量、实验室自动化及过程监控。其目的是简化程序的开发工作，以使用户能快速、简便地完成自己的工作。使用 LabVIEW 开发平台编制的程序称为虚拟仪器程序，简称为 VI。VI 包括 3 个部分：程序前面板、框图程序和图标/连接器。

① 程序前面板。程序前面板用于设置输入数值和观察输出量，用于模拟真实仪表的前面

板。在程序前面板上，输入量被称为控制，输出量被称为显示。控制和显示是以各种图标形式出现在前面板上，如旋钮、开关、按钮、图表、图形等，这使得前面板直观易懂。

② 框图程序。每一个程序前面板都对应着一段框图程序。框图程序用 LabVIEW 图形编程语言编写，可以把它理解成传统程序的源代码。框图程序由端口、节点、图框和连线构成。其中端口被用来同程序前面板的控制和显示传递数据，节点被用来实现函数和功能调用，图框被用来实现结构化程序控制命令，而连线代表程序执行过程中的数据流，定义了框图内的数据流动方向。

③ 图标/连接器。图标/连接器是子 VI 被其他 VI 调用的接口。图标是子 VI 在其他程序框图中被调用的节点表现形式；而连接器则表示节点数据的输入/输出口，就像函数的参数。用户必须指定连接器端口与前面板的控制和显示一一对应。连接器一般情况下隐含不显示，除非用户选择打开观察它。

LabVIEW 具有多个图形化的操作模板，用于创建和运行程序。这些操作模板可以随意在屏幕上移动，并可以放置在屏幕的任意位置。操纵模板共有 3 类，分别为工具模板、控制模板和功能模板，分别如图 14.6、图 14.7 和图 14.8 所示。

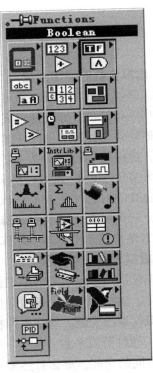

图 14.6　工具模板　　　图 14.7　控制模板　　　图 14.8　功能模板

（2）仪器驱动程序。仪器驱动程序用来实现仪器硬件的通信和控制功能。

为了能自由互换仪器硬件而无须修改测量程序，即解决仪器的互操作问题，1999 年 NI 公司提出了可互换虚拟仪器标准 IVI，使程序的开发完全独立于硬件。IVI 驱动器通过一个通用的类驱动器来实现对一种仪器类（如函数发生器、数字电压表和示波器等）的控制。应用程序调用类驱动器，类驱动器再通过专用的驱动器与物理的仪器通信。

采用 IVI 技术，可以降低软件的维护费用，减少系统停运时间，提高测量代码的可重用性，使仪器编程直接面对操作用户。通过提供友好的测控操作界面和丰富的数据分析与处理功能，来完成自动检测任务。

（3）I/O 接口软件。I/O 接口软件是虚拟仪器系统软件的基础，用于处理计算机与仪器硬件之间连接的低层通信协议。当今优秀的虚拟仪器测量软件都建立在一个标准化 I/O 接口软件组件的通用内核之上，为用户提供一个一致的、跨计算机平台的应用编程接口（API），使用户的测量系统能够选择不同的计算机平台和仪器硬件。

（4）通用数字处理软件。虚拟仪器的应用软件还包括通用数字处理软件，这主要是来对数字信号进行处理的功能函数，这些功能函数为广大虚拟仪器用户进一步扩展其测量功能提供了必要的基础。

14.2.7 虚拟仪器的发展趋势

虚拟仪器走的是一条标准化、开放性、多厂商的技术路线，经过 10 多年的发展，正沿着总线与驱动程序的标准化、硬/软件的模块化、硬件模块的即插即用化、编程平台的图形化等方向发展。

随着计算机网络技术、多媒体技术、分布式技术的飞速发展，融合了计算机技术的 VI 技术，其内容会更丰富，如简化仪器数据传输 Internet 访问技术 DataSocket、基于组建对象模型（COM）的仪器软硬件互操作技术 OPC、软件开发 ActiveX 等。这些技术不仅能有效提高测试系统的性能水平，而且也为"软件仪器时代"的到来做好了技术上的准备。

此外，可互换虚拟仪器（Interchangeable Virtual Instruments，IVI）也是虚拟仪器领域一个很重要的发展方向，目前，IVI 是基于 VXI 即插即用规范的测试/测量仪器驱动程序建议标准，它允许用户无须更改软件即可互换测试系统中的多种仪器。例如，从 GPIB 转换到 VXI 或 PXI 这一针对测试系统开发者的 IVI 规范，通过提供标准的通用仪器类软件接口可以节省大量工程开发时间，其主要作用为：关键的生产测试系统发生故障或需要重校时无须离线进行调整；可在由不同仪器硬件构成的测试系统上开发单一检测软件系统，以充分利用现有资源；在实验室开发的检测代码可以移植到生产环境中的不同仪器上。

14.3 微型传感器

微型化始终是当代科学技术发展的主要方向。微电子机械系统 MEMS（Micro Electro Mechanical System）的出现将传感器及检测系统带入了微型化、集成化和智能化的时代，在很大程度上改变了传感器的原理。

14.3.1 微机电系统（MEMS）

MEMS（Micro Electro-Mechanical System）又称微电子机械系统。在欧洲和日本又常称微系统（Micro System）和微机械（Micro Machine System）。1994 年，原联邦德国教研部（BMBF）给出的定义为：若将传感器、信号处理器和执行器以微型化的结构形式集成为一个完整的系统，而该系统具有"敏感"、"决定"和"反应"的能力，则称这样一个系统为微系统或微机电系统。

信息技术的迅速发展正在对仪器仪表中的两类器件——传感器和执行器产生深刻的影响。传感器是一种简单的转换器，可把能量从一种形式转换成一种形式（如从机械能到电能），并提供给测量仪器或监视器。执行器使传感器主动与现实世界相互作用。把传感器和执行器集成在一个有效、可靠和经济的系统中是 MEMS 研究的主要动力。MEMS 将成为促进机械、化学和生物学"智能系统"发展的核心技术。

MEMS 系统主要包括微型传感器、微执行器和相应的处理电路 3 个部分。作为输入信号的自然界中的各种信息，首先通过传感器转换成电信号，经过信号处理后（包括 A/D、D/A 转换）再通过微执行器对外部世界发生作用。

1. MEMS 技术的应用及发展

MEMS 技术是多学科交叉的新兴领域，涉及精密机械、微电子材料科学、微细加工、系统与控制等技术学科和物理、化学、力学、生物学等基础学科。包含微传感器、微执行器及信号处理、控制电路等，利用三维加工技术制造微米或纳米尺度的零件、部件或集光机于一体、完成一定功能的复杂微细系统，是实现"片上系统"的发展方向。MEMS 固有的低成本、微型化、可集成、多学科综合、广阔的应用前景等特点，使其成为当今高科技发展的热点之一。

MEMS 技术始于 20 世纪 60 年代，加利福尼亚大学和贝尔实验室开发出微型硅压力传感器。

20 世纪 70 年代，开发出硅片色谱仪、微型继电器。

20 世纪 70~80 年代，利用微机械技术制作出多种微小尺寸的机械零部件。

1988 年，ucMuller 小组制作了硅静电电动机。

1989 年，NSF（The National Science Foundation，国家科学基金会）召开研讨会，提出了"微电子技术应用于电（子）机系统"。自此，MEMS 成为一个世界性的学术用语。

2. MEMS 技术的特点

MEMS 是以微电子技术为基础，以单晶硅为主要基底材料，辅以硅加工、表面加工、X 射线深层光刻电铸成形（LIGA）及电镀、电火花加工等技术手段，进行毫米和亚毫米级的微零件、微传感器和微执行器的三维或准三维加工；并利用硅 IC 工艺的优势，制作出集成化的微型机电系统。

与传统的微电子技术和机械加工技术相比，MEMS 技术具有以下特点。

（1）微型化。传统的机械加工技术是在厘米量级，但 MEMS 技术主要为微米量级加工，这就使得利用 MEMS 技术制作的器件在体积、重量、功耗方面大大减小，可携带性大大提高。

（2）集成化。微型化的器件更加利于集成，从而组成各种功能阵列，甚至可以形成更加复杂的微系统。

（3）硅基材料。MEMS 的器件主要是以硅作为加工材料。这就使制作器件的成本大幅度下降，大批量低成本的生产成为可能．而且硅的强度、硬度与铁相当。密度近似铝，热传导率接近钼和钨。

（4）制作工艺与 IC 产品的主流工艺相似。

（5）MEMS 中的机械不限于力学中的机械，它代表一切具有能量转化、传输等功能的效应，包括力、热、光、磁、化学、生物等效应。

（6）MEMS 的目标是"微机械"与 IC 结合的微系统，并向智能化方向发展。

3. MEMS 的尺寸效应

尺寸效应是 MEMS 中许多物理现象不同于宏观现象的一个重要原因，其主要特征表现在以下几个方面。

（1）微构件材料的物理特性的变化。

（2）力的尺寸效应和微结构的表面效应。在微小尺寸领域，与特征尺寸的高次方成比例的惯性力、电磁力等的作用相对减弱，而在传统理论中常常被忽略的与尺寸的低次方成比例的黏性力、弹性力、表面张力、静电力等的作用相对增强。

（3）微摩擦与微润滑机制对微机械尺度的依赖性及传热与燃烧对微机械尺度的制约。此外，随着尺寸的减小，表面积和体积之比相对增大，因而热传导、化学反应等的速度将加快。

随着微电子机械技术的发展，应该注意力的尺寸效应、微结构表面效应、微观摩擦机理、热传导、误差效应和微构件材料性能等的研究，而且随着尺寸的减小，需要进一步研究微动力学、微结构学等。

14.3.2 微型传感器技术

随着 MEMS 技术的迅速发展，作为微机电系统的一个构成部分或者作为一个独立的元件，微型传感器也得到了长足的发展。

敏感元件与传感器的性能除其材料决定外，与其加工技术也有着非常密切的关系。采用新的加工技术，如集成技术、薄膜技术、微机械加工技术、离子注入技术、静电封接技术等，能制作出质地均匀、性能稳定、可靠性高、体积小、质量轻、成本低、易集成化的敏感元件。

以集成制造技术为基础的微机械加工技术可使被加工的半导体材料尺寸达到光的波长级，且可大量生产，从而可以制造出超小型且价格便宜的传感器。然而与微机电系统一样，随着传感器系统尺寸的变化，它的结构、材料、特性乃至所依据的物理作用原理均可能发生变化。与各种类型的常规传感器一样，微型传感器根据不同的作用原理也可被制成不同的种类，具有不同的用途。下面介绍几种微型传感器。

1. 硅压力传感器

硅压力传感器是最早用微机械加工工艺制造的传感器，主要有硅压阻式和硅电容式两种，其中应用最广的是硅压阻式。

（1）硅压阻式压力传感器。硅压阻式压力传感器是利用硅的压阻效应、集成电路工艺和微机械加工技术。在硅单晶膜片适当部位扩散形成力敏电阻而构成的。

目前，硅压阻式压力传感器以其独特的优点广泛用做高灵敏度、高精度的微型真空计、绝对压力计、流速计、流量计、声传感器、气动过程控制器等，在航天、海洋工程、原子能等各种尖端科技和工业领域等都有广泛的用途。特别是硅压阻式压力传感器的微型化、可集成化、高灵敏度、稳定性及植入生物体后的抗腐蚀性。使得其在生物医学研究上具有诱人的应用前景。

（2）硅电容式压力传感器。相对硅压阻式压力传感器，硅电容式压力传感器近年来也得到了迅速发展，它具有灵敏度高、稳定性好，压力量程低等优点，弥补了硅压阻式压力传感器的不足。

硅电容式压力传感器的核心部件是对压力敏感的电容器。电容器的一个极板位于支撑玻璃上，用各项异性腐蚀技术在几百微米厚的硅片上从正反两面腐蚀形成。电容器的间隙由硅片正面腐蚀深度决定，可以做得很小，这是硅电容式压力传感器灵敏度高的重要原因。硅膜片和玻璃用静电封接技术合在一起，形成具有一定间隙的硅膜片微型电容器。

2. 硅微加速度传感器

继硅压力传感器之后，另一种技术成熟并得到实际应用的是硅微加速度传感器。它广泛应用于工业自动控制、汽车及其他车辆、振动及地震测试、科学测量、军事和空间系统等方面。

绝大多数加速度计由一个有质量块的弹性系统构成。在恒定加速度的作用下，质量块将偏离平衡位置，甚至弹性力足以使质量块产生加速度为止。在这个过程中，弹性力和加速度均与质量块的位置偏移成正比。

三种常用于检测质量块偏移的物理效应是电容效应、压电效应和压阻效应。下面以硅微电容式加速度传感器为例介绍其原理、结构和特性。

硅微电容式加速度传感器在灵敏度、分辨率、精度、线性、动态范围和稳定性等方面都有一定的优势，常用于微应力研究和汽车等领域。其测量范围一般为 $0.1 \sim 20g$，频率响应范围从直流到数百赫兹，测量精度为 $0.1\% \sim 1\%$。硅微电容式加速度传感器的缺点是频率响应范围窄和需要复杂的信号处理电路。

14.4 网络传感器

总线式仪器、虚拟仪器等微机化仪器技术的应用，使组建集中和分布式测控系统变得更为容易。但集中测控越来越满足不了复杂远程和范围较大的测控任务的需求，为此，组建网络化的测控系统就显得非常必要。近 10 年来，以 Internet 为代表的网络技术的出现以及它与其他高新科技的相互结合，不仅已开始将智能互联网络产品带入现代生活，而且也为测量与仪器技术带来了前所未有的发展空间和机遇，网络化测量技术与具备网络功能的新型仪器应运而生。

在网络化仪器环境条件下，被测对象可通过检测现场的普通仪器设备，将测得数据通过网络传输给异地的精密测量设备或高档次的微机化仪器去分析、处理；能实现测量信息的共享；可掌握网络节点处信息的实时变化的趋势。此外，也可通过具有网络传输功能的仪器将数据传至原端即现场。

基于 Web 的信息网络 Intranet，是目前企业内部信息网的主流。应用 Internet 的具有开放性的互联通信标准，使 Intranet 成为基于 TCP/IP 协议的开放系统，能方便地与外界连接，尤其是与 Internet 连接。借助 Internet 的相关技术，Intranet 能给企业的经营和管理带来极大便利，已被广泛应用于各个行业。Internet 也已经对传统的测控系统产生越来越大的影响。

软件是网络化检测仪器开发的关键，UNIX、WindowsNT、Windows 2000、Netware 等网络化计算机操作系统，现场总线，标准的计算机网络协议，如 OSI 的开放系统互联参考模型 RM、Internet 上使用的 TCP/IP 协议等，在开放性、稳定性、可靠性方面均有很大优势，采用它们很容易实现测控网络的体系结构。在开发软件方面，如 NI 公司的 Labview 和 LabWindows/CVI、HP 公司的 VEE、微软公司的 VB、VC 等，都有开发网络应用项目的工具包。

14.4.1 基于现场总线技术的网络化测控系统

现场总线是用于过程自动化和制造自动化的现场设备或仪表互联的现场数字通信网络，它嵌入在各种仪表和设备中，可靠性高，稳定性好，抗干扰能力强，通信速率快、造价低廉、维护成本低。

现场总线面向工业生产现场，主要用于实现生产/过程领域的基本测控设备（现场级设备）之间以及与更高层次测控设备（车间级设备）之间的互联。这里现场级设备指的是最低层次的控制、监测、执行和计算设备，包括传感器、控制器、智能阀门、微处理器和存储器等各种类型的工业仪表产品。

与传统测控仪表相比，基于现场总线的仪表单元具有如下优点。

（1）彻底网络化。从最底层的传感器和执行器到上层的监控/管理系统均通过现场总线网络实现互联，同时还可进一步通过上层监控/管理系统连接到企业内部网甚至台仪表单元、双向传输多个信号，接线简单，工程周期短，

（2）一切 N 结构。一对传输线、N 台仪表单元、双向传输多个信号，接线简单，工程周期短，安装费用低，维护容易，彻底抛弃了传统仪表单元一台仪器、一对传输线只能单向传输一个信号的缺陷。

（3）可靠性高。现场总线采用数字信号实现测控数据，抗干扰能力强，精度高；而传统仪表由于采用模拟信号传输，往往需要提供辅助的抗干扰和提高精度的措施。

（4）操作性好。操作员在控制室即可了解仪表单元的运行情况，且可以实现对仪表单元的远程参数调整、故障诊断和控制过程监控。

（5）综合功能强。现场总线仪表单元是以微处理器为核心构成的智能仪表单元，可同时提供检测变换和补偿功能，实现一表多用。

（6）组态灵活。不同厂商的设备即可互联也可互换，现场设备间可实现互操作，通过进行结构重组，可实现系统任务的灵活调整。

现场总线种类繁多，但不失一般性，基于任何一种现场总线系统，由现场总线测量、传送和执行单元组成的网络化系统可表示为如图 14.9 所示的结构。

图 14.9 基于现场总线技术的测控网络

现场总线网络测控系统目前已在实际生产环境中得到成功的应用，由于其内在的开放式特性和互操作能力，基于现场总线的 FCS 系统已有逐步取代 DCS 的趋势。

14.4.2　面向 Internet 网络测控系统

当今时代，以 Internet 为代表的计算机网络的迅速发展及相关技术的日益完善，突破了传统通信方式的时空限制和地域障碍，使更大范围内的通信变得十分容易，Internet 拥有的硬件和软件资源正在越来越多的领域中得到应用，如电子商务、网上教学、远程医疗、远程数据采集与控制、高档测量仪器设备资源的远程实时调用、远程设备故障诊断等。与此同时，网络互联设备的进步，又方便了 Internet 与不同类型测控网络、企业网络间的互联。利用现有 Internet 资源而不需建立专门的拓扑网络，使组建测控网络、企业内部网络以及它们与 Internet 的互联都十分方便。

典型的面向 Internet 的测控系统结构如图 14.10 所示。图中现场智能仪表单元通过现场级测控网络与企业内部网 Intranet 互联，而具有 Internet 接口能力的网络化测控仪器通过嵌入于内部的 TCP/IP 协议直接连接于企业内部网上，如此，测控系统在数据采集、信息发布、系统集成等方面都以企业内部网络 Intranet 依托。将测控网和企业内部网及 Internet 互联，便于实现测控网和信息网的统一。在这样构成的测控网络中，网络仪器设备充当着网络中独立节点的角色，信息可跨越网络传输至所及的任何领域，实时、动态（包括远程）的在线测控成为现实，将这样的测量技术与过去的测控、测试技术相比不难发现，今天，测控能节约大量现场布线，扩大测控系统所及地域范围。

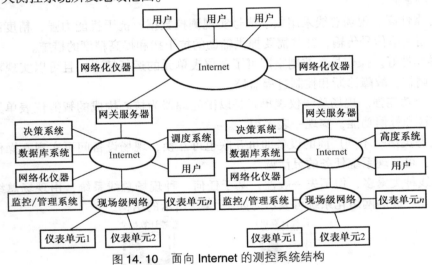

图 14.10　面向 Internet 的测控系统结构

14.4.3　网络化检测仪器与系统实例

网络化仪器的概念并非建立在虚幻之上，而已经在现实广泛的测量与测控领域中初见端倪，以下是现有网络化仪器的几个典型例子。

1. 网络化流量计

测量计是用来检测流动物体流量的仪表，它能记录各个时段的流量，并在流量过大过小时报警。现在已有商品化的、具有联网能力的流量计。使用它，用户可以在安装过程中通过网络浏览器对其若干参数进行远程配置。在嵌入 FTP 服务器后，网络化流量计就可将流量数据传送到指定计算机的指定文件里。STMP（简称消息传输协议）电子邮件服务器可将报警信息发送给指定的收信人（指定的信箱或寻呼机）。技术人员收到报警信息后，可利用该网络化流量计的互联网地址进行远程登录，运行适当的诊断程序，重新进行配置或下载新的软件，以排除障碍，而无须离开办公室赶赴现场。

2. 网络化示波器和网络化逻辑分析仪

安捷伦（Agilent）科技有限公司遵循"对网络看得越清楚，问题就能越快地解决"的宗旨，几年前就将联网功能作为其 Infinium 系列数字存储示波器的标准性能，并且在最近又研制出了具有网络功能 16700B 型的网络化逻辑分析仪。这种网络化逻辑分析仪可实现任意时间、任何地点对系统的远程访问，实时地获得仪器的工作状态；通过友好的用户界面，可对远程仪器的功能加以控制，状态进行检测；还能将远程仪器测得的数据经网络迅速传递给本地计算机。

泰克（Tektronix）公司也推出了具有 4GHz 的快速实时示波器 TDS7000，这种示波器除了具有十分直观的图形用户界面以及不受限制地使用各种与 Windows 兼容的软件和硬件设备等优点外，其极强的联网能力使其可以成为测试网络中的一个节点，与网络连接后，使用者可以与他人共享文件、使用打印资源、浏览网上发布收发的相关信息，并可直接从 TDS7000 收发 E－mail。

3. 网络化传感器

与计算机技术和网络技术相结合，传感器从传统的现场模拟信号通信方式转为现实，即产生了传感器现场级的数字网络化——网络化传感器。网络化传感器是在智能传感器基础上，把网络协议作为一种嵌入式应用，嵌入现场智能传感器的 ROM 中，使其具有网络接口能力，如此，网络化传感器像计算机一样成为了测控网络上的节点登录网络，并具有网络节点的组态性和互操作性。利用现场总线网络、局域网和广域网，处在测控点的网络传感器将测控参数信息加以必要的处理后登录网络，联网的其他设备便可获取这些参数，进而再进行相应的分析和处理。目前，IEEE 已经制定了兼容各种现场总线标准的智能网络化传感器接口标准 IEEE1451。

网络化传感器应用范围很大，比如在广袤地域的水文监测中，对江河从源头到入海口，在关键测控点用传感器对水位乃至流量、雨量进行实时在线监测，网络化传感器就近登录网络，组成分布式流域水文监控系统，可对全流域及其动向进行在线监控。在对全国进行的质量监测中，也同样可利用网络化传感器，进行大范围信息的采集。随着分布式测控网络的兴起，网络化传感器必将得到更广泛的应用。

总之，现代高新科学技术的迅速发展，有力地推动了仪器、仪表技术的不断进步。仪器、仪表的发展将遵循跟着通用计算机走、跟着通用软件走和跟着标准网络走的指导思想，仪器标准将向计算机标准、网络规范靠拢。随着智能化、微机化仪器仪表的日益普及，联网测量技术已在现场维护和某些产品的生产自动化方面得以实施，还必将在现代化工业生产等越来越多的领域中大显身手。

14.4.4　无线传感器网络化测控系统

现代科技发展越来越快，人类已经完全置身于信息时代。在许多场合，要求信号采集的范围大、采集的点数多，若采用有线的方式将传感器组成网络，则存在布线等方面的困难，在一些特殊应用场合，这是根本不可能的。无线传感器网络正是在这种需求的推动下产生的一种新型网络。

无线传感器网络是由大量体积小、成本低、具有无线通信和数据处理能力的传感器节点组成的。传感器节点一般由传感器、微处理器、无线收发器和电源组成，有的还包括定位装置和移动装置。

在传感器网络中，每个节点的功能都是相同的，它们通过无线通信的方式自适应地组成一个无线网络。各个传感器节点将自己所探测到的有用信息，通过多跳中转的方式向指挥中心（主机）报告。指挥中心也可以通过基站以无线通信的方式对各传感器节点进行远程监控，以便向需要控制的传感器节点发布命令。基站是一个中转站，它将传感器的数据发送到主机上；同时，又将主机的命令通过无线通信模块发送到目标节点。

无线传感器网络技术集传感器技术、计算机技术和通信技术发展起来的，是一种全新的信息获取和处理技术，在城市管理、生物医疗、国防安全、环境监测和抢险救灾等领域都有着十分广阔的应用前景。

1. 智能家居

传感器网络能够给家居生活带来便捷，将会为人们提供更加舒适、方便和更具人性化的智能家居环境。家电中的传感器与执行机构和嵌入家具组成的无线网络与 Internet 连接在一起，利用各种相应系统，可以实现各种智能控制。

通过图像传感设备随时监控家庭安全情况，如通过加装摄像头，可以监视房间周边环境和诸如婴儿房等特殊场所。

利用远程监控系统，可以完成对家电的远程遥控，例如可以回家之前，远程遥控电饭锅、微波炉、电冰箱、电话机、电视机、录像机等家电，按照自己的意愿完成相应的煮饭、烧菜、查收电话留言、选择录制电视和电台节目等工作，也可以在回家之前半小时打开空调，到家时可以直接享受适合的室温。

通过温度传感器、烟气传感器、特殊气体传感器，预防房间燃气未关导致严重后果，预防其他有害气体过量和失火等。

通过加装无线微波、红外传感器、薄膜窗花、门磁等报警装置，以防止窃贼入侵等。

2. 医疗健康

传感器网络在医疗系统和健康护理方面的应用包括监测医院的药物管理、人体的各种生理数据、跟踪和监控医院内医生和患者的行动等。

在被监测对象身上安装不会影响其正常生活的微型网络传感器长时间地收集对了解人体活动机理和研究新药都是非常有用的生理数据。

如果在住院病人身上安装特殊用途的传感器节点，如血压和心率监测设备，医生利用传感网络就可以随时了解被监护病人的病情，发现异常情况能够及时抢救。

总之，传感器网络为未来的远程医疗提供了更加方便、快捷的技术实现手段。

3. 国防方面

由于无线传感器网络是由密集型、低成本、随机分布的节点组成的，自组织性和容错能力使其不会因为某些节点在恶意攻击中的损坏而导致系统的崩溃。正是这一点是传统的传感器技术所无法比拟的，因此，无线传感器网络非常适合应用于恶劣的战场环境中，可以实时方便地监控我军布防阵地是否有敌军入侵，也可以采用隐密的方式监测敌方阵地和敌军活动情况。

起初，美国国防高级研究计划局为了监测对方潜艇的活动情况，需要在海洋中布置大量的传感器来监测信息，用于实时监测海水中潜艇的行动。另外，军方可以通过飞机空投等方式在预定区域散布大量微型廉价的传感器节点，通过这些传感器节点实时监测周围环境的变化，并将监测到的数据通过卫星通信等方式发送回基地。

14.5   多传感器数据融合

随着现代科学技术的发展，被测对象越来越复杂。人们不仅需要了解被测对象的某一被测量的大小，而且需要了解被测对象的综合信息或者某些内在的特征信息，单一的、孤立的传感器已经难以满足这种要求。

在第二次世界大战末期，高炮火控系统中同时使用了雷达和光学传感器。这两种传感器信息的组合，不仅有效地提高了系统的瞄准精度，也提高了抗恶劣气象和抗干扰能力。不过，当时这两种数据的综合评判是靠人工完成的，质量不高，速度缓慢。

20 世纪 70 年代初，在军事领域的指挥、控制、通信和情报服务（C3I）中，使用多种传感器收集战场信息。C3I 系统中信息的采集、假设的提出及决策的生成就是多传感器数据融合技术应用的典型例子。美国陆、海、空三军在战略和战术监视系统的开发中，采用数据融合技术进行目标跟踪、目标识别、态势评估和威胁估计，并研制出已广泛用于大型战略系统、海洋监视系统和小型战术系统的第一代数据融合系统。

20 世纪 80 年代初，多传感器数据融合的研究受到更多学者的注意，相应的理论和技术也在孕育中。1984 年，美国成立了数据融合专家组，并把数据融合列为重点研究开发的 20 项关键技术之一。1998 年，在机器人领域颇有影响的一些国际学术会议、期刊都推出了传感器数据融合的专辑，自此，这一方向的研究变得十分活跃。

近年来，一个复杂的系统上装备的传感器在数量上和种类上都越来越多，因此，需要有效地处理大量的各种各样的传感器信息，这就意味增加了待处理的信息量，而且还会涉及各个传感器数据组之间的矛盾和不协调。20 世纪 90 年代初，当信息处理技术从单个传感器处理演变为多个传感器处理时，传感器信息融合技术开始成为传感技术发展的一个重要方向。

数据融合又称为多传感器信息融合。比较全面的定义概括为：采用计算机技术，对不同时间与空间的多传感器信息资源，按照一定准则加以分析、综合、支配和使用，获得被测对象的一致性解释与描述，以完成所需的决策或者评估。它是对多种信息的获取、表示及其内在联系进行综合处理和优化的技术，它为智能信息处理技术的研究提供了新的观念。

14.5.1   工作原理

各种传感器的信息具有不同的特征：实时的或者非实时的，快变的或者缓变的，模糊的或者确定的，互相支持的或者互相补充的，也可能是互相矛盾的。多传感器数据融合从某种意义上讲，是模仿人脑综合处理复杂问题，像人脑综合处理信息一样，充分利用多个传感器的资源，通过对这些传感器及其观测信息的合理支配和使用，把多个传感器在空间或者时间上的冗余或者互补信息以某种准则来进行组合，以获得被测对象的一致性解释和描述。

经过融合后的传感器信息具有以下特征：信息冗余性，信息互补性，信息实时性，信息获取的低成本性。多传感器信息经过融合后能够完善地、准确地反映环境的特征。

14.5.2   多传感器数据融合的意义

多传感器数据融合的意义可归纳为以下几点。

（1）提高系统的可靠性。某个或某几个传感器失效时，系统仍能正常运行。

（2）提高信息的准确性和全面性。相比一个传感器，多传感器数据融合处理可以获得有关周围环境更全面、准确的信息。

（3）降低信息的不确定性。针对单一传感器的不确定性和测量范围的局限性，一组相似的传感器采集的信息存在明显的互补性，经过适当处理后，可以进行相应的补偿。

14.5.3　融合方法

传感信息融合的方法有很多，但到目前为止，最常用的方法主要有三类：人工神经网络法、嵌入约束法、证据组合法。

1. 神经网络方法

人工神经网络方法通过模拟人脑的结构和工作原理，设计和建立相应的机器和模型并完成一定的智能任务。

神经网络可根据当前系统所接收到的样本的相似性，确定分类标准。这种确定方法主要表现在网络权值分布上，同时可采用神经网络特定的学习算法来获取知识，得到不确定性推理机制。神经网络多传感器信息融合的实现，可分为以下 3 个重要步骤。

（1）根据智能系统的要求以及传感器信息融合的形式，选择神经网络的拓扑结构。

（2）各传感器的输入信息综合处理为一个总体输入函数，并将此函数映射定义为相关单元的映射函数，它通过神经网络与环境的交互作用把环境的统计规律反映到网络本身的结构中来。

（3）对传感器输出信息进行学习、理解，确定权值的分配，完成知识获取信息融合，进而对输入模式做出解释，将输入数据向量转换成高层逻辑（符号）概念。

基于神经网络的传感器信息融合有如下特点。

（1）具有统一的内部知识表示形式，通过学习算法可将网络获得的传感器信息进行融合，获得相应网络的参数，并且可将知识规则转换成数字形式，便于建立知识库。

（2）利用外部环境的信息，便于实现知识自动获取及并行联想推理。

（3）能够将不确定环境的复杂关系，经过学习推理，融合为系统能理解的准确信号。

（4）由于神经网络具有大规模并行处理信息能力，使得系统信息处理速度很快。

神经网络模型有很多种，常见的有 BP 网络、径向基函数网络、自组织神经网络和 Hopfield 神经网络等。

2. 嵌入约束法

（1）贝叶斯估计。贝叶斯估计是融合静态环境中多传感器低层信息的常用方法。它使传感器信息依据概率原则进行组合，测量不确定性以条件概率表示。当传感器组的观测坐标一致时，可以用直接法对传感器测量数据进行融合。但大多数情况下，传感器是从不同的坐标系对同一环境物体进行描述，这时传感器测量数据要以间接方式采用贝叶斯估计进行数据融合。

（2）卡尔曼滤波。卡尔曼滤波（KF）主要用于实时融合动态的低层次冗余传感器数据。该方法用测量模型的统计特性递推决定统计意义下最优数据合计。如果系统用一个线性模型描述，且系统噪声和传感器噪声可用高斯分布的白噪声模型来表示，则卡尔曼滤波将为融合数据提供唯一的统计意义下的最优估计，KF 的递推特性是系统数据处理不需要大量的数据存储和计算。

3. 证据组合法

证据组合法是分析各传感器的每一数据作为支持某种决策的证据的支持程度，并将不同传感器数据的支持程度进行组合，即证据组合，分析得出现有组合证据支持程度最大的决策作为信息融合的结果。它先对单个传感器数据信息的每一种可能决策的支持程度给出度量，然后寻找一种证据组合的方法或规则，通过反复运用组合规则，最终得出全体数据信息的联合体对某决策的总的支持程度。得到最大证据支持的决策——信息融合的结果。

证据组合法相对前面讲述的嵌入约束法有以下优点。

（1）通过性好，可以建立一种独立于各类具体信息人为的融合问题背景形式的证据组合方法，有利于设计通用的信息融合软、硬件产品。

（2）人为的先验知识可以视同数据信息一样，赋予对决策的支持程度，参与证据组合运算。

（3）对多种传感器数据间的物理关系不必准确了解，即无须准确地建立多种传感器数据体的模型。

下面简要介绍一种证据组合方法：Dempster Shafer 证据推理。

Dempster −Shafer 证据理论又称为 D −S 推理，是由 Dempster 首先提出，由 Shafer 一步发展起来的一种不精确推理理论，是贝叶斯方法的扩展。贝叶斯方法必须给出先验概率，而证据理论则能够处理这种由不知道引起的不确定性。

在多传感器数据融合系统中，每个信息源提供了一组证据和命题，并且建立了一个相应的质量分布函数。因此，每一个信息源就相当于一个证据体。在同一个鉴别框架下，将不同的证据体通过 Dempster 合并规则并成一个新的证据体，并计算证据体的似真度，最后用某一决策选择规则，获得最后的结果。

14.5.4 多传感器信息融合的实例

近年来，多传感器数据融合技术在机器人、智能检测系统、工业监控、航天、舰船、环保和气象等领域应用越来越广泛。

传感器信息融合技术在机器人特别是移动机器人领域有着广泛的应用，移动机器人对传感器信息融合的发展起了重大的促进作用。自主移动机器人是一种典型的装有多种传感器的智能机器人系统。当它在未知和动态的环境中工作时，将多传感器提供的数据进行融合，从而准确快速地感知环境信息。

Stanford 大学研制的移动装配机器人系统是建立在多传感器信息的集成与融合技术上，其采用的信息融合结构为并行结构。其中，机械手装配作业的过程则建立在视觉、触觉和力觉传感器信息融合的基础上；机器人在未知或动态环境中的自主移动建立在视觉（双摄像头）、激光测距和超声波传感器信息融合的基础上。

在机器人装配作业过程中，信息融合则是建立在力觉、视觉、触觉传感器基础上的。装配过程表示为由每一步决策确定的一系列阶段。整个过程的每一步决策由传感器信息融合来实现。其中，力觉传感器检测机械手末端与环境的接触情况以及接触力的大小，从而提供在接触时物体的准确位置，还可提供高精度轴孔匹配、零件传送和放取中的信息；视觉传感器用于识别具有规则几何形状的零件以及零件的定位，即用摄像头识别二维零件并判定位置；视觉与主动触觉相结合用于识别缺少可识别特征的物体，如无规则几何形状的零件。上述各种传感器信息通过一定的信息融合算法提供装配作业过程的决策信息。

在机器人自主移动过程中，用多传感器信息建立三维环境模型。其中，视觉传感器提取的环境特征是最主要的信息，视觉信息还用于引导激光测距传感器和超声波传感器对准被测物体。激光测距传感器在较远距离上获得物体较精确的位置，而超声波传感器用于检测近距离物体。以上三种传感器分别得到环境中同一对象在不同条件下的近似三维表示。当将三者在不同时刻测量的距离数据融合时，每个传感器的坐标框架首先变换到共同的坐标框架中，然后采用以下三种不同的方法得到机器人位置的精确估计：参照机器人本身位置的相对位置定位法；目标运动轨迹记录法；参照环境静坐标的绝对位置定位法。不同传感器产生的信息在经过融合后得到的结果，还用于选择恰当的冗余传感器测量物体，以减少信息计算量以及进一步提高实时性和准确性。

14.6　软测量技术

近年来，在过程检测领域出现的一种新技术——软测量技术，是采用间接测量的思路，利用易于获取的其他测量信息，通过计算来实现对被测变量的估计。

传统的测量技术通常是建立在传感器等硬件基础上的，而软测量则是通过状态估计的方对无法在线测量的参数进行在线估计，这些状态估计通常都是建立在以可测变量为输入、被估计变量为输出的数学模型上的。

软测量的基本思路是根据某种最优准则选择一组既与主导变量（即待测变量或待估变量）有密切联系而又容易测量的变量——称为辅助变量（又称二变量）的量，通过构造某种数学关系用计算机软件实现对主导变量的估计。

软测量就是依据可测、易测的过程变量（称为辅助变量，如温度和压力等）与难以直接检测的待测变量（称为主导变量，如产品分布和物料成分等）的数学关系，根据某种最优准则，采用各种计算方法，用软件实现待测变量的测量或估计。其实现方法如下。

1. 辅助变量的选择

辅助变量的选择一般是根据工艺机理分析（如物料、能量平衡关系），在可测变量集中初步选择所有与被估计变量有关的原始辅助变量，这些变量中部分可能是相关变量。在此基础上进行精选，确定最终的辅助变量个数。

辅助变量数量的下限是被估计的变量数，然而最优数量的确定目前尚无统一的结论。一般应首先从系统的自由度出发，确定辅助变量的最小数量，再结合具体过程的特点适当增加，以更好地处理动态性质等问题。一般是依据对过程机理的了解，在原始辅助变量中，找出相关的变量，选择响应灵敏度高、测量精度高的变量为最终的辅助变量。更为有效的方法是主元分析法，即利用现场的历史数据作统计分析计算，将原始辅助变量与被测量变量的关联度排序，实现变量精选。

2. 输入数据的处理

要建立软测量模型，需要采集被估计变量和原始辅助变量的历史数据，数据的数量越多越好。这些数据的可靠性对于软测量的成功与否至关重要。然而，测量数据一般都不可避免地带有误差，有时甚至带有严重的过失误差。因此，输入数据的处理在软测量方法中占有十分重要的地位。

输入数据的处理包含两个方面，即换算和数据误差处理。换算不仅直接影响着过程模型的精度和非线性映射能力，而且影响着数值优化算法的运行效果。数据误差分为随机误差和过失误差两类，前者受随机因素的影响，如操作过程的微小波动或检测信号的噪声等；后者包括仪表的系统偏差和故障（如堵塞、校正不准或零点漂移甚至仪器失灵等），以及不完全或不正确的过程模型（泄漏、热损失等）。

3. 软测量模型的建立

软测量模型是研究者在深入理解过程机理的基础上，开发出的适用于估计的模型，它是软测量方法的核心。不同生产过程的过程机理不同，其测量模型千变万化，因此软测量模型的建立方法和过程也有差异，有以下几种：工艺机理分析、回归分析、人工神经网络、模式识别、模糊数学、状态估计、过程层析成像、现代非线性信息处理技术等，这里不再详细阐述。

4. 软测量模型的在线校正

由于过程的时变性，软测量模型的在线校正是必要的。尤其对于复杂的工业过程，很难想象软测量模型能够"一次成型"。

对软测量模型进行在线校正，一般采用定时校正和满足一定条件时校正两种方法。定时校正是指软测量模型在线运行一段时间后，用积累的新样本采用某一算法对软测量模型进行校正，以得到更适合于新情况的软测量模型。满足一定条件时校正则是指以现有的软测量模型来实现被估计量的在线软测量，并将这些软测量值和相应的取样分析数据进行比较。若误差小于某一阈值，则仍采用该软测量模型；否则，用累积的新样本对软测量模型进行在线校正。

软测量在工业中的应用前景较好。软仪表在过程操作和监控方面有十分重要的作用。没有仪表的时候，操作人员要主动收集温度、压力等过程信息，经过头脑中经验的综合，对生产情况进行判断和估算。有了软仪表，软件就部分地代替了人脑的工作，提供更直观的过程信息，并预测未来工况的变化，从而可以帮助人员及时调整生产条件，达到生产目标。

软仪表在过程优化中也有应用。这时，软测量或者为过程优化提供重要的调优变量估计，成为优化模型的一部分；或者本身就是重要的优化目标，如质量等，直接作为优化模型使用。根据不同的优化模型，按照一定的优化目标，采取相应的优化方法，在线求出最佳操作参数条件，使系统运行在最优工作点，实现自适应优化控制。

小　结

本章简要针对自动检测的新趋势、新发展，分别简要介绍一下智能传感器、虚拟仪器、MEMS 技术及其微型传感器、无线传感器网络、多传感器数据融合及软测量技术。

1. 智能传感器代表了传感器的发展方向，这种智能传感器带有标准数字总线接口，能够自己管理自己。它将所检测到的信号经过变换处理后，以数字量形式通过现场总线与高/上位计算机进行信息通信与传递。

2. 虚拟仪器是由计算机硬件资源、模块化仪器硬件和用于数据采集、信号分析、接口通信及图形用户界面的软件组成的检测系统。它是一种完全由计算机来操纵控制的模块化仪器系统。虚拟仪器可以代替传统的测量仪器，如信号发生器、示波器、频率计和逻辑分析仪等；可以集成自动控制系统；可以构建专用仪器系统。可广泛用于电子测量、教学及科研等诸多方面，涉及国民经济的各个领域、虚拟仪器的发展对科学技术的发展和国防、工业、农业的生产将产生不可估量的影响。

3. 微电子机械系统 MEMS（Micro Electro Mechanical System）的出现将传感器及检测系统带入了微型化、集成化和智能化的时代，在很大程度上改变了传感器的原理。

若将传感器、信号处理器和执行器以微型化的结构形式集成为一个完整的系统，而该系统具有"敏感"、"决定"和"反应"的能力，则称这样一个系统为微系统或微机电系统。

4. 以 Internet 为代表的网络技术的出现以及它与其他高新科技的相互结合，不仅已开始将智能互联网络产品带入现代生活，而且也为测量与仪器技术带来了前所未有的发展空间和机遇，网络化测量技术与具备网络功能的新型仪器应运而生。在网络化仪器环境条件下，被测对象可通过检测现场的普通仪器设备，将测得数据通过网络传输给异地的精密测量设备或高档次的微机化仪器去分析、处理；能实现测量信息的共享；可掌握网络节点处信息的实时变化的趋势。此外，也可通过具有网络传输功能的仪器将数据传至原端即现场。

5. 数据融合又称为多传感器信息融合。近年来，一个复杂的系统上装备的传感器在数量上和种类上都越来越多，因此，需要有效地处理大量的各种各样的传感器信息，这就意味增加了待处理的信息量，而且还会涉及各个传感器数据组之间的矛盾和不协调。20 世纪 90 年代初，当信息处理技术从单个传感器处理演变为多个传感器处理时，传感器信息融合技术开始成为传感技术发展的一个重要方向。它为智能信息处理技术的研究提供了新的观念。

思考与习题

1. 虚拟仪器由哪几部分组成？与传统的仪表相比，虚拟仪器有何特点？
2. 什么是 MEMS 技术？有何特点？
3. 传感器是如何实现微型化的？与常规的传感器相比，微型传感器有何特点？
4. 与移动无线网络相比，无线传感器网络有什么特点？
5. 无线传感器网络的节点由哪几部分组成？
6. 无线传感器网络目前遇到的最大挑战是什么？
7. 多传感器数据融合技术的意义和作用是什么？有哪些常用的数据融合方法？
8. 简述软测量技术的定义和主要内容。

附录A 思考与练习部分答案

第1章思考与练习

4. $\Delta x = 0.005\text{V}$ $\gamma = 0.1\%$ $\gamma_\text{m} = 0.05\%$

5. 合格

7. 可能出现最大绝对误差 $10 \times 10 \pm 0.2\% = \pm 0.02\text{V}$

可能出现最大相对误差 $\dfrac{\pm 0.02}{5} \times 100\% = \pm 0.4\%$

8. $\dfrac{0.4}{100} \times 100\% = 0.4 \Rightarrow 0.5$ 级

9. 提示：

（1）记录填表。将测量数据 x_i（$i = 1$、2、3、$\cdots$、n）按测量序号依次列在表格的第1、2列中，如表 B.1 所示。

（2）计算。

① 求出测量数据列的算术平均值 $\bar{x}$，填入表 B.1 中的第2列的下面。

$$\bar{x} = \frac{1}{n}\sum_{i=1}^{n} x_i = \frac{1}{12}\sum_{i=1}^{12} x_i = \frac{1}{12} \times 245.92 \approx 20.493$$

② 计算各测量值的残余误差 $p_i = x_i - \bar{x}$，并相应列入表 B.1 中的第3列。当计算无误时，理论上有 $\sum_{i=1}^{n} p_i = 0$，但实际上，由于计算过程中存在由四舍五入所引入的误差，此关系式通常不能满足。本例中 $\sum_{i=1}^{12} p_i = 0.004 \approx 0$。

③ 计算 p_i^2 值并列在表 B.1 第4列，按贝塞尔公式计算出标准误差 σ 后，填入本列下面。本例中，由于 $\sum p_i^2 = 44.68 \times 10^{-4}$，于是

$$\sigma = \sqrt{\frac{\sum_{i=1}^{12} p_i^2}{n-1}} = \sqrt{\frac{44.68 \times 10^{-4}}{11}} \approx 0.02$$

（3）判别坏值。根据拉依达准则检查测量数据中有无坏值。如果发现坏值，应将坏值剔除，然后从步骤（2）重新计算，直至数据列中不存在坏值。如果无坏值，则继续步骤（4）。

本例采用拉依达准则检查坏值，因为 $3\sigma = 0.06$，而所有测量值的剩余误差 p_i 均满足 $|p_i| < 3\sigma$，显然数据中无坏值。

（4）列出最后测量结果。

① 在确定不存在坏值后，计算算术平均值的标准误差 $\bar{\sigma}$。

$$\bar{\sigma} = \frac{\sigma}{\sqrt{n}} = \frac{0.02}{\sqrt{12}} \approx 0.006$$

② 写出最后的测量结果：$x = \bar{x} \pm 3\sigma$，并注明置信概率。

本例中 $3\sigma = 3 \times 0.006 = 0.018$，因此最后的测量结果写为

$$x = 20.493 \pm 0.018 \text{（℃）} \quad (p = 99.7\%)$$

表 B.1　测量结果的数据处理举例

i	x_i（℃）	p_i	p_i
1	20.46	−0.033	0.001 089
2	20.52	+0.027	0.000 729
3	20.50	+0.007	0.000 049
4	20.52	+0.027	0.000 729
5	20.48	−0.013	0.000 169
6	20.47	−0.023	0.000 529
7	20.50	+0.007	0.000 049
8	20.49	−0.003	0.000 009
9	20.47	−0.023	0.000 529
10	20.49	−0.003	0.000 009
11	20.51	+0.017	0.000 289
12	20.51	+0.017	0.000 289
$\sum\limits_{i=1}^{12} x_i = 245.92$ $\bar{x} = 20.493$		$\sum\limits_{i=1}^{12} p_i = 0.004 \approx 0$	$\sum\limits_{i=1}^{12} p_i^2 = 44.68 \times 10^{-4}$ $\sigma = 0.02$

10. 提示：已知 $U \sim N (50\text{V}, \ 0.04\text{V}^2)$

$\therefore \sigma^2 = 0.04\text{V}^2 \quad \sigma = 0.2\text{V}$

置信概率 50% $\Rightarrow$ 查表得置信系数为 $k_p = 0.6745$

$\therefore$ 50V 电压置信区间为 $\quad 50 - 0.6745 \times 0.2 \sim 50 + 0.6745 \times 0.2$

49.8651 ~ 50.1349

17. 提示：

（1）计算算数平均值

$$\bar{x}_1 = \frac{\sum\limits_{i=1}^{6} x_i}{6} = (1.28 + 1.31 + 1.27 + 1.26 + 1.19 + 1.25)/6 = 1.25$$

$$\bar{x}_2 = \frac{\sum\limits_{i=1}^{6} x_i}{6} = (1.19 - 1.23 + 1.22 + 1.24 + 1.25 + 1.20)/6 = 1.22$$

（2）计算各次测量值的残差

$$v_i = x_i - \bar{x}$$

v_{i1}	v_{i1}^2	v_{i2}	v_{i2}^2
0.02	0.0004	−0.03	0.0009
0.05	0.0025	0.01	0.0001
0.01	0.0001	0	0
0	0	0.02	0.0004
−0.07	0.0049	0.03	0.0009
−0.01	0.0001	−0.02	0.0004

（3）因无粗大误差和系统误差，算出最佳估计值

$$\hat{\sigma}_1 = \sqrt{\frac{\sum\limits_{i=1}^{6} v_{i1}^2}{n-1}} = \sqrt{\frac{0.008}{6-1}} = 0.040$$

$$\hat{\sigma}_2 = \sqrt{\frac{\sum\limits_{i=1}^{6} v_{i2}^2}{n-1}} = \sqrt{\frac{0.0027}{6-1}} = 0.023$$

第二次测量精密度高。

（4）写出测量结果。

算出算数平均值的标准差

$$\hat{\sigma}_{\bar{x}_1} = \frac{\hat{\sigma}_1}{\sqrt{n}} = \frac{0.040}{\sqrt{6}} = 0.016$$

$$\hat{\sigma}_{\bar{x}_2} = \frac{\hat{\sigma}_1}{\sqrt{n}} = \frac{0.023}{\sqrt{6}} = 0.009$$

所以测量结果为：

$$x_1 = \bar{x}_1 \pm \hat{\sigma}_{\bar{x}_1} = 1.26 \pm 0.016 \text{mH}$$

$$x_2 = \bar{x}_2 \pm \hat{\sigma}_{\bar{x}_2} = 1.22 \pm 0.009 \text{mH}$$

18 提示：

解：$\bar{x} = \dfrac{\sum\limits_{i=1}^{n} x_i}{n} = \dfrac{29.18 + 29.24 + 29.27 + 29.25 + 29.26}{5} = 29.20$

$$\hat{\sigma} = \sqrt{\frac{\sum v_i}{n-1}} = \sqrt{\frac{\sum (x_i - \bar{x})^2}{n-1}} = \sqrt{\frac{5 \times 10^{-3}}{5-1}} = 0.035$$

$$\hat{\sigma}_{\bar{x}} = \frac{\hat{\sigma}}{\sqrt{n}} = \frac{0.035}{\sqrt{5}} = 0.016$$

第2章思考与练习

7. 提示：

（1）R_1 和 R_4 受拉为正，R_2 和 R_3 受压为负

（2）$F = 2\text{kg}$ 时 $\varepsilon = 5.2 \times 10^{-5}$

$F' = 8\text{kg}$ 时 $\varepsilon' = \dfrac{8}{2} \times 5.2 \times 10^{-5} = 20.8 \times 10^{-5}$

$\Delta R_1 \Delta R_4$ 受拉

$\Delta R_1 = \Delta R_4 = k\varepsilon' R_o = 2 \times 20.8 \times 10^{-5} \times 120 = 0.04992\Omega$

$\Delta R_2 \Delta R_3$ 受压

$\Delta R_2 = \Delta R_3 = -\Delta R_1 = -0.04992\Omega$

（3）$U_0 = \dfrac{E \times R_1}{R_1 + R_2} - \dfrac{ER_4}{R_3 + R_4} = \dfrac{3 \times 120.4}{120.4 + 119.6} - \dfrac{3 \times 119.6}{120.4 + 119.6} = 0.01\text{V}$

8. 解：

$$U_0 = \frac{E}{R_1 + R_4}R_1 - \frac{E}{R_2 + R_3}R_2$$

$$= \frac{6 \times 120.7}{120.7 + 120} - \frac{6 \times 119.7}{119.7 + 120} = 3.0087 - 2.9960$$

$$= 0.0127\text{V} = 12.7\text{mV}$$

第4章思考与练习

3. 解：（1）电容器电容量 23.57pF

（2）间隙减少后电容量为 $C_x = 26.94\text{pF}$

或另解：

$$C_x = C_0 = \frac{d}{d - \Delta d} = 23.57 \times \frac{1.2}{1.2 - 0.15} = 26.94\text{pF}$$

4. 解：96pF。

8. 提示：（1）$c = \dfrac{2\pi(H-h)\varepsilon_0}{\ln\dfrac{R}{r}} + \dfrac{2\pi h \varepsilon_r \varepsilon_0}{\ln\dfrac{R}{r}}$

$$= 2\pi[(42-18)\varepsilon_0 + 18 \times 3\varepsilon_0]/\ln\frac{9}{3}$$

$$= \frac{2\pi \times 8.85 \times 10^{-12} \times (24 + 54)}{\ln 3} = 3.95 \times 10^{-9} \ (\text{F})$$

（2）$c' = \dfrac{2\pi\varepsilon_0 \times (23 + 19 \times 3)}{\ln 3} = 4.05 \times 10^{-9} \ (\text{F})$

第5章思考与练习

1. 1192℃

3. 324℃

4. 45℃

5. 269℃

11 解：950℃，950℃

15 解：71.4Ω

第7章思考与练习

5. 转速为：$n = 300$ 转/分

第8章思考与练习

9. 16mm

11. 2.1V

参考文献

[1] 马西秦, 许振中. 自动检测技术. 北京: 机械工业出版社, 2005.

[2] 胡壮, 钱祖培. 检测技术. 上海: 华东化工学院出版社, 1993.

[3] 季建华, 都志杰等. 智能仪表原理、设计及调试. 上海: 华东理工大学出版社, 1995.

[4] 陈润泰, 许琨. 检测技术与智能仪表. 长沙: 中南工业大学出版社, 1999.

[5] 柳桂国主编. 检测技术及应用. 北京: 电子工业出版社, 2003.

[6] 黄贤武, 郑筱霞. 传感器原理与应用. 成都: 电子科技大学出版社, 2000. 7

[7] 郑华耀. 检测技术. 北京: 机械工业出版社, 2004. 7

[8] 栾桂冬, 张金铎, 金欢阳. 传感器及其应用. 西安: 西安电子科技大学出版社, 2002.

[9] 陈平, 罗晶编. 现代检测技术. 北京: 电子工业出版社, 2005.

[10] 赵庆海主编. 测试技术与工程应用. 北京: 化学工业出版社, 2005.

[11] 张宏建, 蒙建波. 自动检测技术与装置. 北京: 化学工业出版社, 2004.

[12] 康宜华. 工程测试技术. 北京: 机械工业出版社, 2005.

[13] 卜云峰. 检测技术. 北京: 机械工业出版社, 2005.

[14] 张靖, 刘少强. 检测技术与系统设计. 北京: 中国电力出版社, 2002.

[15] 樊尚春, 乔少杰. 检测技术与系统. 北京航空航天大学出版社, 2005.

[16] 丁轲轲. 自动测量技术. 北京: 中国电力出版社, 2004.

[17] 武昌俊. 自动检测技术及应用. 北京: 机械工业出版社, 2005.

[18] 梁森, 王侃夫. 自动检测与转换技术. 北京: 机械工业出版社, 2005.

[19] 牟爱霞. 工程检测与转换技术. 北京: 化学工业出版社, 2005.

[20] 宋文绪, 杨帆. 自动检测技术. 北京: 高等教育出版社, 2001.

[21] 郭爱民. 冶金过程检测与控制. 北京: 冶金工业出版社, 2004.

[22] 侯志林. 过程控制与自动化仪表. 北京: 机械工业出版社, 2001.

[23] 李军, 贺庆之. 检测技术与仪表. 北京: 中国轻工业出版社, 1989.

[24] 何希才. 传感器及其应用电路. 北京: 电子工业出版社, 2001.

[25] 张惠荣. 热工仪表及其维护. 北京: 冶金工业出版社, 2005.

[26] 范茂军, 王平等. 中国传感器技术及其产业的中长期发展趋势. 电气时代, 2004.

[27] 周春晖. 过程控制工程手册. 北京: 化学工业出版社, 1993.

[28] 袁希光. 传感器技术手册. 北京: 国防工业出版社, 1986.

[29] 张洪润, 张亚凡. 传感技术与应用教程. 北京: 清华大学出版社, 2005.

[30] 周继明, 江世明. 传感技术与应用. 长沙: 中南大学出版社, 2005.

[31] 郁有文, 常健. 传感器原理及工程应用. 西安: 西安电子科技大学出版社, 2000.

［32］徐甲强，张全法、范福玲. 传感器技术. 哈尔滨：哈尔滨工业大学出版社，2004.

［33］方佩敏. 新编传感器原理·应用·电路详解. 北京：电子工业出版社，1994.

［34］高晓蓉. 传感器技术. 成都：西南交通大学出版社，2003.

［35］金发庆. 传感器技术与应用. 北京：机械工业出版社，2002.

［36］陈杰，黄鸿. 传感器与检测技术. 北京：高等教育出版社，2002.

［37］沈聿农. 传感器及应用技术. 北京：化学工业出版社，2002.

［38］常健生. 检测与转换技术（第三版）. 北京：机械工业出版社，2005.

［39］张洪润，张亚凡. 传感技术与实验——传感器件外形、标定与实验. 北京：清华大学出版社，2005.

［40］THSRZ-1型传感器系统综合实验装置实验指导书. 杭州：浙江天煌科技实业有限公司.